Informatik-Fachberichte 191

Subreihe Künstliche Intelligenz

Herausgegeben von W. Brauer in Zusammenarbeit mit dem Fachausschuß 1.2 „Künstliche Intelligenz und Mustererkennung" der Gesellschaft für Informatik (GI)

Paul Levi

Planen für autonome Montageroboter

Springer-Verlag
Berlin Heidelberg New York
London Paris Tokyo

Autor

Paul Levi
Technische Universität München, Institut für Informatik
Arcisstraße 21, D-8000 München 2

Habilitationsschrift, unter dem vollständigen Titel „Aufgabenorientierte Planung von Montageoperationen für autonome Roboter" von der Fakultät für Informatik der Universität Karlsruhe am 20. 4. 1988 angenommen.

CR Subject Classifications (1987): I.2.1, I.2.4, I.2.9

ISBN-13: 978-3-540-50530-3 e-ISBN-13: 978-3-642-74268-2
DOI: 10.1007/978-3-642-74268-2

CIP-Titelaufnahme der Deutschen Bibliothek.
Levi, Paul
Planen fur autonome Montageroboter / Paul Levi - Berlin; Heidelberg, New York; London; Paris; Tokyo. Springer, 1988
(Informatik-Fachberichte; 191 Subreihe künstliche Intelligenz)
Zugl.: Karlsruhe, Univ., Habil.-Schr., 1988 u d T.. Levi, Paul. Aufgabenorientierte Planung von Montageoperationen für autonome Roboter

NE GT

2145/3140-543210 - Gedruckt auf säurefreiem Papier

VORWORT

Die zukünftigen Roboter der dritten Generation zeichnen sich durch ihre Autonomie aus. Sie sollen zum Beispiel die Aufgabe "füge Teil A mit Teil B zusammen" selbständig planen, ausführen und überwachen, ohne daß jedes einzelne Detail im voraus genau festgelegt sein muß (a priori Planen).

Die Brücke zwischen der Wahrnehmung und den Aktionen wird durch die Konzepte und Techniken der Künstlichen Intelligenz (KI) errichtet. Der KI fällt die Rolle zu, den Aufbau und die internen Abläufe in Robotern (stationär und mobil) festzulegen, damit die geforderte Autonomie realisiert werden kann. Die Programmierung solcher Roboter erfolgt dann konsequenterweise aufgabenorientiert, und nicht roboterorientiert (zweite Robotergeneration). Die Basis zur aufgabenorientierten Programmierung ist jedoch die Fähigkeit des Roboters selbständig z.B. greifen, fügen und navigieren zu können.

Das Buch beschäftigt sich vor allem mit der wissensbasierten Planung für autonome Montageroboter. Es greift jedoch, wie bereits zuvor erwähnt wurde, auch die Thematik auf, wie Roboter durch KI-Ansätze in die Lage versetzt werden können, autonom zu operieren. Roboter werden in Zukunft nicht, wie es gegenwärtig meist noch geschieht, singulär und stationär operieren, sondern sie werden häufig mobil sein und im Verbund agieren. Daher werden die grundlegenden Techniken des verteilten Planens ausführlich behandelt.

Der gesamte Stoff ist in drei etwa gleich große Teile aufgeteilt. Im ersten Teil wird eine Übersicht über die bisherigen Ansätze aufgabenorientierter Montageplanungen für Roboter vorgestellt. Diese Ansätze waren entweder zu elementar (Klötzchenwelt, situationsbasiertes Planen) oder sie konnten, falls sie realistisch waren (z.B. LAMA), mit den ineffizienten früher zur Verfügung stehenden Werkzeugen nicht implementiert werden. Die Weiterentwicklung spezieller KI-Techniken (z.B. Bedingungsausbreitung) und die Möglichkeit, Expertensystemschalen für die Planung einzusetzen, hat die Grundsteine gelegt, neue realitätsbezogene und somit komplexere Planer aufbauen zu können.

Der zweite Teil des Buches greift auf diese Bausteine zurück und stellt einen vom Autor entwickelten, neuen Planer für optimale Montagefolgen (APOM) vor. Die Ergebnisse, die mit diesem Planer erzielt werden können, sind sehr erfolgversprechend. Allerdings ist dieser Planer noch als Prototyp zu bezeichnen.

Im dritten Teil des Buches werden daher spezielle Systemarchitekturen (z.B. Blackboard), Systemkomponenten (Wissenserwerbs- und Erklärungskomponente) und neuere KI-Techniken (z.B. Meinungswartung) vorgestellt. All diese neuesten Entwicklungen der KI sind notwendig, um die generelle Planungstechnik für autonome Roboter zu verbessern, damit sie auch in einer flexiblen Fertigungsumgebung zuverlässig eingesetzt werden können. Der größte Beitrag dieses dritten Teiles ist dem verteilten Planen gewidmet. Diese Art der Planung soll aufzeigen, wie der im zweiten Teil dieses Buches vorgestellte lokale Planer für einen kooperativen Roboterverbund erweitert werden muß.

Das Buch wendet sich an Informatiker und an Studierende dieser Fachrichtung, die einen systematischen Überblick über die wissensbasierten Ansätze in der Robotik erwerben wollen. Ebenso angesprochen sind aber auch Ingenieure und Naturwissenschaftler, die sich Kenntnisse über die Robotik-Tauglichkeit von KI-Techniken verschaffen wollen und die damit ihren klassischen Fundus über Roboter ergänzen bzw. vertiefen können. Dem Neuling wird der Einstieg durch den ersten Teil des Buches erleichtert. Der zweite Teil liefert die Ergänzungen und Vertiefungen zu den im ersten Teil angesprochenen Problemen. Der dritte Teil sollte als Ausblick verstanden werden.

Das Buch ist die im Inhalt unveränderte Wiedergabe (nur editorische Korrekturen) einer Habilitationsarbeit, die ich im Oktober 1987 bei der Fakultät für Informatik in Karlsruhe eingereicht habe. Das Habilitationsverfahren wurde am 20. April 1988 erfolgreich abgeschlossen. Auf Wunsch des Verlages wurde lediglich der ursprünglich lange Titel dieser Abhandlung (Aufgabenorientierte Planung von Montageoperationen für autonome Roboter) in einen kurzen und prägnanten Buchtitel umgewandelt.

Diese Arbeit fertigte ich während meiner Tätigkeit als Gruppenleiter (Bereich: Technische Expertensysteme und Robotik) am Forschungszentrum für Informatik an. Dem Bereichsleiter Herrn Prof. Dr.-Ing. U. Rembold möchte ich sehr herzlich danken für sein mir entgegengebrachtes Vertrauen und seine großzügige Unterstützung während meiner insgesamt 12jährigen Mitarbeit an seinem Lehrstuhl. Mein herzlicher Dank gilt ebenfalls Herrn Prof. Dr.-Ing. K. Feldmann, der mir wichtige thematische Anregungen gab und der bereit war, kurzfristig meine Habilitationsarbeit zu begutachten.

Das im zweiten Teil dieses Buches vorgestellte Planungssystem entstand als ein eigenes Forschungsvorhaben, zu dessen Gelingen, primär vier Personen durch ihren engagierten Einsatz wesentlich mit beigetragen haben. Herrn Dr. W. Hardeck (Firma Siemens) danke ich für seine zahlreichen Hinweise bezüglich der thematischen Anbindung an eine reale Fertigungsumgebung und seine finanzielle Unterstützung. Herrn Th. Löffler bin ich für wesentliche Anregungen zur Programmierung von Robotern mit Hilfe von Graphen und zur CAD-Modellierung dankbar. Frau J. Haubelt und Herrn M. Greulich bin ich für zahlreiche Detailvorschläge und für ihren großen Implementierungsaufwand im Rahmen ihrer Diplomarbeiten zu Dank verpflichtet.

Der enorme Aufwand, dieses Buch zu schreiben und zu editieren, wurde von Frau E. Mainz durch ihren außerordentlichen Einsatz innerhalb von drei Monaten bewältigt. Hierfür möchte ich ihr besonders danken. Beim Schreiben mitgeholfen hat auch Frau Ch. Ziegeldorf. Frau D. Reiter hat mich tatkräftig unterstützt, die Qualität meiner ursprünglichen Zeichnungen zu verbessern. Für diese Tätigkeiten möchte ich mich bei beiden Damen bedanken.

Zuletzt, aber nicht weniger herzlich, bedanke ich mich bei meiner Frau und meinen drei Kindern für Ihre Geduld und Nachsicht. Über viele Monate hinweg bekamen sie mich nur am Sonntag so richtig zu sehen.

München, August 1988 Paul Levi

INHALT

Teil 1: AUFGABENORIENTIERTE MONTAGEPLANUNGSSYSTEME

Teil 1: AUFGABENORIENTIERTE MONTAGE-PLANUNGSSYSTEME

1.1 Einleitung

Der erste Teil dieser Arbeit hat zum Ziel, die aufgabenorientierte Planung von Montageoperationen durch Roboter bezüglich verschiedenartiger Aspekte erschöpfend zu beschreiben und somit den Grundstein für die Konzeption des eigenen, im zweiten Teil dieser Arbeit beschriebenen "Aufgabenorientierten Planungssystems für Optimale Montagefolgen" (APOM) zu legen. Bei der Planung selbst wird unterschieden zwischen den rein grundlagenorientierten, situationsbasierten Ansätzen (vollautomatische Planung) und den mehr praxisorientierten, aufgabenorientierten Ansätzen zur Roboterprogrammierung (teilautomatische Planung). Beide Planungsansätze werden ausführlich beschrieben und an Hand bestehender Systeme illustriert.

Die neue, dritte Generation von Robotern, die autonom ihre Aufgaben planen, ausführen und überwachen sollen, zeichnet sich durch zwei wesentliche Merkmale aus. Zum einen kann diese geforderte Intelligenz vorwiegend nur mit Mitteln der Künstlichen Intelligenz (KI) erreicht werden und zum anderen muß die interne Architektur dieser Roboter (stationär oder mobil) so strukturiert werden, daß die Verfahren der KI auch in das Gesamtsystem integriert werden können. Aus diesem Grunde werden die gegenseitigen Verknüpfungen der Robotik mit der Künstlichen Intelligenz und die daraus resultierenden Architekturkonzepte für autonome Roboter auf der Basis von Roboter-Systemkomponenten beschrieben.

Die in den letzten Jahren zu beobachtende Zuwendung vieler Forschungslaboratorien zu mobilen Robotern hin hat dazu geführt, daß gerade für diese Systeme im Hinblick auf die Verfahren der KI neuartige Organisationsschemata entwickelt worden sind. Diese Konzepte werden aufgegriffen und in Relation zu den Anforderungen der Montageplanung gesetzt. Mit anderen Worten: von den vielen Entwicklungsproblemen, mobile Roboter zu bauen, werden nur diejenigen aufgegriffen, die direkt mit der autonomen Durchführung von Montageaufgaben zu tun haben. Spezielle Probleme der Mobilität wie Navigation und Andocken finden in dieser Arbeit keine Berücksichtigung.

1.2 Roboter: Systemkomponenten und Generationen

1.2.1 Definition eines Roboters

Ein ***Roboter***, so definiert die amerikanische Robotic Industries Association (RIA, vormals bekannt als Robot Institute of America),

> *ist ein reprogrammierbarer, multifunktionaler Manipulator, der entwickelt wurde, um Material, Teile oder spezielle Geräte mit Hilfe von beliebig programmierbaren Bewegungen zu transportieren. Er ist in der Lage, zahlreiche Aufgaben durchzuführen.*

Im analogen Sinn wird ein Roboter auch von der "International Organization for Standardization" (ISO) und von dem Verein Deutscher Ingenieure (VDI) definiert. Diese Definitionen treffen auf die zwei gegenwärtig eingesetzten Robotergenerationen zu. Ein Roboter der zukünftigen dritten Generation soll

a) eine bestimmte Anzahl von Aufgaben selbständig planen, durchführen und überwachen,
b) sich adaptiv verhalten und
c) sowohl Aufgaben als auch Algorithmen zur Durchführung und Überwachung lernen.

Die unter Punkt b) geforderte Adaption läßt sich aufteilen in eine aufgabenbezogene und eine aus der Unsicherheit resultierende Komponente. Die **Aufgabenadaption** entspringt der Komplexität der jeweils durchzuführenden Aufgabe, die meistens im voraus nicht exakt detailliert werden kann. Sie dient vor allem der Umstellung von einzelnen Roboteraktionen z.B. im Rahmen der flexiblen Fertigung und Montage. Die adaptive Synthese von Roboteraktionen in komplexen Zustandsräumen kann eine Neuplanung erforderlich machen und somit eine modifizierte Aufgabendurchführung erzwingen, welche die ursprüngliche Operationsfolge korrigiert. Hierbei müssen die Probleme bezüglich besser angepaßter Aufgabenspezifikationen und optimierter Manipulationspläne gelöst werden.

Im Gegensatz zur aufgabenorientierten Adaption liegt die Problematik bei der **Unsicherheitsadaption** in der Ableitung von modifizierten Aktionsfolgen auf der Basis von Diskrepanzen, die zwischen realen Zuständen und einem internen (mit a priori gegebenen Erwartungswerten) Weltmodell diagnostiziert werden. Typische Unsicherheiten beziehen sich z.B. auf die spätere exakte Position und Orientierung von Werkstücken. Diese "Unsicherheitsbewältigung" ist z.B. für die Feinbewegung eines Robotergreifers notwendig. Eine Feinbewegungssynthese kann als eine Implementierung einer Strategie definiert werden, die die Unsicherheiten so lange reduziert, bis die gewünschte Zielkonfiguration erreicht ist. Eine derartige Synthese enthält typischerweise

- sensorüberwachte Bewegungen, um die gewünschte Konfiguration zu erhalten
- korrigierende Bewegungen, um die Positionsgenauigkeit bei ungewollten Konfigurationen wieder herzustellen
- informationssammelnde Bewegungen, um die Positionsungenauigkeit zu reduzieren
- Zyklen, um sensorüberwachte Bewegungen, die nicht erfolgreich waren, zu wiederholen
- Unsicherheitsvariablen, die durch korrigierende und informationssammelnde Bewegungen aktualisiert werden.

Roboter der dritten Generation können sehen und sind intelligent. Sie verfügen über zahlreiche, verschiedene Sensoren, deren Informationen zu integrierten Merkmalsdarstellungen und zu logischen Aussagen verarbeitet werden können (multisensorielle symbolische Bildverarbeitung), sowie über Verfahren der KI, die die autonome Verknüpfung zwischen Wahrnehmungen und Aktionen herstellen.

Die Künstliche Intelligenz spielt dabei die zentrale Rolle, eine Maschine in die Lage zu versetzen, eigenständig zu planen, Bedingungen wahrzunehmen, die nicht a priori bekannt sind, und dann zu entscheiden, welche Aktionen ausgeführt werden sollen. Kurz gesagt, ein Roboter dieser zukünftigen Generation kann Aufgaben durchführen, die Adaptionsvermögen und Verfahren der Künstlichen Intelligenz zugrunde legen. Die Programmierung erfolgt aufgabenorientiert (textuell oder natürlichsprachlich) und sollte durch graphische Hilfsmittel unterstützt werden.

Die anfangs zitierte Roboterdefinition der RIA vernachlässigt den in komplexen Aktionsräumen mit unsicheren Zuständen bedeutsamen Adaptionsaspekt und erweist sich für Roboter der dritten Generation als ungeeignet. Eine geeignetere Begriffsbestimmung ist die folgende:

> *Ein Roboter ist eine mit Sensoren ausgerüstete Maschine, die eine Klasse von definierten Aufgaben unter Bedingungen, die nicht a priori bekannt sind, selbständig lösen kann. Die hierzu notwendigen Planungs-, Durchführungs-*

und Überwachungsschritte können unter Eigenregie aufgebaut bzw. gelernt werden.

Diese Definition enthält implizit die geforderte Flexibilität und berücksichtigt die Verknüpfung von Wahrnehmung und Aktion. Die erwähnte Selbstorganisationsfähigkeit und Lernfähigkeit befindet sich allerdings gegenwärtig noch in der Phase der Grundlagenforschung.

1.2.2 Systemkomponenten

Robotik ist die Wissenschaft, die sich mit dem Entwurf, dem Aufbau und dem Einsatz von Robotern befaßt /Rembold 84a/. Sie muß sich daher auch mit klassischen mathematischen und ingenieurwissenschaftlichen Disziplinen wie der Kinematik, der Dynamik und der Regelungstechnik befassen /Brady 82/. Ein Roboter

Mechanik	
Greifer	
Arme	Kinematik
Füße	Dynamik
Antriebe	Lokomotion
Einspannvorrichtungen	
Sensorik	
Sichtsystem	Multisensorik
taktiler Sensor	Ikonik
Kraft/Drehmoment	Symbolik
Abstandsmessung	Signal/Symbol
	Transformation
Näherungssensor	Weltmodell
Steuerung	
Gelenkregelung	Planung
Servosteuerung	Aufgabenzerlegung
Multiprozessorsystem	Problemlösung
Architektur	Programmierung
Kommunikationsprotokoll	Schlußfolgerung
	Überwachung

Bild 1.1: Die drei klassischen Grundbausteine eines Roboters und die zugehörigen Komponenten (linke Seite) bzw. Forschungsbereiche (rechte Seite)

kann durch seine Fähigkeiten und seinen Aufbau exakt definiert und gegen andere technische Systeme klar abgegrenzt werden. Diese Systeme haben insbesondere im sensormotorischen Bereich keine derart signifikanten Fähigkeiten.

In diesem Teilabschnitt werden die klassischen, nicht KI-orientierten Komponenten eines Roboters und die damit verbundenen Forschungsschwerpunkte beschrieben. Im Abschnitt 1.3 gehen wir auf die neueren, wissensbasierten Roboteraspekte näher ein. Sie sind mit Teilbereichen der Künstlichen Intelligenz eng verknüpft.

Ein Roboter setzt sich aus drei wesentlichen Komponenten zusammen: Mechanik, Sensorik und Steuerung. Bild 1.1 zeigt eine verfeinerte Darstellung dieser drei Komponenten.

1.2.2.1 Mechanisches System

Die Genauigkeit bzw. Wiederholgenauigkeit vieler Roboter ist heutzutage bei einer Belastung des Greifers nicht ausreichend. Daher werden in den Laboratorien Anstrengungen unternommen, die Antriebe für die einzelnen Robotergelenke (elektrisch, pneumatisch, hydraulisch) weiter zu entwickeln /Coiffet 84/. So wird u.a. am MIT /Nagel 84/ und neuerdings verstärkt an der CMU /Khosla 86/ an einem elektrischen Direktantrieb gearbeitet.

Nicht immer wird aber eine erhöhte Genauigkeit benötigt. In diesen Fällen ist es angebracht, z.B. nachgiebige (compliant) Greifer zu montieren /Mason 82/. An dem Charles Stark Draper Laboratory (Boston) konzentriert man sich seit einigen Jahren auf diese speziellen Entwicklungen /CSDL 83/.

Ein Endeffektor ist eine Funktionseinheit, die mit dem Handgelenk eines Roboters verbunden wird. Im wesentlichen werden drei Typen von Endeffektoren unterschieden: Hand, Werkzeug und Hand/Werkzeug-Halter. Im folgenden konzentrieren wir uns nur auf den wichtigsten Endeffektor: die Hand. Es gibt zwei wesentliche Entwicklungseinrichtungen, die Handkonstruktion voranzutreiben: die schnell wechselbare *(quick change)* Hand und die geschickte (*dexterous*) Hand. Die schnell wechselbare Hand kann der Roboter "abstreifen" und sich eine neue Hand "anheften". Das größte Hemmnis in diesem Bereich ist das Fehlen einer Norm für das Anbringen der Hand an den Arm. Diese Norm muß nicht nur die mechanische Verbindung festlegen, sondern sie muß auch die Schnittstellen für die Stromversorgung und die Steuerung standardisieren.

Die Entwicklung einer geschickten Hand, die für möglichst viel Anwendungen benutzbar ist, ist nach wie vor noch ein Gegenstand der Forschung. Die Hand sollte mehrere (z.B. 2 oder 3) Finger haben. Jeder Finger sollte eine Geschicklichkeit besitzen wie die eines menschlichen Fingers. Er muß sowohl starr ("Knochen") als auch nachgiebig ("Fleisch") sein, auf der Oberfläche taktile Sensoren ("Haut") haben und über Näherungssensoren für die Kollisionsvermeidung (kein menschliches Äquivalent) verfügen. Die geschickte Hand kann mit einem Kraft-/Drehmomentsensor im Handgelenk, einem visuellen Sensor (hand-in-eye), mit Abstandssensoren (Laser, Ultraschall) und mit Berührungssensoren ausgerüstet sein. Die direkte Auswertung der Signale sollte direkt in der Hand (Sensorprozessoren) erfolgen. Ein Beispiel für eine dreifingerige geschickte Hand ist diejenige, die gemeinsam von der Universität Utah und vom MIT entwickelt wird /Jacobsen 84/.

Was die allgemeinen Kinematik- und die Dynamikprobleme von Robotern betrifft, verweisen wir auf /Blume 81/. Ausführliche Beschreibungen dieser beiden Problemfelder findet man z.B. bei /Paul 83/ und bei /Hollerbach 82/.

1.2.2.2 Sensorsystem

Sensoren dienen der Reduktion bzw. der Auflösung von Unsicherheiten. Sie werden bei Robotern eingesetzt, um Augenblicksinformationen zu sammeln und zu analysieren, um Roboteraktionen anzustoßen oder gezielt zu steuern. Für einen Montagevorgang z.B. muß das Objekt erkannt (Kamera), gegriffen (Kamera, Druck), transportiert (Kamera) und gefügt (Kraft/Drehmoment) werden. Die bedeutsamste Sensorart bildet bislang die Kamera. Sie dient der Unterstützung der folgenden Aufgaben /Levi 86a/:

- Identifikation, Lokalisierung und Orientierung von Objekten
- einfache Inspektionsaufgaben (ist das Teil vollständig ?)
- visuell geführte Bewegung
- Navigation und Bildanalyse.

Betrachtet man z.B. die Kriterien zur Bestimmung eines Greifpunktes, so spielen die Geometrie des Objektes, die geometrischen Restriktionen und die Unsicherheiten zur Durchführungszeit die wesentlichen Kriterien zur Bestimmung der Wirkflächen und der Stabilität. Geeignete notwendige Bedingungen zur Greifpunktbestimmung lauten wie folgt:

- 2 Flächen
- Fläche und Eckpunkt

- Fläche und Kante
- Paare koplanarer Kanten.

Zwei Eckpunkte eignen sich nicht, da sie nicht rotationsstabil sind. Kanten und Eckpunkte sind zum Greifen ungeeignet, da sie gegen Verdrehungen anfällig sind, etc.

Die Verifikation dieser Bedingungen ist ohne Sensoren nicht möglich. Neben der Kamera oder dem Laserabtaster sind noch weitere Sensoren notwendig. Dies wird deutlich, wenn man sich allein die Evaluierungskriterien für die Stabilität eines Greifpunktes betrachtet. Die folgenden Meßvorschriften sind hierfür notwendig:

- Verrutschen (Druck, Kraft)
- Verdrehen (Druck, Drehmoment)
- Kippen (Drehmoment).

Sensoren lassen sich unter anderem einteilen in taktile Sensoren (Kraft, Drehmoment, Druck, Temperatur, Position) und in nicht taktile Sensoren (Kameras, Laser, Näherungsschalter etc.), /Levi 87a/. Bei den nicht taktilen Sensoren ist die Bildverarbeitung am weitesten vorangeschritten.

Die Bildverarbeitung kann in die ikonische und symbolische Bildverarbeitung eingeteilt werden /Levi 85a/. Die ikonische Bildverarbeitung befaßt sich mit bildhaften Beschreibungen. Die symbolische Bildverarbeitung arbeitet mit sinnbildlichen Darstellungen. Die ikonische Bildverarbeitung befindet sich in einem Stadium, in dem sehr viele Verfahren bereits bekannt sind. Was allerdings noch fehlt, ist die Vereinheitlichung der Grundfunktionen der Bildverarbeitung und der Merkmalsextraktion aus Grauwertbildern. Die symbolische Bildverarbeitung steht erst an ihrem Anfang /Binford 82/, /Niemann 85 a,b/.

Die konventionellen Forschungsschwerpunkte für nicht taktile Sensoren lassen sich wie folgt aufzählen:

- Entwicklung von Laserabtastern /Levi 83/
- effiziente Verarbeitung von Abstandsdaten
- Verbesserung der Stereoverfahren /Dreschler 85/
- Entwicklung von 3D-Sichtsystemen (Kamera und Laser) /Besl 85/
- verbessertes Verständnis der Schnittstelle zwischen ikonischer und symbolischer Schnittstelle /Rembold 84b/
- Entwicklung einer multisensoriellen ikonischen Bildverarbeitung
- Kopplung von CAD-Systemen mit Sichtsystem

- Verbesserung der Verfahren "shape from shading", "shape from motion" etc. /Ballard 82/, /Horn 86/
- Entwurf spezieller Architekturen für Bildverarbeitungsrechner auf der Basis von VLSI.

Taktile Sensoren benötigen für ihre Wirkungsweise physikalischen Kontakt mit dem Objekt, dessen Eigenschaften gemessen werden sollen. Sie werden daher auch als Kontaktsensoren bezeichnet. Trotz der großen Bedeutung dieser Sensoren z.B. für den Greifvorgang und die Feinbewegung des Roboters sind taktile Sensoren nicht weit entwickelt /Harmon 84/. So wird erst jetzt damit begonnen, mit Hilfe von Dehnmeßstreifen Drucksensoren in die Fingerspitzen einzubauen. Die meisten der aufwendigen und komplexeren taktilen Sensoren befinden sich noch im Entwicklungsstadium in den Laboratorien.

Gegenwärtige Forschungsarbeiten laufen auf den folgenden Gebieten:

- Entwicklung von Materialien, die weniger verschleißen und sehr geringe Hystereseeigenschaften haben, um eine künstliche Haut aufzubauen
- Entwicklung von Halbleitersensoren (z.B. piezo-elektrische)
- Felder von taktilen Sensorelementen, die bereits Verarbeitungselemente enthalten
- Interpretation von Druckbildern

Diese Schwerpunkte zeigen bereits, daß die noch zu lösenden Probleme (1.) in einer Verbesserung der Technologie, (2.) in einer Verbesserung der Druckbild-interpretation und (3.) in einer Integration der Druckinformation mit den anderen Sensoren, um das Steuerungssystem flexibler bezüglich der Aufgabendurchführung zu machen, liegen.

1.2.2.3 Steuerungssystem

Das klassische Steuerungssystem eines Roboters überwacht die Bewegungen eines Manipulators im hindernisfreien Raum mit Hilfe eines Positionsservoantriebes für jedes Gelenk. Wenn von dem Manipulator zusätzlich verlangt wird, daß er die Bewegung unter einem definierten Kraft-/Drehmoment ausführt, so müssen neben den Positionen auch diese beiden Servoantriebe geregelt werden. Die Verfahren hierfür stammen aus der Regelungstechnik /Vukobratovic 85/. In Deutschland und in Japan wurden viele Anstrengungen unternommen, um Modelle für nichtlineare Steuerungen zu entwickeln.

In dem Maße, wie die Entwicklung von Greifern und ihren Stellmechanismen vorangeht, werden an das Steuerungssystem neue Anforderungen gestellt. Die Kapazitäten der geschickten Hand, des Sensoreinsatzes, der Programmierung durch Sensoren /Feldmann 85a/, /Hirzinger 84/, der Mobilität etc. erweitern alle die Fähigkeiten des Steuerungssystems. An den folgenden einzelnen Schwerpunkten des Robotersteuerungssystems wird gegenwärtig gearbeitet.

Hierarchische Steuerungsstruktur/ Programmierungsverfahren. Das Steuerungssystem eines Roboters der zweiten Generation zeigt üblicherweise die folgende Ebenenaufteilung:

1) Servosteuerung zur Erzeugung eines geschlossenen Regelkreises
2) Transformation von kartesischen Koordinaten in Gelenkkoordinaten
3) Interpolation von Trajektorien auf der Basis von Stützpunkten
4) Roboterorientierte Sprache mit geringen Möglichkeiten der Sensormanipulation.

Die zukünftigen Anstrengungen werden sich auf den nach oben gerichteten Ausbau dieser Hierarchie richten. Die 5. Ebene könnte durch den Einsatz von mehreren Armen, von geschickten Händen, Bewegungsmechanismen und weiteren mechanischen Fortentwicklungen definiert werden. Die 6. Ebene wird durch eine aufgabenorientierte Sprache dargestellt (Abschnitt 1.6.3). Graphische Systeme werden dazu dienen, sowohl die Programmierung von Robotern zu unterstützen als auch die Simulation der Roboteraktionen durchzuführen /Dillmann 85a, 86a/. Betriebssysteme für Roboter könnten von dem Programmierer die Last der elementaren Sensorsteuerung und der Kommunikation wegnehmen. Sie müßten ähnlich eingesetzt werden wie die heute verwendeten Betriebssysteme für Rechner.

Eine wesentliche Forschungsrichtung auf dem Gebiet der mobilen Roboter wird die autonome Steuerung sein. Sie enthält Antriebssteuerungen, die Sensorverarbeitung, die Navigation, die Hindernisumgehung und die Kommunikation (Protokoll und Übertragungsstrecke).

Der Leser hat sicher bereits erkannt, daß die bislang erwähnten (konventionellen) Forschungslinien eine sich verbreiternde und immer mehr stabilisierende Basis bereitstellen, die es ermöglicht, künftig die methodischen Grundlagen der KI intensiver als bisher in die Robotik einzufügen und zur experimentellen Erprobung von Adaptions-/Selbstorganisations-Modellen zu nützen, wodurch Robotersysteme mit neuartigen internen Kommunikationsstrukturen in den Mittelpunkt rücken.

Verteiltes System. Sowohl die Steuerung jeder Achse eines Roboters mit einem Mikroprozessor als auch die soeben erwähnte Kommunikationsfähigkeit von Robotern setzt voraus, daß ein ganzes Netz von Rechnern aufgebaut wird, damit Roboter als Echtzeitsysteme agieren können. Diese Forderung nach einem verteilten System kommt aber auch durch die Strukturierung des Steuerungssystems zustande. Jede Steuerungsebene hat ihren eigenen Prozessor. Eine Anweisung einer höheren Ebene erzeugt mehrere Anweisungen in der nächsten Ebene usw., die ganze Kette hinunter. Einzelne Funktionen wie Sensorverarbeitung, Endeffektorsteuerung, etc. werden durch separate Prozessoren bearbeitet.

Datenbankanschluß. Die zuvor geforderte Schnittstelle zu anderen Rechnern auf der Basis lokaler Netze liefert auch die geeigneten Schnittstellen, um auf CIM-Datenbanken zugreifen zu können. Die geometrischen und physikalischen Eigenschaften der zu notierenden Teile sind bereits in diesen Datenbanken abgespeichert.

Des weiteren ist heute bereits absehbar, daß Roboter Situationsberichte zur Steuerung der Arbeitszelle erzeugen müssen und, daß von dem Steuerungssystem der Fertigungsstraße (shop floor) Aufträge an die Arbeitszelle erteilt werden. Somit muß das Robotersteuerungssystem auf andere Datenbanken zugreifen und mit anderen Fertigungssystemen kommunizieren.

Es wird in vielen Laboratorien an der Integration der einzelnen Komponenten (CAD, Sichtsysteme, Roboter) zu einem kompletten CIM-System gearbeitet. Allerdings sind wesentliche Beiträge erst später zu erwarten. Ein bedeutender Schritt in diese Richtung ist MAP (Manufacturing Automation Protocol), das von General Motors initiiert wurde. Es sollte jedoch nicht unerwähnt bleiben, daß alleine die Verknüpfung von Sichtsystemen mit CAD-Systemen noch erhebliche Schwierigkeiten bereitet. Damit eine einheitliche Modellbildung möglich ist, müßten erst einmal die folgenden Schnittstellen realisiert werden:

- Direkte Zugriffs- und Änderungsmöglichkeiten auf die internen Objektdarstellungen in CAD-Systemen. Dies ist bislang in keiner Weise möglich und steht einer sofortigen realen Verschmelzung der beiden angesprochenen Disziplinen entgegen.

- Einigung auf eine gemeinsame 3D-Modellierung. Eine Octree-Darstellung beispielsweise besitzt den Vorzug, daß sie mit Hilfe eines Laserabtasters oder mittels Stereosehen direkt während der Lernphase erzeugt wird. Denkbar wäre hier auch ein Lichtschnittverfahren. Als Ergänzung hierzu könnten flächenhafte Darstellungen (Bézier, Coon, B-splines) für komplexere Oberflächen herangezogen werden. Ein einfaches Drahtmodell reicht häufig nicht aus.

- Einheitliche Darstellung bezüglich der in der ikonischen Bildverarbeitung üblichen Merkmale.

- Automatische Generierung von Objektmerkmalen für die Bildverarbeitung aus dreidimensionalen CAD-Darstellungen (Abschn. 2.3.2).

1.2.3 Robotergenerationen

Die Fabrik der Zukunft kann man sich als ein komplexes Feld rechnergesteuerter Prozesse vorstellen, die in einzelne Fertigungszellen aufgeteilt und über ein Informationssystem (off-line: Planung, Entwurf, Teilebeschreibung; on-line: Maschinen-Status, Teile-Status) miteinander verbunden sind (Abschn. 1.4.1). Innerhalb der einzelnen Zellen bestimmen Virtuosen wie programmierbare Werkzeugmaschinen und fest installierte bzw. mobile Roboter den Leistungsgrad dieser flexiblen Maschinerie /Spur 85/. Gegenwärtig ist die rechnerintegrierte Fertigung (CIM) der Kern der zukünftigen Weiterentwicklung traditioneller Produktionstechniken (Serienfertigung), die in Richtung flexibler Fertigungssysteme (FMS) mit geringen Stückzahlen und einer großen Produktvielfalt expandiert. Anhand der historischen Entwicklung, die zu dieser integrierten Fertigungspraxis geführt hat, sollen im folgenden die beiden bereits in der Praxis eingesetzten Robotergenerationen charakterisiert werden.

Die Funktionen eines Fertigungsprozesses können, was die durch Sensoren zu erfassende und zu verarbeitende Informationstypen bzw. Signalart betrifft, in die folgenden fünf Klassen eingeteilt werden /Spur 84/: Ort, Zeit, Material, Menge, Geometrie.

Die Materialinformation bezieht sich u.a. auf die Qualität der Rohteile und die Güte der Fügeoperationen durch einen Industrieroboter. Die Mengeninformation dient der Überwachung von Mengenflüssen wie Stückzahl und Durchfluß. Die geometrische Information stellt die Veränderungen der Oberflächengestalt wie Fertigteilgestalt, Form- und Lagegenauigkeit sowie Oberflächenbeschaffenheit dar. Die Lageinformation dient der Überwachung der bewegten Objekte im Raum wie Translation und Orientierung. Die Zeitinformation beschreibt die Änderung der zeitlichen Ablauffolge wie Zeitpunkte und Vorrang, sowie zeitabhängige Meßgrößen wie Frequenz, Geschwindigkeit und Beschleunigung.

In allen aufgezeigten Fällen geht es darum, Sensoren einzusetzen, um Unsicherheiten innerhalb des Produktionsvorganges auszuschließen, d.h. sie zu erkennen und angemessen darauf zu reagieren. Im Bereich der industriellen Montageroboter lassen sich bestehende Unsicherheiten zurückführen auf:

- *Unsicherheiten* durch die in der Montage eingesetzten Werkzeuge (Roboter, Zuführungen, Fixierungen) und
- *Unsicherheiten*, die von Teilen selbst herrühren (Fertigungstoleranzen).

Es gibt prinzipiell zwei verschiedene Wege, um diese Unsicherheiten in einem Montagefeld zu umgehen:

1) Vermeidung aller Unsicherheiten in der Phase der Anlageplanung.
2) Auflösung der Unsicherheiten durch den Einsatz von Sensoren und Verfahren der Künstlichen Intelligenz.

Der erste Weg entspricht der traditionellen Vorgehensweise. Er führte sehr schnell zu starren Systemen, die teuer sind und viel Zeit erfordern. Gemeint sind hiermit insbesondere die Planung und der Bau von speziellen Komponenten zur Teilebereitstellung. Diese Lösung macht den raschen Wechsel auf ein anderes, ähnliches Produkt (Flexibilität) durch hohe Umrüst- und Nebenzeiten unwirtschaftlich.

Die Entwicklung der einzelnen Robotergenerationen spiegelt das Verlassen des ersten Lösungsansatzes und die Hinwendung zum Sensoreinsatz und zur KI wider (Abschn. 1.6).

Erste Robotergeneration. Diese Roboter (z.B. Unimation 2000, 1975) können nur feste Haltepunkte anfahren (z.B. Punkt-zu-Punkt-Steuerung) und werden mit Hilfe einer "teach-box" programmiert. Sie benutzen keine Sensoren (z.B. Kamera) zur Objekterkennung und zur Bahnsteuerung. Sie sind Kraftprotze, die "dumm und blind" sind, und können nur für sehr einfache Aufgaben (pick-and-place) eingesetzt werden. Ihre Umgebung muß aufgabenspezifisch präpariert werden, damit sie ihre Aktionen durchführen können. Einsatzbeschränkungen, die notwendig sind, beziehen sich auf exakte Werkstückpositionierungen, auf feste räumliche Beziehungen zu anderen Maschinen und auf erhöhte Sicherheitsvorkehrungen. Die erste Robotergeneration hat nur motorische Fähigkeiten.

Zweite Robotergeneration. Diese Roboter verfügen neben der Optimierung der Bewegungsfunktion (Motorik) zusätzlich über sensorische Fähigkeiten (z.B. PUMA 600, 1980). Es wird damit begonnen, die Sensorik mit der Motorik zu verschmelzen, um sowohl Objekte bahngesteuert zu führen als auch Korrekturen an dem im Steuerungsrechner gespeicherten Anwendungsprogramm anzubringen. Diese letztere Fähigkeit ist insbesondere für komplexe Fertigungsaufgaben (z.B. Montage) erforderlich. Ein typischer Roboter der zweiten Generation verfügt daher über einen Mikroprozessor für jeden Freiheitsgrad und über einen Steuerrechner, der sowohl diese Prozessoren überwacht und koordiniert als auch Funktionen höherer Ebene (z.B. Strategieentscheidungen oder Aufgabenzerlegung) zur Verfügung stellt /Rosen 85/. Im Gegensatz zur ersten Generation ist diese Robotergeneration aufgrund der vorhandenen Rechnerkapazität im Sinne der Informatik programmierbar (z.B. VAL, RAIL, Abschn. 1.6.1). Diese Sprachen enthalten auch Sensoranweisungen, so daß das Einlernen einer Folge von Manipulationsaktionen mit Hilfe einer "teach-box" entfällt. Gleichwohl müssen aber die einzelnen Bewegungsabläufe in der Programmiersprache explizit angegeben werden (explizite Programmierung). Das Programmierobjekt ist stets der Roboter selbst und nicht die Objekte oder gar die Aufgabe.

Dritte Robotergeneration. Die dritte Robotergeneration wird mit mehreren Sensoren ausgestattet sein und mit anderen Maschinen (Robotern) kommunizieren können, um die Motorik und die Sensorik in ein Gesamtsystem zu integrieren. Diese Generation wird anpassungsfähiger (flexibler) sein als ihre Vorgänger, da sie sich adaptiv verhalten kann. Diese Fähigkeit zur Autonomie erlangt ein Roboter der dritten Generation zum einen durch eine verbesserte Sensorausstattung /Burckhard 85/ und zum anderen durch die Nutzung von KI-spezifischen Modellen des Produktionsprozesses bzw. der natürlichen Szene. Zur Aktualisierung (Verbesserung) dieses Modellwissens trägt die Kommunikationsfähigkeit dieser Generation bei. Das Weltwissen ist notwendig, um die Sensorinformation in adäquate steuerungstechnische Strukturen bzw. Modelle einzubringen. Erst durch diese Umsetzung erhält die Sensorinformation ihre aktionsbezogene Bedeutung und kann dann Änderungen von Standardbedingungen, die durch Sensoren detektiert wurden, in entsprechende Modifikationen des Fertigungsablaufs umrechnen und über den Steuerrechner anweisen /Iberall 84/.

Die Programmierung dieser Roboter erfolgt aufgabenorientiert auf implizite Weise. So kann eine Anweisung eines Steuerungsprogramms für die Montage wie folgt lauten:

Befestige Teil A auf Teil B mit einer M8-Schraube.

Ein Planungsprogramm interpretiert diese Anweisung und erzeugt anschließend die richtige Folge von weiteren Teilaufgaben und Aktionen. Es sollte alle verwendeten Schraubenarten kennen und veranlassen, daß diese Schraube durch den

Roboter aus dem Regal geholt und in die zuvor korrekt ausgerichteten Teile A und B eingefügt wird. Danach wird der feste Sitz der Schraube überprüft.

Stellt man sich im Vorgriff auf zukünftige Roboterrealisierungen einen solchen "intelligenten" Roboter der 3. Generation vor, so kann er folgendermaßen kurz beschrieben werden: Er muß Aufgabenpakete in einzelne Arbeitsschritte zerlegen (planen) und sie in einer sich ändernden Umgebung (adaptives Verhalten) durchführen können. Mit Hilfe der Sensordaten aktualisiert er sein Weltmodell und trifft diesbezüglich Aussagen (Signal/Symbol-Transformation), um die Folgerungen (Handlungsfolge) in Arbeitsschritte (Aktionen) überzuführen. Roboter, die mit diesen Fähigkeiten ausgestattet sind, müssen sowohl über ein Multisensorsystem (visuell, taktil, akustisch) mit einer sehr komplexen Bildverarbeitung (maschinelles Sehen) ausgestattet sein als auch vor allen Dingen über maschinelle Intelligenz in Form von Wissensbasen und darauf operierenden Inferenzmechanismen verfügen. Im einzelnen fallen hierunter die folgenden Teilgebiete der KI: Problemlösung, Planung, automatische Programmierung und Verifikation, Lernen, Verstehen von natürlicher Sprache und Argumentieren *mit* (Parameter) und *über* (Struktur) Unsicherheiten. Diese Teilbereiche befinden sich derzeit noch in einem frühen Stadium der Entwicklung. Es läßt sich aber bereits absehen, daß die laufenden Forschungsanstrengungen erst in einem Zeitraum von etwa fünf Jahren wichtige Teilergebnisse hervorbringen, die dann von der industriellen Fertigung eingesetzt werden können /Hunt 85/.

1.2.4 Stationäre und mobile Roboter

Die Realisierung eines Roboters der dritten Generation verlangt nach einem internen Organisationsschema, das sich von der Architektur konventioneller Roboter (1. und 2. Generation) deutlich unterscheidet. Die geforderte Autonomität dieser Robotergeneration ist nur zu erreichen, wenn diese Roboter über die folgenden Fähigkeiten verfügen /Levi 86b/:

a) Kommunikation mit der Umwelt
b) Verständnis der Umgebung durch den Gebrauch von Modellen
c) Eigenständige Formulierung von Plänen
d) Selbständige Planausführung
e) Selbständige Aktionsüberwachung.

Diese ehrgeizigen Anforderungen haben zur Folge, daß die drei wesentlichen internen Blöcke eines Roboters - Sensorverarbeitung, Modellierung (Welt, Aufgaben) und Exekutive - geeignet strukturiert und derart miteinander verkoppelt werden, daß der Roboter seine Aufgaben autonom planen, ausführen und überwachen kann.

Diese Aussagen beziehen sich gleichermaßen auf stationäre und mobile Roboter der dritten Generation. Im Detail unterscheiden sich die mobilen Roboter von den stationären vor allem in den folgenden vier Punkten:

a) Planung und Entscheidung sind eng verknüpfte Prozesse. Umplanungen müssen auf allen Planungsebenen möglich sein. Die Reaktionszeiten bewegen sich vom Sekundenbereich (Umfahren eines Hindernisses) bis zum Stundenbereich (Missionsplanung).

b) Die Sensorverarbeitung (multiple Sensordatenfusion und Bildfolgenauswertung /Nagel 87/) und die Wissensmanipulation sind sehr umfangreich und müssen schnell sein.

c) Zusätzliche Aufgaben wie Routenplanung, Navigation und Andocken.

d) Verstärkte Kommunikation innerhalb eines Verbandes von mobilen Robotern, um Aufgaben z.B. kooperativ zu lösen (Abschn. 3.8, verteiltes Planen).

Bild 1.2 verdeutlicht die Problematik der Mobilität eines autonomen Fahrzeuges. Die Umgebungsachse beschreibt räumliche und zeitliche Strukturen und die Wetterverhältnisse. Der Fahrzeugzustand definiert die Geschwindigkeit, den Treibstoffvorrat, die Bewegungsrichtung etc. Die Verkehrsachse gibt Auskunft über den Straßentyp, die Wegbeschaffenheit, die Verkehrsdichte etc. Jede dieser Aktionen ist nach zunehmender Komplexität gestaffelt. Bei der Verkehrbeschreibung reicht diese Skala für den Straßentyp von Autobahn (geringe Komplexität) über Landstraßen hin zur Stadtstraße (große Komplexität).

Jede Operation ist eine Funktion dieser drei Achsen:

Operation = $\mathbf{f}_i$(Umgebung, Verkehr, Fahrzeugzustand).

Die Komplexitätsskala dieser Operationen beginnt etwa auf der Autobahn bei wenig Verkehr und gutem Wetter und endet bei einer Stadtkreuzung mit viel Verkehr und schlechtem Wetter.

Die aufgezeigten Komplexitätsstufen mobiler Systeme und die damit verbundene aufwendige Arbeit der Systemintegration verdeutlichen einmal mehr, warum zahlreiche Forschungslaboratorien sich verstärkt den mobilen Robotern zugewendet haben. KAMRO, der KArlsruher Mobile ROboter /Dillmann 85b/, verbindet sogar die Eigenschaften eines zweiarmigen Montageroboters mit einem mobilen Unterbau. Der Fokus dieser Arbeit ist auf die Montagefähigkeit von Robotern der dritten

Generation gerichtet. Die aufgabenbezogene Planung, die speziell für mobile Roboter notwendig ist, wird durch /Levi 87b/ ausführlich behandelt.

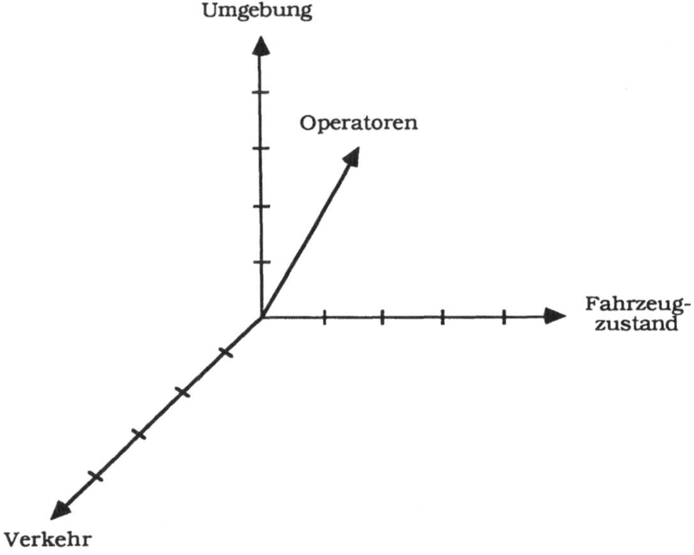

Bild 1.2: Komplexitätsraum der Operationen für mobile Systeme

Die verstärkte Hinwendung der Roboterforschungsgruppen zu mobilen Robotern hat dazu geführt, daß die meisten neuen Roboterstrukturen der dritten Generation für nicht stationäre Roboter entwickelt worden sind. Diese neuartigen Organisationsschemata zeigen natürlich auch wieder Rückwirkungen auf den Aufbau von autonomen Montagerobotern, daher greifen wir in Abschnitt 1.4 diesen Aspekt noch einmal auf. Zuvor soll allerdings die gegenseitige Einflußnahme der Robotik und der Künstlichen Intelligenz vorgestellt werden; denn es sind ja gerade diese KI-Ansätze, die die Roboter autonom (intelligent) machen sollen, so daß die in diesem Zusammenhang verwendeten Konzeptionen direkt in die Architektur der dritten Generation einfließen.

Tabelle 1.1 verdeutlicht die fortschrittlichsten autonomen Systeme, die gegenwärtig in den U.S.A. entwickelt werden. Tabelle 1.2 zeigt die mobilen Roboter, die in Deutschland gebaut werden. Als wirklich autonome Roboter können allerdings nur vier Systeme bezeichnet werden.

Bezeichnung	Labor	Lokomotion	Einsatz
DARPA-ALV	Martin Marietta, Denver; Advanced Decision Systems, Mountain View; Hughes Artificial Intelligence Center;Calabsases; Fort Belvoir Research Center, Fort Belvoir; Carnegie-Mellon University, Pittsburgh, Stanford University; University of Massachusetts, Amherst University of Florida, Gainesville	6-räderiges Fahrzeug	Erkundungsfahrten auf Straßen und unwegsamem Gelände unter Berücksichtigung von Hindernissen
Ground Surveillance	Naval Ocean System Center,	Kettenfahrzeug	Autonomes Beobachtungs-fahrzeug
CMU-Rover	Carnegie-Mellon University, Pittsburgh	3 individuell steuerbare Räder	Prototyp zur Navigations-erprobung in ebenen Gebäu-den
HOPPING System	Carnegie-Mellon University, Pittsburgh	1-beinige Hüpf-maschine	Studium der dynamischen Stabilität
HARV	University of Massachusetts, Amherst	3-räderig	Navigation in natürlichem Gelände
JPL-Rover	JET Propulsion Laboratory, Pasadena	4-räderig	Prototyp eines Erkundungs-systems für den Mars
Stanford Cart	Stanford University	4-räderig	Prototyp, der sich in ebenen Räumen autonom zurechtfindet
Flakey	SRI, Menlo-Park	Düsengetrieben	Assistenz bei der Reparatur von Weltraumsatelliten
OSU-Hexapod	Ohio-State University, Columbus	6-beinige Gehmaschine	Bewegung auf unebenem Gelände mit verschiedenen Gangarten
Autonomer Mobiler Roboter	Purdue University, West Lafayette	4-räderig	Fertigung, Montage
Autonome Plattform	University of Utah, Salt Lake City	4-räderig	Materialtransport

Tabelle 1.1: Amerikanische Aktivitäten zur Entwicklung von mobilen Robotern

Bezeichnung	Labor	Lokomotion	Einsatz
MICROBE/ MACROBE	Technische Universität, München	autonom, 4-räderig	Lösung der Transportprobleme in der Fertigung
Autonomes Fahrzeug	Universität der Bundeswehr, Neubiberg	4-räderig	Fahrten auf Autobahnen und Landstraßen
KAMRO	Universität Karlsruhe	autonom, 4-räderig	Soll zur Lösung von Transport- und Montageaufgaben eingesetzt werden
IPAMAR	IPA, Stuttgart	autonom, dreirädrig	Beschickung von Fertigungsmaschinen
Mobiler Roboter	Universität Stuttgart	Nicht autonom, induktiv geführt	Transport von Fertigungs-hallen
MOBIROB	Gesamthochschule Duisburg	Nicht autonom, induktiv geführt	Transport
Mobiler Roboter	VW, Wolfsburg	Nicht autonom, induktiv geführt	Transport von Autoteilen
Mobiler Roboter	Firma Wagner, Reutlingen	Nicht autonom, induktiv geführt	Industrieanlagen
Telemanipulator	Firma Blocher, Metzingen	Nicht autonom, kettenbasierter Telemanipulator	Gefahrenbekämpfung z.B. in Nuklearanlagen
Visocar	Firma Schenck, Darmstadt	Nicht autonom, optisch geführt	Transport in Fertigungshallen

Tabelle 1.2: Deutsche Aktivitäten zur Entwicklung von mobilen Robotern

1.3 Intelligente Roboter

Betrachtet man die menschlichen Fähigkeiten als das Maß der Dinge und klassifiziert sie nach einem solchen Schema, wie es technisch adäquat beschrieben werden kann, so können diese Fähigkeiten folgendermaßen spezifiziert werden:

1) Multiple Sinnesmodalitäten; visuell, taktil, akustisch etc.

2) Multisensorielle Bildverarbeitung: Algorithmen, Kombination von Sensorauswertungen (Merkmalen).

3) Mobilität.

4) Erfahrungen und momentane Wahrnehmungen können verknüpft werden.

5) Selbstorganisationsfähigkeiten (Lernen durch Erfahrung, Analogie etc.).
6) Generierung einer Aktionsfolge (zielorientiert) aus der Situationsaktualisierung, der Erfahrung und der Szeneninterpretation (Aussage).
7) Kommunikation und Verständigung miteinander, um einen erweiterten und modifizierten Aktionsplan zu generieren.
8) Veränderung der Umwelt durch Aktionen.

Es ist offensichtlich, daß die Inkorporation der soeben aufgezählten Leistungsbestandteile in adaptive Roboter der 3. Generation erst noch durchgeführt werden muß. Es müssen im wesentlichen diejenigen Prozesse nachgebildet werden, für die der Mensch Intelligenz benötigt. Die Roboter der 2. Generation zeigen bereits auf elementaren Ebenen die folgenden Leistungsbegrenzungen:

a) geringe Geschicklichkeit,
b) begrenzte Sensorverarbeitungskapazität und keine multisensoriellen Auswertealgorithmen,
c) nur explizit und roboterspezifisch programmierbar,
d) die Erkennung und Vermeidung von Fehlern bleibt dem Anwender überlassen,
e) schlechte Zusammenarbeit mit anderen Geräten (Robotern).

Roboter der dritten Generation koppeln die Wahrnehmung mit der Aktion /Brady 85/. Der Künstlichen Intelligenz fällt hierbei eine zentrale Rolle zu. Erst sie kann den Roboter mit Intelligenz ausstatten. Ihre Implementierung stellt hohe Anforderungen an die betreffenden Wissensverarbeitungsmechanismen. Die KI kann bei dem Erwerb, der Darstellung und der Manipulation von Wissen mit Vorteil für die Robotik verwendet werden. Sie spielt ebenfalls bei dem Steuerungskonzept durch Planung, Aufgabenzerlegung und Überwachung eine bedeutende Rolle.

Die Robotik richtet das Interesse der KI auf reale Objekte, die sich in einer komplexen Welt befinden. Die Leistungsfähigkeit der KI-Ansätze wird sich in deren Verwertbarkeit in der Robotik niederschlagen. Viele grundlegende Techniken und Darstellungen der KI wurden in Umgebungen mit eingeschränkter Komplexität und mit leicht beschreibbaren Objekten (z.B. Klötzchenwelt) erarbeitet und aufgestellt. Jetzt geht es darum, diese Konzepte z.B. auf reale Montageaufgaben für Roboter auszuweiten bzw. neue Konzepte aufzustellen.

Im verbleibenden Teil dieses Abschnitts wollen wir der Frage nachgehen, welche Wechselbeziehungen zwischen der Robotik und der Künstlichen Intelligenz vorhanden sind.

1.3.1 Einfluß der Robotik auf die Künstliche Intelligenz

Wissensarten

Zukünftige Roboter sollen eine integrierte Auswertung multipler Sensorinformationen durchführen, das dabei angesammelte visuelle Wissen zu symbolischen bzw. abstrakten Aussagen verdichten, hieraus Schlußfolgerungen ziehen und letztlich Aktionen anstoßen, die sie auch überwachen. Konkretisieren wir diese Ablauffolge auf einen rechnerintegrierten Fertigungsvorgang, so müssen die einzelnen konkreten Aufgaben noch genauer spezifiziert werden. Sie müssen nicht nur abstrakt formuliert werden können, sondern sie müssen auch automatisch durch die Lösungen zur Wegsuche und der Trajektorienbestimmung, der Entwicklung von Greifstrategien verfeinert werden und letztlich müssen auch explizite Feinbewegungen generiert werden. Doch, selbst wenn man die Aufgabenstellung nicht so genau betrachten will, gibt es noch eine Fülle von Informationsarten, die bekannt sein müssen, bevor der Roboter eingesetzt werden kann. Wir verdeutlichen dies an der Planung des Arbeitsablaufs eines Montageroboters /Rembold 85a, b/.

Die Gestalt und Funktion eines Produktes wird von dem Entwickler und dem Konstrukteur festgelegt. Sobald der endgültige Prototyp für das Produkt von der Entwicklung freigegeben ist, gibt es eine begrenzte Menge von praktisch durchführbaren Montagefolgen und -bewegungen, um es zusammenzubauen. In der Serienfertigung wird aus dieser Menge in der Regel nur diejenige Alternative gewählt, die in einem gegebenen Fertigungssystem ökonomisch durchführbar ist. In den einzelnen Fertigungen wird dem Monteur ein größerer Spielraum überlassen, um das Produkt nach seinen Erfahrungen und seinen Fähigkeiten zusammenzubauen. Grundsätzlich brauchen einem Monteur nicht alle elementaren Montageschritte vorgegeben werden, z.B. hat er gelernt, eine Schraube aus einem Behälter herauszunehmen, und über welche Trajektorie und in welcher Position sie an ein Schraubenloch heranzuführen ist. Ebenfalls wird er das Verschrauben ohne besondere Anweisung durchführen können. Es liegt also nahe, dem Planer von Montageaufgaben und dem Programmierer Werkzeuge der Künstlichen Intelligenz zur Verfügung zu stellen, die Vorgaben für den Arbeitsablauf des Roboters aus zielorientierten Anweisungen automatisch generieren.

Hierfür braucht der Roboter ein Sichtsystem, einen Kraftmomentsensor für das Handgelenk, einen Näherungssensor, Berührungssensoren und Rutschsensoren. Weiterhin muß ein Planer vorhanden sein, der Wissen über die Umwelt des Roboters hat und die Montageaufgabe in seine Grundelemente zerlegen kann. Mit Hilfe des Sensormodells wird der Sensorplan erstellt, der zur Lösung der Aufgabe notwendig ist. Zum Beispiel wird das Sichtsystem Anweisungen über die wichtigen Merkmale der Schraube und des Montageobjektes bekommen. Diese Information kann direkt aus der CAD-Datenbank des Konstrukteurs erhalten werden. Damit ist das Sichtsystem in der Lage, diese Objekte zu identifizieren. Als nächstes wird die Trajektorie des Greifers bestimmt, die der Arm durchfahren muß, um das Objekt zu erfassen und in die Montageposition zu bringen. Die Umwelt des Montagesystems und der Roboter selbst werden in dem Weltmodell beschrieben. Für das Erfassen und Verschrauben müssen detaillierte Sensordaten generiert werden, um die Vorgänge zu leiten und durchzuführen. Diese Aufgabe wird sowohl mit Hilfe des Sichtsystems als auch mit den anderen Sensoren durchgeführt. Die wichtigsten Aufgaben werden dabei die Näherungs-, Berührungs-, Rutsch- und Gelenksensoren haben. Für die Berechnung der Bewegungstrajektorien der Greiferarme muß Information über den Roboter aus dem Weltmodell verwendet werden. Die Bewegungen des Roboters sind so zu planen, daß während der Durchführung der Aufgabe keine Konflikte und Kollisionen vorkommen. Der Roboter kann durch seine Konfiguration bedingt nur begrenzte Bewegungen durchführen. Ebenfalls wird es notwendig sein, bestimmte Objekte zu umgehen oder einem anderen Roboterarm auszuweichen.

Wissensdarstellungen

Ein besonderes Anliegen der KI-Forschung ist es, Wissen zu verarbeiten, das explizit - zumeist in symbolischer Form - dargestellt werden kann. In einer verschlüsselten und rein numerischen Wissensdarstellung können z.B. Strukturen und Einschränkungen nur sehr aufwendig und nicht allgemein gültig formuliert werden. Betrachtet man allein die Darstellung der mit Sensoren gewonnenen Information (z.B. visuelles Wissen), so ist es noch nicht geklärt, ob die gängige Wisseneinteilung durch Relationen (geometrisch, topologisch, funktional) in der Form

Verallgemeinerung	(ist ein)
Teil/Ganzes	(Teil von)
Abstraktion/Detail	(Spezialisierung von)

ausreicht, um dieses Wissen zu ordnen. Gängige Darstellungsformen wie semantische Netze, Frames, ATN's, Produktionssysteme, etc. sind bislang lediglich für Objekte mit begrenzter Komplexität erfolgreich eingesetzt worden /Mylopoulos 83/, /Brachman 85/. Für hochstrukturierte Fertigungsabläufe muß ihre Tauglichkeit erst noch erprobt werden. Wie weit z.B. semantische Netze für die Bildanalyse im Zusammenhang mit Robotern tauglich sind, wird z.B. von /Niemann 85c/ untersucht. Roboterspezifische neue Ansätze zur Wissensdarstellung müssen erst noch geschaffen werden.

Desweiteren sind im Zusammenhang mit Sichtsystemen spezielle geometrische Darstellungen in Form von verallgemeinerten Kegeln und Umrißdarstellungen /Marr 82/, und geglättete lokale Symmetrien /Brady 84b/, /Ponce 87/ entwickelt worden. Der Konfigurationsraum zur Hindernisvermeidung /Lozano-Perez 86/ ist ein weiteres Beispiel für die Entwicklung von Wissensdarstellungen, die von der Robotik in die KI getragen werden. Die Robotik verlangt nach einer erweiterten Palette von Darstellungen, um die Wahrnehmung mit Hilfe von Argumenten in Aktionen umzusetzen. Inferenzsysteme benutzen diese Darstellungen als Grundlage.

Wissensmanipulation

Eine der Hauptforderungen der Robotik an die Wissensverarbeitung besteht darin, daß man von einer nicht deterministischen Welt ausgehen muß. Ein Schwerpunkt, der bislang breiten Raum in der Robotik eingenommen hat, ist die aufgabenorientierte Planung der Roboteraktionen (Abschn. 1.8). Ein Planer setzt sich zusammen aus einem Plangenerator und einer wissensbasierten Verarbeitung, die ein Weltmodell, Prozeßregeln und Sensorauswahlregeln beinhaltet. Der erzeugte Plan wird dem Ausführungsüberwacher (Monitor) übergeben. Dieser Monitor beauftragt und koordiniert die Prozeßausführung. Bei einer Änderung der Prozeßbedingungen, die durch Sensoren erfaßt werden, werden durch den Monitor Modifikationen an der ursprünglich vorgegebenen Planung vorgenommen. Zur Aufgabe des Planers gehört die Auswahl der für eine Aufgabe geeignetesten Sensoren und die Aktivierung dieser Sensoren (Sensorplan) zu einem geeigneten Zeitpunkt (z.B. visuelle Beobachtung einer Greiferbewegung).

Weitere roboterspezifische Wissensmanipulationen befassen sich mit ganz speziellen Aspekten des Manipulationsvorgangs. Hierzu zählen die hindernisfreie Trajektorienbestimmung, die Entwicklung einer Greifstrategie und die Konzipierung von Feinbewegungen (Abschn. 1.6.3).

Der direkte Zusammenhang zwischen Form und Funktion eines Objektes bzw. eines Werkstückes macht es erforderlich, daß sowohl Sichtsysteme als auch Expertensysteme sich dieser Technik annehmen müssen /Levi 84/. So ist es notwendig zu fragen, welche Werkstücke benutzt werden müssen, damit eine bestimmte Aufgabe durch den Roboter effizient ausgeführt werden kann. Von /Brady 84c/ wird ein Ansatz vorgestellt, in welchem Beziehungen zwischen der Struktur und der Funktion eines Werkstückes abgeleitet werden. Pläne und die für ihre Ausführung notwendigen Werkzeuge werden zusammen in einem Suchbaum dargestellt. Der Zusammenhang zwischen der Form und der Struktur eines Objektes kann auch für die automatische Erzeugung von generischen Objektmodellen herangezogen werden /Winston 83/.

Wir sehen insgesamt aus den Ausführungen, daß die Robotik die Künstliche Intelligenz dazu anregt, sich mit komplexen Objekten einer realen Welt zu befassen. Dies hat zur Folge, daß Aktionen in einer Welt geplant und überwacht werden müssen, die nicht deterministisch sind. Es treten strukturelle und parametrische Unsicherheiten auf, die in ein Weltmodell aufgenommen werden müssen, damit die Wahrnehmungen (Sensorinformationen) in praktisch verwertbare Aussagen transferiert werden können. Die Roboteraktionen werden wiederum durch situationsgerechte Ableitungen ermittelt, angestoßen und überwacht.

Die Beschäftigung mit der realen Welt impliziert ebenso schwergewichtig wie der Unsicherheitsaspekt die Problematik der Komplexität. Die Darstellungen der einzelnen realen Objekte und ihre Einbeziehung in den Umweltprozeß (Kontext) verlangt Darstellungsformen und Ableitungsmechanismen, die für die jeweilige Aufgabe sowohl den angemessenen Abstraktionsgrad als auch die entsprechend abgestimmten Algorithmen vorweisen können.

1.3.2 Einfluß der Künstlichen Intelligenz auf die Robotik

Die Inferenzbildung zur Lösung eines Problems (Argumentieren, Schließen) ist sicher eine der wichtigsten Aktivitäten der KI. Die Arten, wie Schlußfolgerungen gezogen werden, lassen sich sowohl nach ihrer Zielrichtung (Aufgabe, Objekt, Aktion) als auch nach ihrer Verfahrensart (qualitativ, quantitativ) unterscheiden.

Argumentieren

Aufgabenorientiertes (strategisches) *Argumentieren* bezieht sich auf eine geschlossene (möglicherweise komplexe) Aufgabe. Es versucht unter Berücksichtigung der Auswirkungen auf alle relevanten Objekte eines Prozesses, die miteinander in Wechselwirkung treten, eine Aufgabe in weitere Teilaufgaben zu zerlegen. Typische Anwendungen, bei der diese Inferenzart benötigt wird, sind die Fertigungsplanung und die Aufstellung der dazugehörenden Montage- und Sensorpläne (Abschn. 2.3).

Objektorientiertes (taktisches) *Argumentieren* bezieht sich auf Teilziele bzw. Teilaufgaben, die mit einzelnen Objekten zu verfolgen sind. Die Wechselwirkung mit dem übergeordneten Ziel wird nicht berücksichtigt. Den meisten Raum in den Roboterpublikationen nimmt bisher diese Art von Folgern ein. Darunter fallen z.B. Inferenzen über die Bahnplanung und die Greifstrategie bezüglich eines Objektes.

Aktionsorientiertes Argumentieren dient der Verknüpfung von Wahrnehmung und Aktion aufgrund von Plänen. Es wird eine geeignete Aktionenfolge, die einen vorgegebenen Anfangszustand in einen Endzustand überführt, bestimmt. Diese Auswahl wird durch die aktuelle Situation beeinflußt, um Abweichungen bzw. Konfliktsituationen erkennen und angemessen (flexibel) reagieren zu können. Diese Art der Inferenzbildung ist zur Ausführungsüberwachung notwendig.

Das soeben Aufgezeigte sagt jedoch noch nichts über die interne Implementierung solcher Systeme aus. Das objektorientierte Folgern kann z.B. mit Hilfe von rückwärtsverketteten (zielorientierten) Inferenzen realisiert werden. Neben den beiden in der KI üblichen Implementierungsarbeiten für wissensbasierte Systeme (rückwärts- bzw. vorwärtsorientiert) sollten noch die prinzipiellen Wissensarten zur Kontrolle und die darauf aufbauenden Algorithmen berücksichtigt werden (Abschn. 3.3).

Qualitatives Argumentieren versucht Entscheidungen abzuleiten, die nicht auf numerische Weise direkt berechnet werden. Es kann z.B. benutzt werden, um mechanische Probleme auf der Basis von Kausalmodellen zu behandeln /de Kleer 84/. Auf den Montagevorgang eines Roboters angewendet würden die Regeln etwa lauten: "drücke stärker senkrecht auf eine Fläche, wenn sie anfängt wegzurutschen" oder "eine verölte Oberfläche rutscht leichter", etc., statt analytisch mit Reibungskräften zu operieren /Withney 82/.

Quantitatives Argumentieren benutzt direkt numerische Verfahren (algebraische Gleichungen), um Aussagen bezüglich spezieller Probleme zu generieren. Sofern es möglich und erstrebenswert ist, werden die quantitativen Aussagen aus den qualitativen abgeleitet.

Beiträge der KI, wie sie etwa in Form einer rekursiven Newton-Euler Dynamik für die Mechanik vorliegen, werden in den folgenden Abschnitten nicht näher beleuchtet, weil die zentralen Anliegen der KI die Sensorik und das Steuerungssystem eines Roboters sind.

Steuerungssystem

Die Aufgabe des Roboter-Steuerungssystems besteht darin, bestimmte Aufgaben wie z.B. die Montage einer Laugenpumpe eigenständig (3. Robotergeneration) durchzuführen. Hierfür muß die Steuerung in der Lage sein, die vier Basisblöcke *Planen, Wahrnehmen, Ausführen* und *Überwachen* zu realisieren /Levi 85b/. Der Schlüssel für diesen Aufgabenkomplex liegt in der Konzeption des Gesamtsystems und in der KI-Software, die überhaupt dafür sorgt, daß die Roboter diese Fähigkeiten erwerben können. Was die Konzeption einer Steuerungshierarchie anbelangt, werden diesbezüglich bereits seit Jahren Anstrengungen unternommen /Albus 84/. Grundsätzlich ist zu sagen, daß eine moderne Steuerungsarchitektur aus drei Blöcken besteht: Weltmodell, Planung und Überwachung (Abschn. 1.4). Das Weltmodell übernimmt die Kopplung zwischen dem Steuerungssystem und der Sensorverarbeitung.

Diese drei Komponenten einer Steuerungshierarchie erstrecken sich über mehrere Abstraktionsebenen hinweg. Je nach Abstraktionsebene wird aufgaben- oder objektorientiert gefolgert bzw. geplant. Eine detaillierte Beschreibung von Steuerungsschemata folgt noch. An dieser Stelle wollen wir uns den prinzipiellen Fragestellungen der strukturierten Robotersteuerung widmen.

Abstraktionsraum

Die Wahl eines geeigneten Abstraktionsraums ist zur Gestaltung des Weltmodells, zur Planung und zur Überwachung unumgänglich. Dabei ist es angebracht, hierarchisch gestaffelte Ebenen einzuführen (Abschn. 1.5.4). Im Zusammenhang mit der Planung bedeutet dies, daß der Problemraum um nicht relevante Details für die einzelnen Zielfindungen vereinfacht wird. Bei der Weltmodellierung interessiert auf höherer Ebene z.B. nur die Anwesenheit eines für die Montage benötigten Werkstücks. Auf der niedrigsten Ebene der direkten Manipulationsvorgänge interessieren geometrische Details von Objektteilen, und auf der Ebene der Antriebe sind nur die Gelenkvariablen (Geschwindigkeiten, Beschleunigungen) von Bedeutung.

Was die Aufgabenformulierung und die Weltmodellierung bei der Montage anbelangt, so wird hier eine *kanonische* Darstellung verlangt. Damit ist gemeint, daß zwei verschiedene Instanzen (Abstraktionsstufen) desselben Objektes nach demselben Schema beschrieben werden. Im Abschnitt 2.5.6 wird eine solche kanonische Darstellung für ein Fertigungssystem vorgestellt.

Planen

Die Planung ist ein Kernstück der Robotik und verlangt nach einer Vielzahl von zusätzlichen Anstrengungen seitens der KI, bevor Roboter mit selbständiger Entscheidungsfähigkeit z.B. in Fertigungshallen wirklich vorhanden sind. Im Licht der weiter oben angegebenen Inferenzarten werden für die Planung von Roboteraktionen, die vor der realen Aktionsfolge stattfindet (off-line), aufgaben- und objektoriente Folgerungen notwendig. Im einzelnen kann der folgende Katalog angegeben werden.

Aufgabenorientiertes Argumentieren

- Aufgabenzerlegung
- Bestimmung alternativer Aktion zur Erreichung eines bestimmten Ziels
- Entwicklung alternativer Pläne bei variierenden Bedingungen

- Planung auf der Basis von strukturellen Unbestimmtheiten
- Planung von Aktionen mit restriktiven zeitlichen Bedingungen
- Berücksichtigung von kausalen Abläufen von Gesamtprozessen (relevante Komponente und ihre Wechselwirkung)
- Planung auf der Basis von Funktion/Struktur-Zusammenhängen z.B. für den Fertigungsprozeß
- schnelle Neuplanung im Fehlerfall
- Aufgabenkodierung (Programmierung).

Objektorientiertes Argumentieren

- Einsatzplanung der Manipulatoren (Kinematik, Dynamik)
- Bewegungsplanung (Hindernisumgehung)
- Bestimmung der Feinbewegung
- Festlegung der Greifstrategie
- Bestimmung der Operationsfolge (z.B. Fügen) in Abhängigkeit des benutzten Werkzeugs und der Objektsymmetrie
- Erkennung der Funktion eines Werkzeugs aufgrund seiner Struktur
- Planung auf der Basis von parametrischen Unbestimmtheiten.

Die Art der Unterschiedlichkeit der aufgezeigten Punkte, die bei der Planung notwendig sind, verdeutlicht bereits, daß diese Aspekte innerhalb der KI sich immer noch in der Forschungsphase befinden. Diese Forschung erfolgt sowohl theoretisch (verbesserte Inferenzfähigkeiten) als auch praktisch (Realisierung paradigmatischer Systeme), um die Leistungsfähigkeit der einzelnen Techniken zu demonstrieren.

Überwachen

Die Tätigkeit des Überwachens dient, wie bereits früher erwähnt wurde, zwei Zielen. Zum einen können Szenen (Situationen) beobachtet werden, um relevante Änderungen zu entdecken. Aufgrund von veränderten Ausgangsbedingungen müssen dann die entsprechenden Pläne modifiziert werden und neue Aktionen eingeleitet werden (Flexibilität). Zum anderen müssen die aktuellen Aktionen eines Roboters überwacht werden. Die Aktionspläne sind mit Unsicherheiten behaftet, deren Art und Ausmaß durch das adaptive System des Roboters während der einzelnen Aktion überwacht und in modifizierte Aktionen umgesetzt werden müssen. Die Unsicherheiten können meistens erst während der aktuellen Ausführung behoben werden. Es können aber auch Fehler auftreten, die z.B. erst durch Reparaturmaßnahmen behoben werden können. In diesem Fall muß die Ausführung unterbrochen werden und kann erst nach der Reparatur weitergehen. Im einzelnen sind die folgenden aktionsorientierten Folgerungen notwendig.

Aktionsorientiertes Argumentieren (Ausführen und Überwachen)

- Situationsüberwachung (Signal/Aussage-Transformation)
- Ausführungsüberwachung
- Erkennung von Konfliktsituationen
- Anstoß neuer Planungsaktivitäten
- Entscheidung zwischen alternativen Plänen
- Anstoß von modifizierten Roboter-Aktionsfolgen
- Fehlererkennung und Fehlerbehebung.

Neuerdings gibt es auch Anstrengungen aus dem Situationswissen und der Beobachtung von Aktionen heraus, andere Pläne zu erkennen (Abschn. 3.8.5.2). Dies ist auch in der natürlichsprachlichen Erkennung von Bedeutung, da eine Aussage oder eine Frage häufig ein Bestandteil einer größeren Aufgabe ist.

Planung/Ausführung-Verknüpfung

Es gibt prinzipiell zwei Möglichkeiten, die Verknüpfung von Plänen mit der gewünschten Ausführung zu bewerkstelligen. Die erste Möglichkeit besteht darin, zunächst sämtliche Schritte der Aktionsfolge festzulegen und diese anschließend durchzuführen (zielorientiertes Planen). Diese Vorgehensweise impliziert allerdings eine perfekte Modellierung der Einsatzumgebung und setzt weiterhin ein fehlerloses Agieren des Roboters voraus.

Die zweite Möglichkeit besteht darin, iterativ zu steuern, d.h. abwechselnd einen Schritt zu planen, ihn auszuführen, den nächsten Schritt zu planen, ihn auszuführen, etc. (zurückstellendes Planen). Auf diese Weise kann einer sich ändernden Umgebung am flexibelsten begegnet werden. Der Nachteil dieses Schemas liegt in der Verhinderung einer parallelen Ausführung von Planung und Aktion und in einer sehr langsamen Operation, was insbesondere für die höchsten Planungsebenen zutrifft.

Variationen dieser beiden Schemata sind angebracht (Abschn.1.5.1). Ein dynamisch variables System, das beide Ansätze beinhaltet, sollte bevorzugt werden. Auf der höchsten Ebene kann die Planung ziemlich unabhängig von einzelnen Details der Umgebung durchgeführt werden (aufgabenorientiert). Aufgaben (Kommandos) können verteilt werden, ohne daß eine sofortige Rückmeldung abgewartet werden muß. In den untersten Ebenen sind die Kommandos, die herausgegeben werden, auf Umgebungsänderungen sehr sensitiv. Hier ist es besser, die Aktionen abzuwarten und danach, auf diesen Rückmeldungen aufbauend, die Planung fortzusetzen (objektorientiert). In den Zwischenstufen der Steuerungshierarchie können unterschiedlich große "Bündel" von Planaufträgen mit der Statusinformation vermischt werden. Die niedrigste aufgabenorientierte Schicht kann Rückmeldungen von sämtlichen objektorientierten Schichten erhalten.

Was die Implementierung einer solchen gemischten Planung/Ausführung-Verkettung anbelangt, so müssen neben dem erforderlichen Synchronisationskonzept für die Prozesse auf den einzelnen Hierarchieebenen die Aufträge in zwei Modi abgegeben werden können. Im Einzelmodus wird zu einem bestimmten Zeitpunkt nur ein zuvor geplanter Auftrag abgesetzt und so lange gewartet, bis eine Rückmeldung, sei es positiv oder negativ, erfolgt ist. Im Mehrfachmodus kann ein ganzes "Bündel" von Aufträgen abgegeben werden. Der Auftragsprozeß nimmt die einzelnen Rückmeldungen zu verschiedenen Zeitpunkten auf und kann in der Zwischenzeit seinen Planungsprozeß fortsetzen.

Natürlichsprachliche Interpretation

Die Verbesserung der Mensch/Maschine Schnittstelle vereinfacht die Kommandoabgabe an den Roboter, den Zugriff auf die Wissensbasis und ermöglicht eine Dialogführung mit einem Rechner. Die Interpretation eines geschriebenen Textes ist für die Robotik nicht von wesentlicher Bedeutung. Systeme, die natürliche Sprache verstehen, sind bereits seit längerer Zeit auf dem Markt. Diese Systeme haben aber noch Schwierigkeiten, Sätze innerhalb eines größeren Kontextes zu verstehen.

Ein natürlichsprachlicher Zugriff auf eine Wissensbank würde die folgenden Vorteile mit sich bringen: einfache Adaption an neue Bereiche und Antwort auf Anfragen, die sich auf Wissensinhalte beziehen.

Die Einzelworterkennung für diverse Sprecher ist in weiten Bereichen bereits zufriedenstellend gelöst worden. Was noch fehlt, ist die Erweiterung, die Interpretation von größeren Dialogen, die sich über mehrere Problembereiche erstrecken, die Interpretation von indirekten Aufforderungen ("können Sie den Schraubenzieher greifen?"; was einer Nachfrage nach dem Schraubenzieher gleichkommt) und die Entwicklung von Erkennungsverfahren für die subtileren Bedeutungen einzelner Sätze.

Gegenwärtig ist der Einfluß der natürlichsprachlichen Forschung auf Roboteranwendungen aufgrund der oben skizzierten Engpässe erst noch im Aufbau begriffen. Daher verzichten wir in diesem Beitrag auf eine weiterreichende Behandlung dieses Themas und verweisen den Leser z.B. auf die Beiträge von /Wahlster 82, 85/.

Sensorsystem
Roboter müssen "sehen" und "fühlen", um die Unsicherheiten des Weltmodells aufzulösen und die Greiferaktionen überwachen zu können. Robotersehen ist lediglich ein Spezialfall des maschinellen Sehens (Computersehen, Bildverstehen). Das Robotersehen kann in vier Phasen eingeteilt werden:

1) Vorverarbeitung zur Verbesserung der Qualität und der Darstellung des Bildes
2) Merkmalsextraktion
3) Erkennung des Bildinhaltes und Aussagen in Form von symbolischen Beschreibungen über diese Inhalte
4) Einleitung von Aktionen zur Zielverwirklichung.

Wesentlich für diesen Bildverarbeitungszyklus ist die Einteilung in die ikonische und in die symbolische Bildverarbeitung. Die ikonische Bildverarbeitung umfaßt die beiden ersten Punkte. Die symbolische Bildverarbeitung umfaßt die beiden letzten Stufen (3 und 4) des maschinellen Sehens. Diese symbolische Bildverarbeitung ist gegenwärtig sehr stark in das Blickfeld der Forscher gerückt, da sie den Schlüssel zu einem intelligenten Sensorsystem (Sichtsystem) liefert. Viele Fragen bleiben aber noch offen und müssen von seiten der KI noch gelöst werden. Die folgenden Punkte mögen diese Schwierigkeiten verdeutlichen:

a) Es gibt noch keine allgemein anerkannten systematischen Ansätze, wie sensorielles Wissen (visuelles Wissen) dargestellt werden soll, welchen Inhalt es haben soll und wie es manipuliert werden soll.
b) Die Übergangsregeln für den kritischen Übergang von den zwei- und dreidimensionalen Bildmerkmalen zu einer generischen Weltmodellierung auf der Basis von à priori Wissen sind noch nicht bekannt.
c) Es gibt nur sehr beschränkte Möglichkeiten, generische Modelle mittels Bildern und Lernvorgängen zu erzeugen.
d) Die Speicherung und das schnelle Wiederauffinden von großem, sensoriellem Wissen in Datenbanken muß erst noch realisiert werden /Tamura 84/. Desweiteren bereiten das Auffinden und die Darstellung der Symmetrie von dreidimensionalen Objekten noch erhebliche Schwierigkeiten /Radig 85/, /Terzopoulos 87/.

Zur Lösung dieser Problematik werden sicher Expertensysteme beitragen /Nees 85/. Im einzelnen kann man sich vorstellen, daß Expertensysteme für die folgenden Sensorprobleme in Zukunft eingesetzt werden:

a) Selbständige Merkmalsgenerierung innerhalb der ikonischen Bildverarbeitung.
b) Auswahl von Sensoren und deren Modellierung im Sinne einer multisensoriellen Bildverarbeitung.
c) Erzeugung generischer dreidimensionaler Umweltmodelle, die die Beleuchtungsverhältnisse und die Sensormodelle beinhalten.
d) Regelbasierte Vorhersage und Verifikation einzelner Merkmale aufgrund von dreidimensionalen generischen Modellen.

Diese einzelnen Punkte verdeutlichen, daß ein wissensbasierter Ansatz gegenwärtig als der erfolgversprechende Versuch angesehen wird, die Problematik der symbolischen Bildverarbeitung bzw. Sensorverarbeitung in Richtung von intelligenten Robotern zu lösen /Neumann 85/. Eine vertiefte Behandlung über Merkmalsarten und Modellbildung, die in der Zukunft notwendig sein werden, damit die Sichtsysteme flexibler eingesetzt werden können, findet der Leser bei /Nagel 85/.

Der Zweck eines mit einem Roboter gekoppelten Sensorsystems besteht kurz gesagt in der Situationsüberwachung, der Ermöglichung bzw. Erleichterung von Robotermanipulation (Reduktion der Unsicherheiten zum Zwecke der Manipulationsausführung) und der Ausführungsüberwachung. In Abhängigkeit von dem Sensorrückfluß müssen Steuerungsanweisungen ausgegeben werden, die der Aufgabenstellung entsprechen. Dies bedeutet, daß bei einem aktiven Roboter das Steuer- und Sensorsystem stark miteinander verkoppelt sind.

1.4 Architekturkonzepte für autonome Roboter

Die Skala der in diesem Abschnitt vorgestellten Architekturen für autonome Roboter gehen von dem streng hierarchischen Ansatz über ein flexibleres Organisationsschema (Blackboard) bis hin zu rein verhaltensorientierten Ansätzen. Diese internen Strukturansätze spiegeln verschiedene Planungsstrategien wider, die bei der Planung von Montageaufgaben teilweise möglich sind. Sie beginnen beim rein zielorientierten Planen, beziehen sich bei den Blackboard-orientierten Ansätzen auf das reagierende und das opportunistische Planen und enden beim rein reflexiven Handeln (Abschn. 1.5.1).

1.4.1 Hierarchisches Organisationsschema

A NBS-Modell

Bild 1.3 zeigt das Grundkonzept eines hierarchischen Steuerungssystems für Roboter der dritten Generation, wie es von /Albus 84/ am NBS (National Bureau of Standards) entwickelt wurde.

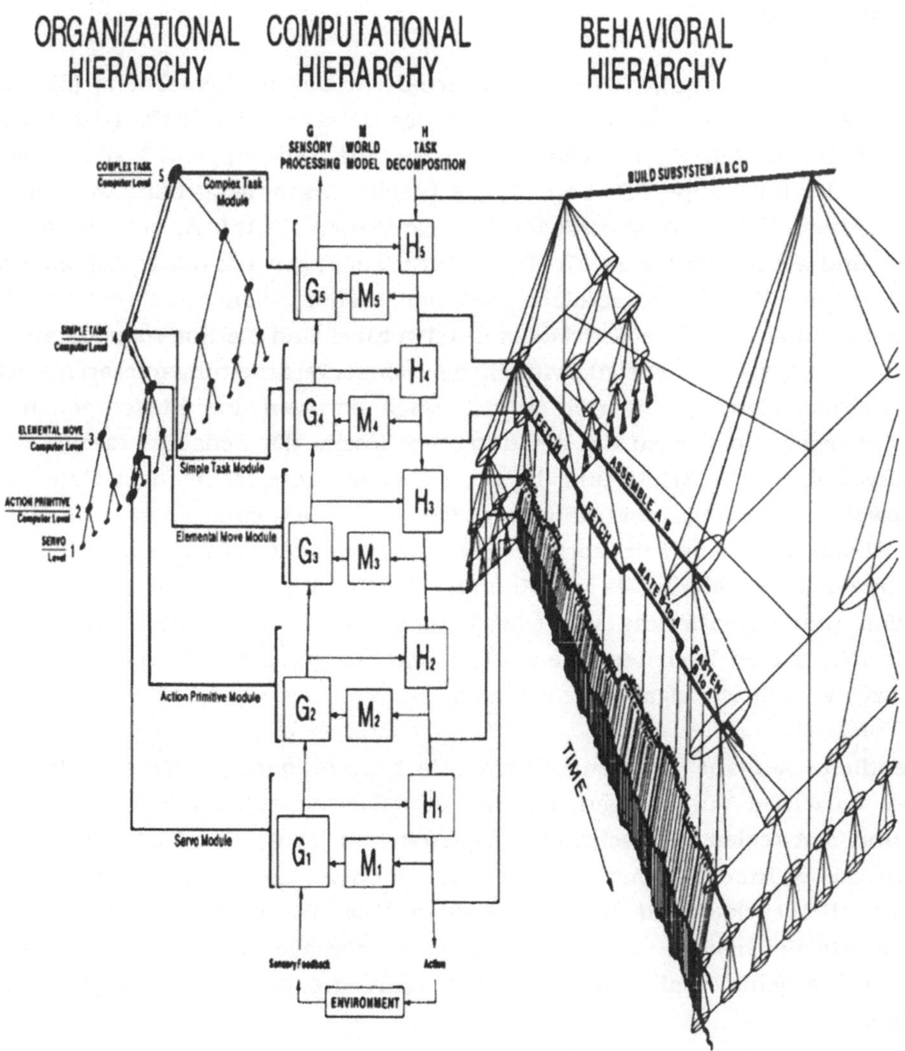

Bild 1.3: Hierarchischer Aufbau eines Steuerungssystems (NBS)

Das Steuerungssystem selbst (computational hierarchy) wird durch drei Blöcke, die in jeder Ebene zu finden sind, aufgebaut: (1) Komponenten zur Aufgabenzerlegung (H1...H5), (2) Komponenten zur Sensorverarbeitung (G1...G5) und (3) ein hierarchisches Weltmodell (M1...M5). Jede Ebene der Aufgabenzerlegung unterteilt höhere Teilaufgaben in eine Folge von niedrigeren Teilaufgaben für die darunterliegende Ebene. Die Art dieser Kommandos wird von dem Sensorrückfluß derselben Ebene beeinflußt. Die Weltmodellhierarchie verbindet die einzelnen Komponenten der Aufgabenzerlegung und Sensorverarbeitung auf jeder Ebene. Sie erzeugt Hypothesen über die erwarteten Sensoreingänge in Abhängigkeit von der gestellten Aufgabenstellung.

Die Hierarchie für die Aufgabenzerlegung erhält in der fünften Ebene (5) zum Beispiel den Auftrag, eine Baugruppe aus den vier Bestandteilen ABCD zusammenzubauen. In der vierten Ebene (H4) wird zuerst die Teilgruppe AB zusammengefügt, dann die Teilgruppe CD, bevor beide Blöcke zusammengebaut werden. In der dritten Ebene (H3) werden einfache Unteraufgaben (**Fetch** A, etc.) entgegengenommen und als Anweisungen für Elementarbewegungen (**Reach to** (A), etc.) an die zweite Ebene (H2) weitergereicht. Bei der ersten Ebene (H1) werden die Transformationen auf die Gelenkvariablen durchgeführt und die Kommandos an die Servoantriebe ausgegeben. Die Aktivitäten der Sensorverarbeitungshierarchie (Gi) und der Weltmodellierung (Mi) richten sich nach den von den Hi-Komponenten erteilten Aufträgen. So werden auf der untersten Ebene der Sensorhierarchie (G1) die Gelenkvariablen, die Kräfte und die Drehmomente geregelt. In dem Modul G2 werden sowohl Berührungs- und Näherungsdaten, als auch einfache visuelle Merkmale wie Abstände aus den Sensordaten extrahiert. In der dritten Ebene (3) werden dreidimensionale Merkmale wie Kanten, Ecken und Löcher berechnet, und die Position und Orientierung von Oberflächen und Volumen der Objekte bestimmt. In den beiden höchsten Ebenen (G4 und G5) werden Informationen über einfache bzw. komplexe Aufgaben gesammelt.

Die wesentliche Aufgabe der Sensorhierarchie besteht darin, Unterschiede zwischen den einzelnen Vorhersagen, die von den Weltmodellkomponenten erzeugt werden, und den realen Beobachtungen festzustellen. Diese Unterschiede werden sowohl an die Weltmodellkomponente Mi als auch an die Aufgabenzerlegungskomponente Hi zurückgespielt. Im ersten Fall wird das Weltmodell aktualisiert und für die nächste Befehlsfolge werden die neuen Vorhersagen ausgegeben. Im zweiten Fall wird gegebenenfalls von dem Hi-Modul eine modifizierte Aktionsfolge angestoßen.

Die Programmierung eines so strukturierten Robotersteuerungssystems kann auf jeder Ebene durch verschiedene Programmiersprachen erfolgen. Dieses System wurde bislang mit Zustandstabellen oder mit Zustandsgraphen (Bild 1.4) programmiert.

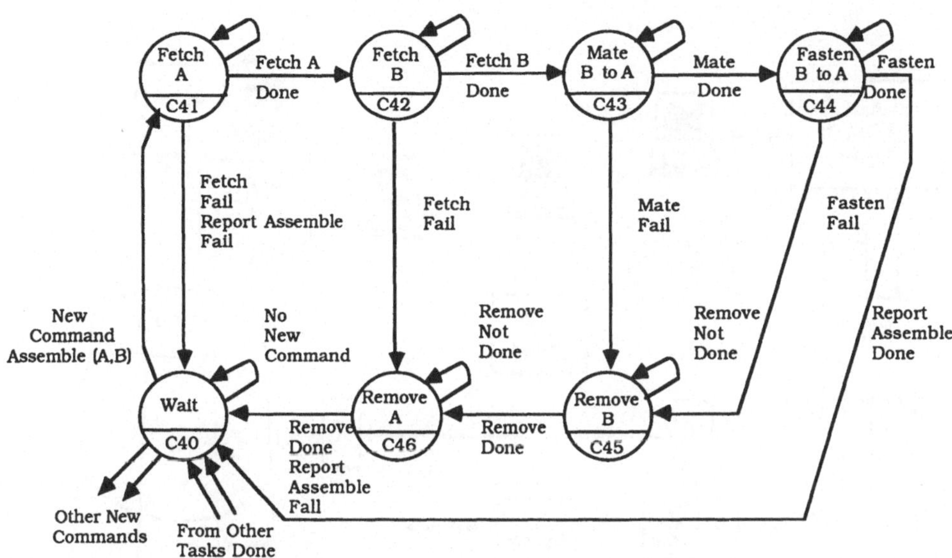

Bild 1.4: Zustandsgraph für die Programmierung der vierten Ebene; (**Assemble** (A,B))

Diese Zustandsgraphen können zur Programmierung aller drei Modulklassen innerhalb des Steuerungssystems benutzt werden. Sie können für höhere Ebenen auch zu Produktionsregeln (**if**...**then**...) erweitert werden. In Analogie zu den biologischen Vorgängen im Großhirn wurde diese Programmierart zu einem sogenannten CMAC (Cerebellar Model Arithmetic Computer) erweitert. Es hat sich in der Zwischenzeit jedoch herausgestellt, daß dieser Ansatz für die niedrigeren Ebenen nicht effizient und für die höheren Ebenen nicht mächtig genug ist.

Bild 1.5 verdeutlicht die Integration eines solchen Konzeptes in ein fertigungstechnisches System, das seit Jahren von dem NBS in Washington entwickelt wird.

Zwei Datenbasen sind dem Steuerungskonzept angegliedert. Die rechte Datenbasis enthält die Programme für die Werkzeugmaschinen, die Manipulationsprogramme für die Roboter, die Materialanforderungen, die Algorithmen für die Wegplanung etc. Es handelt sich somit insgesamt um statische Beschreibungen. Die linke Datenbasis beschreibt den aktuellen Zustand der Fabrik und ist somit dynamisch veränderlich. Diese Datenbasis ist ebenfalls hierarchisch strukturiert (Geräte, Arbeitsstation, Roboter).

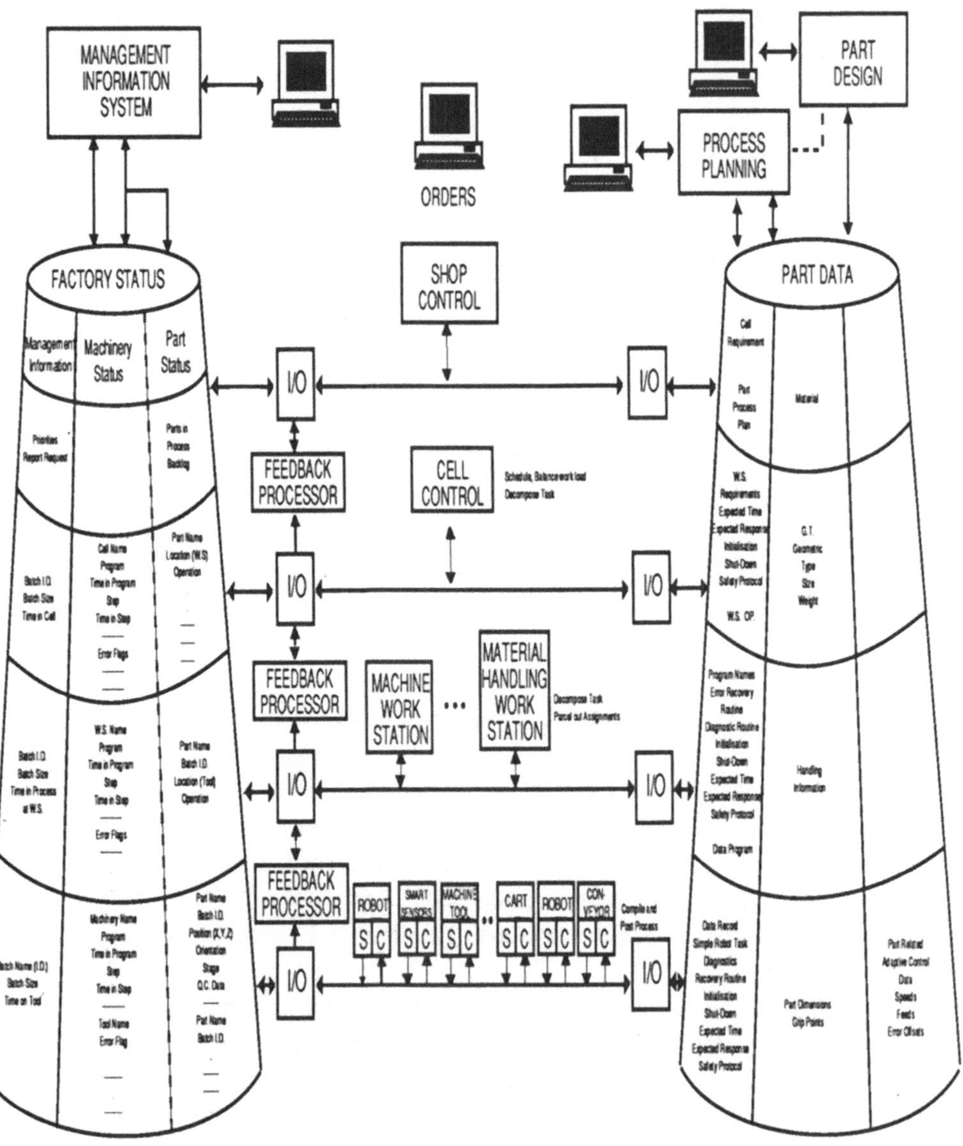

Bild 1.5: Hierarchisches Steuerungssystem für die Fertigung (NBS)

B HARV

An der Universität von Massachusetts wurde eine spezielle Architektur für mobile Roboter, die eng mit der Struktur des Sichtsystems VISION gekoppelt ist, aufgebaut /Arkin 87/. Sie wird als AuRA (Autonomous Robot Architecture) bezeichnet und ist in HARV implementiert worden. Bild 1.6 zeigt den hierarchischen Gesamtaufbau dieser Architektur.

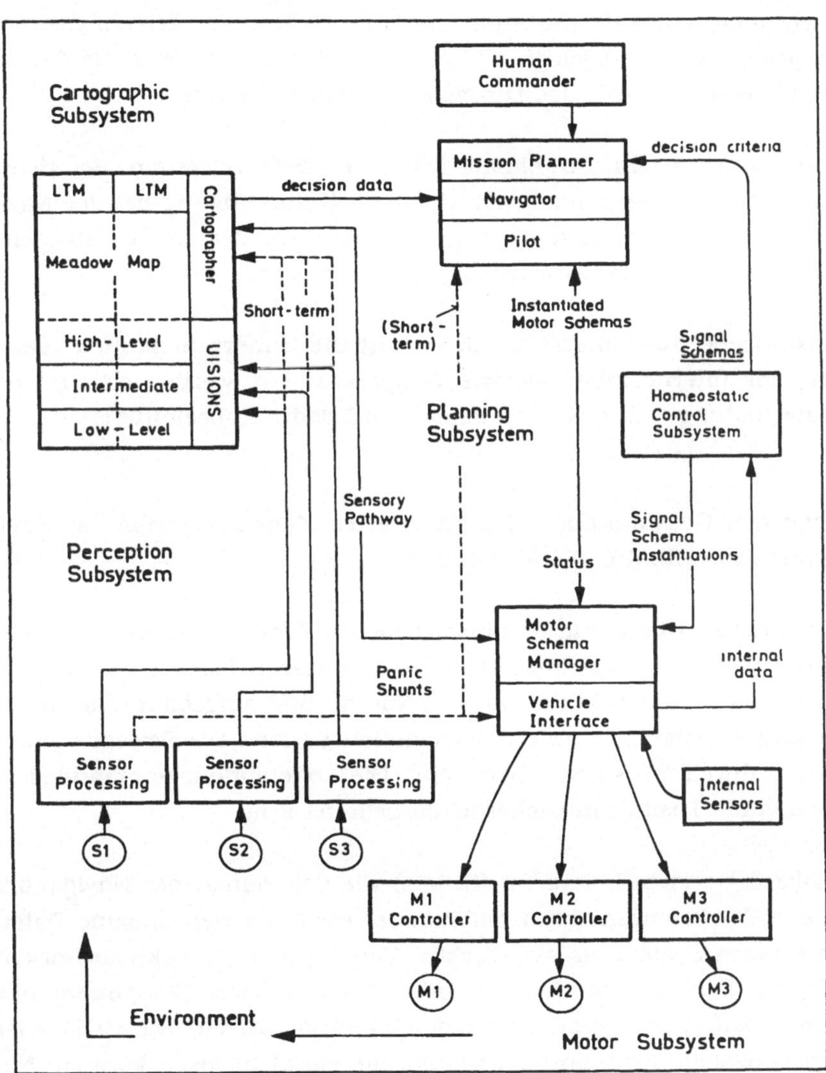

Bild 1.6: AuRA Systemarchitektur

Diese Architektur besteht aus 5 Blöcken: Planung, Kartographierung, Wahrnehmung, Motorik und homöostatisches Kontrollsystem. Der Planer ist hierarchisch aufgebaut und enthält die drei Teilsysteme: Missionsplaner, Navigator und Pilot. Der Pilot steuert den Motormanager mit Hilfe von Lokomotionskommandos. Der Kartographierer ist für die Konsistenz der Daten, die im Lang (LTM)- und Kurzzeitspeicher (STM) abgelagert sind, zuständig. Diese Daten beziehen sich primär auf digitale Karten. Die Daten, die zur Bildanalyse gehören, sind in dem VISIONS System untergebracht. Dieses System gilt gegenwärtig weltweit als eines der effizientesten Systeme zur Interpretation natürlicher Szenen. Im Langzeitspeicher wird das a priori Wissen abgelegt, während der Kurzzeitspeicher die Szenenanalyse auf der Basis der Modelle des Langzeitspeichers aufnimmt.

Das Wahrnehmungssystem, bestehend aus dem VISIONS-System, der Sensorverarbeitung und den Sensoren dient zur visuellen Unterstützung bei der Navigation und arbeitet eng mit dem Kartographierer zusammen, der die Hypothesen generiert, nach denen die Sensorverarbeitung gesteuert wird.

Das homöostatische Kontrollsystem überwacht die "innere Sicherheit" des Roboters. Gefährliche interne Zustände wie Temperatur etc. werden erkannt und die Entscheidungsfindung während des Planens wird dadurch beeinflußt.

C HILARE

Bild 1.7 zeigt den Gesamtaufbau des integrierten Kontrollsystems zur Navigation und Lokomotion von HILARE /Giralt 84, 87/.

An der Spitze dieser Hierarchie ist ein allgemeiner Planer und ein Controller. Der Controller überwacht die Ausführung des nichtlinearen Planers (Abschn. 1.5.3). Der Planer ist als ein Produktionssystem /Nilsson 80/ aufgebaut. Die Aktionsteile der Regeln sind Anweisungen an das Lokomotionssystem. Die Bewegungen des Roboters werden durch Sensoren überwacht. Die Lokomotionskommandos können zusätzlich auch mit Positionsunsicherheiten behaftet sein.

Alle "Specialized Decision Module´s" (SDM´s) wie der Planer, der Navigationsblock und der Controller kommunizieren miteinander über eine gemeinsame Datenbasis. Daher kann dieses System als ein direkter Vorgänger der Blackboard-orientierten Architektur gesehen werden. Die Datenbasis ist in zwei Komponenten zerlegt worden, einen Anforderungsteil und einen Informationsteil. Die SDM´s legen in dem Anforderungsteil alle Teilpropbleme ab, die sie nicht lösen können. Nach der Lösung dieser Teilprobleme durch andere SDM´s werden die Lösungen oder neuen Resultate bei der Planausführung in dem Informationsteil gespeichert.

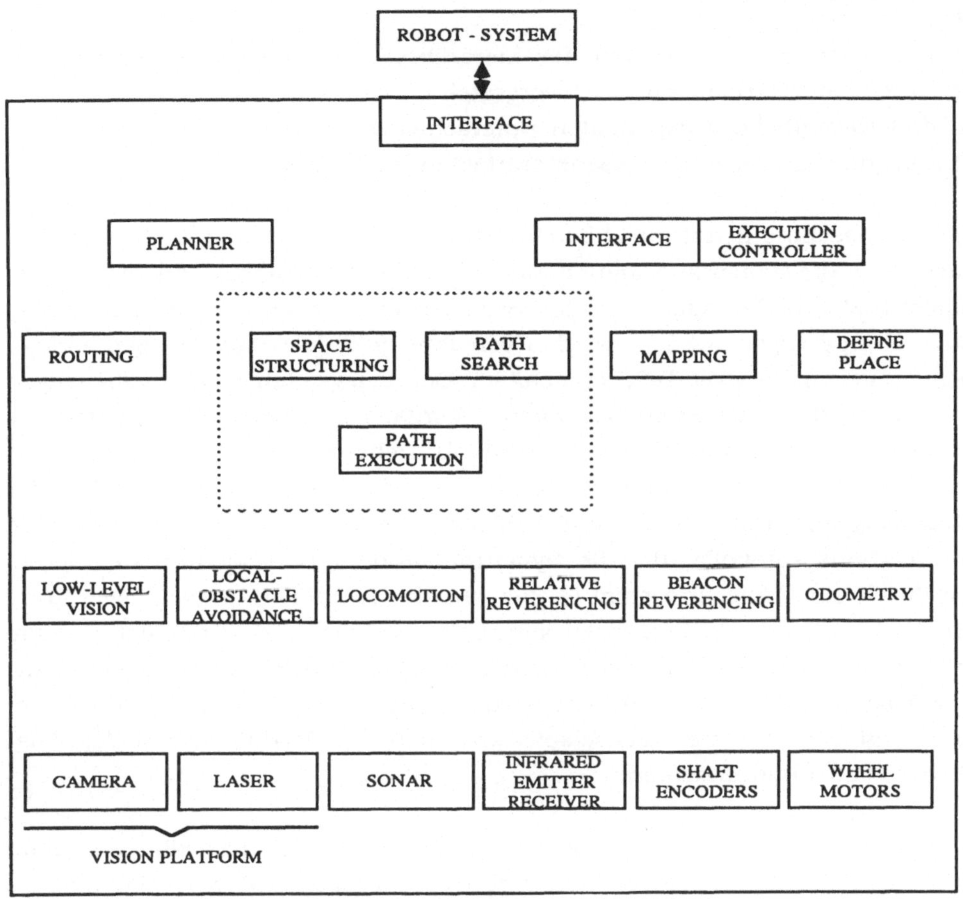

Bild 1.7: Navigation und Bewegungssteuerung von HILARE

1.4.2 Blackboardorientiertes Organisationsschema

Ein Blackboardsystem wird in der KI vor allem dazu verwendet, um mehrere Hypothesen gleichzeitig aufzubauen und die erfolgversprechendste Hypothese zu verifizieren /Nii 86/. Das Blackboard ist die zentrale Datenstruktur in solch einem System. Sämtliche Prozeduren - Wissensquellen genannt - kommunizieren miteinander und synchronisieren sich untereinander mit Hilfe dieser "Tafel". Das Blackboardkonzept wird häufig auch für das verteilte Planen verwendet. Eine genauere Beschreibung des Blackboardkonzeptes und seine Weiterentwicklung stellen wir vorläufig zurück und greifen sie im Abschnitt 3.3 wieder auf. Ein erster Eindruck von der Wirkungsweise eines Blackboardsystems vermittelt die nachfolgenden drei exemplarischen Systeme:

A GSR

Eine Steuerungsstruktur, die von der hierarchischen Architektur deutlich abweicht, wird von /Harmon 86, a,b/ vorgestellt. In diesem Entwurf werden wiederum drei wesentliche Komponenten unterschieden: Sensormodul, Steuerungsmodul und Inferenzmaschine (wissensverarbeitendes Modul).

Die Inferenzmaschine liefert die Hilfsmittel zur Planung und zum Argumentieren. Sie überwacht die Sensorinformation und übergibt Aktionspläne an den Steuerungsmodul oder Berichtspläne an den Sensormodul. Pläne, die von dem Steuerungsmodul empfangen werden, werden von ihm in Steuerungsaufgaben zerlegt, die sich wiederum in zwei Teile aufspalten. Der Sensorplan wird an diejenigen Sensoren übergeben, die einen bestimmten Vorgang zu überwachen haben. Die Steuerungskommandos werden direkt an die Antriebe übergeben. Der Sensorplan wird von der Inferenzmaschine überwacht, um das Steuerungsmodul bei der Aufgabenanalyse zu unterstützen und Fehler des Steuermoduls zu erkennen. Die Kommunikationsprotokolle, die die Synchronisation dieser Moduln definieren, werden durch ein Transportsystem (4. Schicht des ISO-Referenzmodells) in Form von Botschaften, die von Prozessen verarbeitet werden, bewerkstelligt. Inhalte dieser Botschaften sind *Pläne* und *Berichte*. Berichte sind Rückmeldungen an die Inferenzmaschine, die vom Steuerungs- oder Sensor-Modul ausgegeben werden. Bild 1.8 zeigt das gesamte Wechselspiel zwischen den Moduln durch den Austausch von Plänen und Berichten.

Ein Plan setzt sich zusammen aus einem Namen, einer Anfangsbedingung, einer Anstoß-(Trigger)bedingung, einer Beendigungsbedingung und einer Planaktion. Der Plan selbst ist in Form einer Produktionsregel definiert. Eine Planaktion kann entweder einen neuen Plan initiieren, oder sie überwacht die Ausführung eines bereits aufgestellten Planes. Zwei Arten von Aktionen können angestoßen werden: *Berichtsaktionen* und *Steuerungsaktionen*. Eine Berichtsaktion hat zur Folge, daß eine oder mehrere Berichte übermittelt werden, die bestimmte Teile eines lokalen Weltmodells beschreiben. Solch eine Aktion wird dadurch spezifiziert, daß die Objektattribute des Weltmodells, die im Bericht verlangt werden, festgelegt werden.

Eine Steuerungsaktion verursacht einen Wechsel in einigen Teilen des lokalen Weltmodells. Die Aktionen selbst können weiter in offene und geschlossene Prozeßsteuerungen unterteilt werden. Im Falle von konkurrierenden Aktionen entscheidet ein Meta-Operator, welches Ziel erreicht werden soll. Bestehende Pläne können vernichtet, aktiviert, zurückgestellt und modifiziert werden.

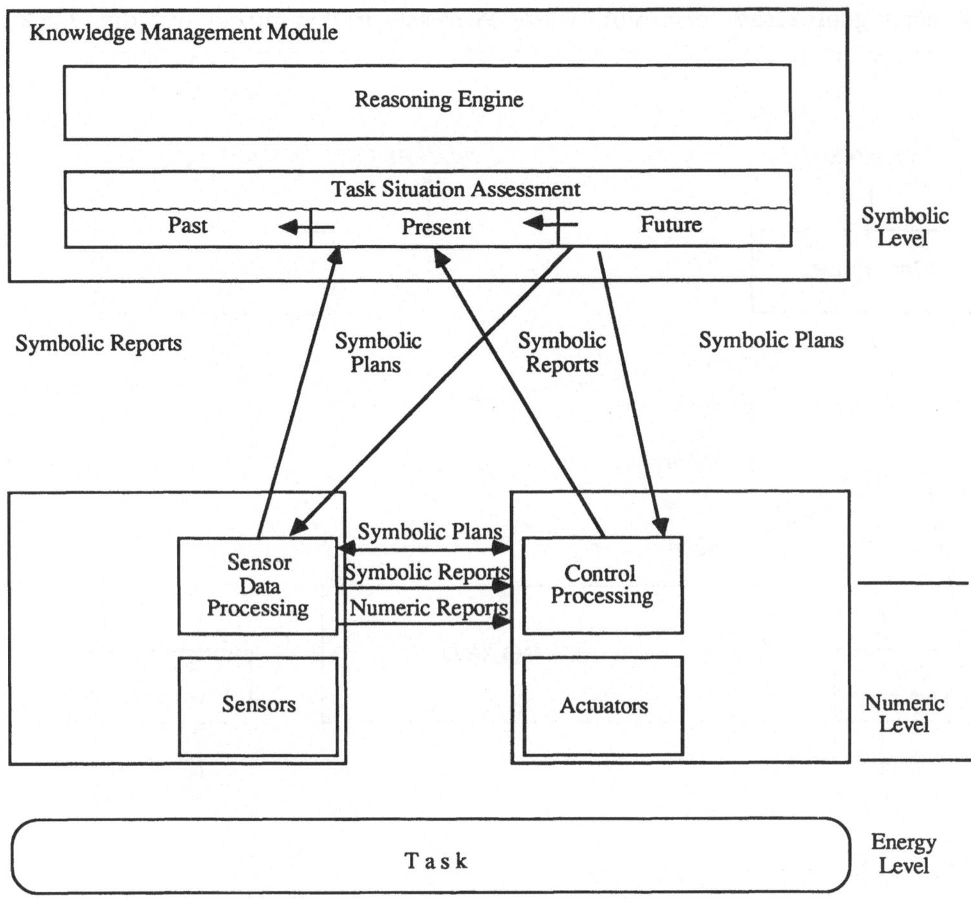

Bild 1.8: Interner Aufbau und Wechselwirkung der einzelnen Moduln des Steuerungssystems des GSR

Ein Blackboard repräsentiert das Weltmodell für jedes Roboterteilsystem. Alle Sensor- und Stellgliedzustände und die daraus abgeleiteten Aussagen (symbolische Beschreibungen) werden hier festgehalten. Neben diesen passiven Wissensobjekten gibt es Wissensquellen, die diese Objekte in Realzeit innerhalb einer Multiprozeßumgebung manipulieren. Intern ist die Struktur des Blackboards so aufgeteilt, daß sowohl datenorientierte als auch modellgesteuerte Kontrollflüsse mit eingebaut werden. Bild 1.9 zeigt den gesamten Schnittstellenmechanismus.

Der "Plan Parser" erhält Pläne, macht Eintragungen in Bedingungslisten und verteilt Informationen. Er übergibt die Information der Steuerungsaktion an den ent sprechenden "Action Controller", der die Listeneintragungen für den Überwacher der Steuerungsprozesse vornimmt. Diese Prozesse greifen direkt auf die Blackboardinformation zu, um alle unnötigen Prozeßverzögerungen auszuschließen.

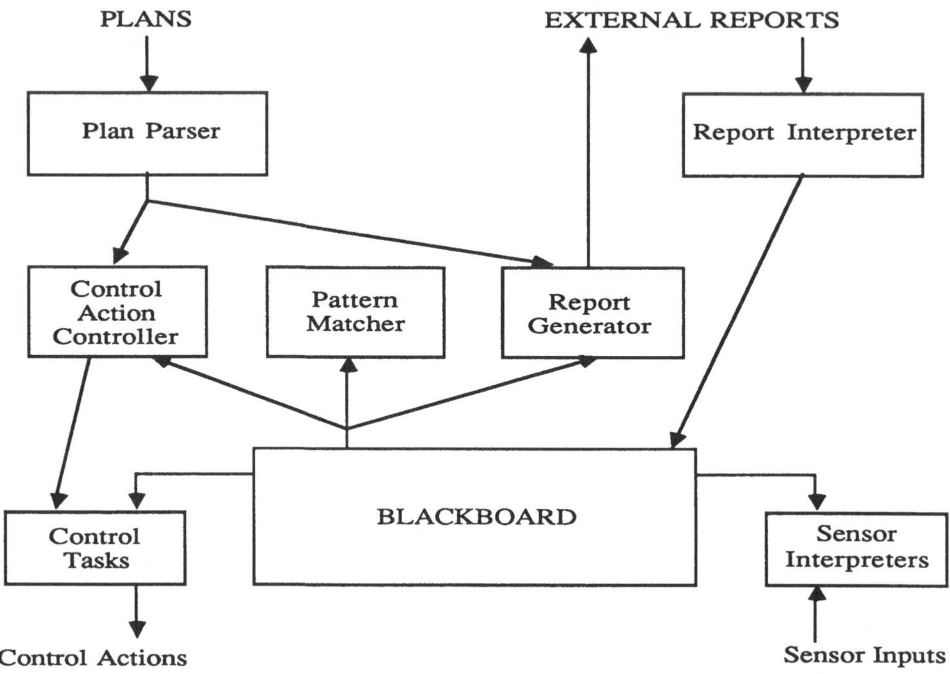

Bild 1.9: Symbolische Schnittstellen

Der "Pattern Matcher" überwacht die Initiierung, den Anstoß und die Beendigung von Plänen. Jede der drei zuvor genannten Bedingungen, die mit einem Plan verknüpft sind, ist ein Ausdruck, der sich aus Objektattributen zusammensetzt, die in dem Blackboard stehen. Der "Matcher" prüft die Bedingungen, die mit jedem Plan verknüpft sind, und stößt die entsprechenden Aktionen an, falls die Bedingung als wahr evaluiert wird. Von seinem Konzept her arbeitet der "Pattern Matcher" wie jedes Produktionssystem kontinuierlich und läßt diejenigen Regeln feuern, die im Einklang mit der Blackboardinformation sind. Diese Information wird mit Hilfe von Berichten und von Sensoreingängen aktualisiert. Typische Produktionssysteme feuern ihre Regeln nur einmal, wenn die Bedingung erfüllt wird. Dies trifft für die Initiierungs- und Beendigungsbedingungen von Plänen zu. Anstoßbedingungen werden jedoch solange ständig evaluiert, bis ihre Beendigungsbedingungen erfüllt sind.

Dieses Konzept wurde nicht nur in einem autonomen mobilen Roboter, sondern auch in einer automatisierten Schweißzelle implementiert. Es hat sich gezeigt, daß die sehr verschiedenartigen Anforderungen bei diesen beiden Anwendungen durch dieses eine Konzept erfüllt werden konnten. Dabei hat sich herausgestellt, daß der Blackboardmechanismus gut geeignet ist, verschiedene Programmierer, die an unterschiedlichen Teilkomponenten eines Steuerungssystemsblocks arbeiten, zu koordinieren.

B CMU-Architektur

Im Jahre 1981 wurde an der CMU ein sehr ehrgeiziges Projekt für autonome mobile Roboter gestartet. Es begann mit dem CMU-Rover und wurde mit Neptun und Uranus weitergeführt /Moravec 85/. Die Architektur für die verteilte Kontrolle für diese zwei Vehikel wird in Bild 1.10 gezeigt.

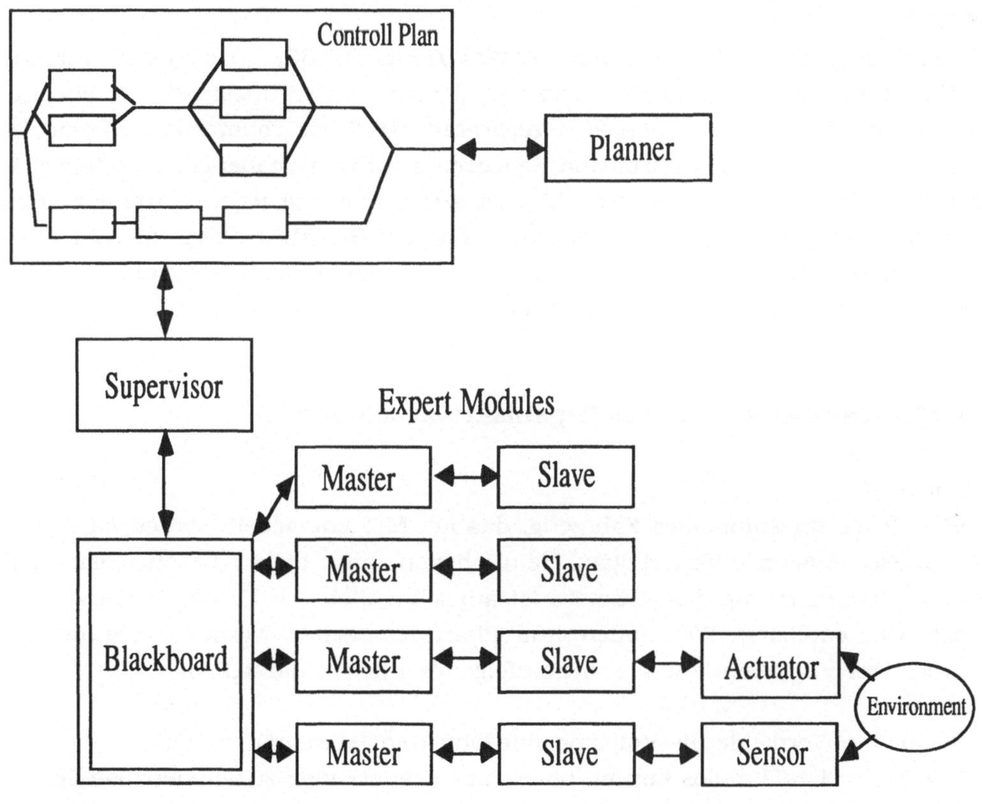

Bild 1.10: Allgemeine CMU-Architektur für autonome Roboter

Expertenmodule laufen als Prozesse, die mit Hilfe eines Blackboards synchronisiert werden. Diese Module sind über ein Prozessor-Netzwerk verteilt. Expertenmodule existieren für die Sensordateninterpretation, für den internen Modellaufbau der Roboterumgebung, für die Erzeugung von Planungsstrategien, für die Überwachung der Planausführung etc. Jeder dieser Module ist in einen Master- und Slave-Prozeß zerlegt. Der Master sucht im Blackboard diejenigen Daten zusammen, die der Slave braucht, beauftragt ihn damit und überwacht den Slave. Der Slave-Modul ist zuständig für die Problemlösung.

Ein Supervisor-Modul holt sich selbst seine Information aus einem Plan, der die Teilaufgaben und die Einschränkungen, die bei ihrer Ausführung zu beachten sind, aufzeigt. Informationen höherer Abstraktionsstufen gelangen über das Blackboard zu den Master-Moduln. Die Konsistenz der Blackboardeintragungen wird durch den Monitor überprüft.

C KAMRO

Bild 1.11 zeigt die Architektur von KAMRO /Rembold 86/. Das System integriert die Navigation, die Manipulation und den Sensorverarbeitungsmodul in ein internes Weltmodell. Ein "*High-Level Interpreter*" (HLI) ist roboterunabhängig und kann zwei Arme, eine Plattform und Sensoren auf der Aufgabenebene steuern. Ein separater "*Low Level Interpreter*" (LLI) ist zur Steuerung jedes einzelnen Armes, des Piloten oder der Kameras ausgelegt. Nach dem Blackboardkonzept wird sowohl auf der Ebene HLI als auch LLI operiert. In beiden Blackboards überwacht ein Monitor die globale Planausführung (HLI) oder z.B. die Armbewegung.

1.4.3 Verhaltensorientiertes Organisationsschema

A MOBOT-2

MOBOT-2 ist ein autonomes Fahrzeug, das am MIT entwickelt worden ist /Brooks 87/. Dieser Ansatz differiert ganz deutlich von allen bisher beschriebenen. Die interne Strukturierung des Roboters ist ausschließlich auf Verhaltensmuster ausgelegt. Ein explizites Weltmodell und Planungsansätze werden vorläufig nicht benutzt. Das Verhalten läßt sich durch folgende Ebenen darstellen:

- 0 Vermeide die Kollision mit Objekten (stationär, mobil).
- 1 Laufe ziellos herum, ohne mit Gegenständen zusammenzustoßen.
- 2 Erkunde die Umwelt nach "sicheren" Plätzen und versuche, sie zu erreichen.
- 3 Konstruiere eine Karte der Umwelt und plane Routen, die von einem "sicheren" Platz zu anderen führen.

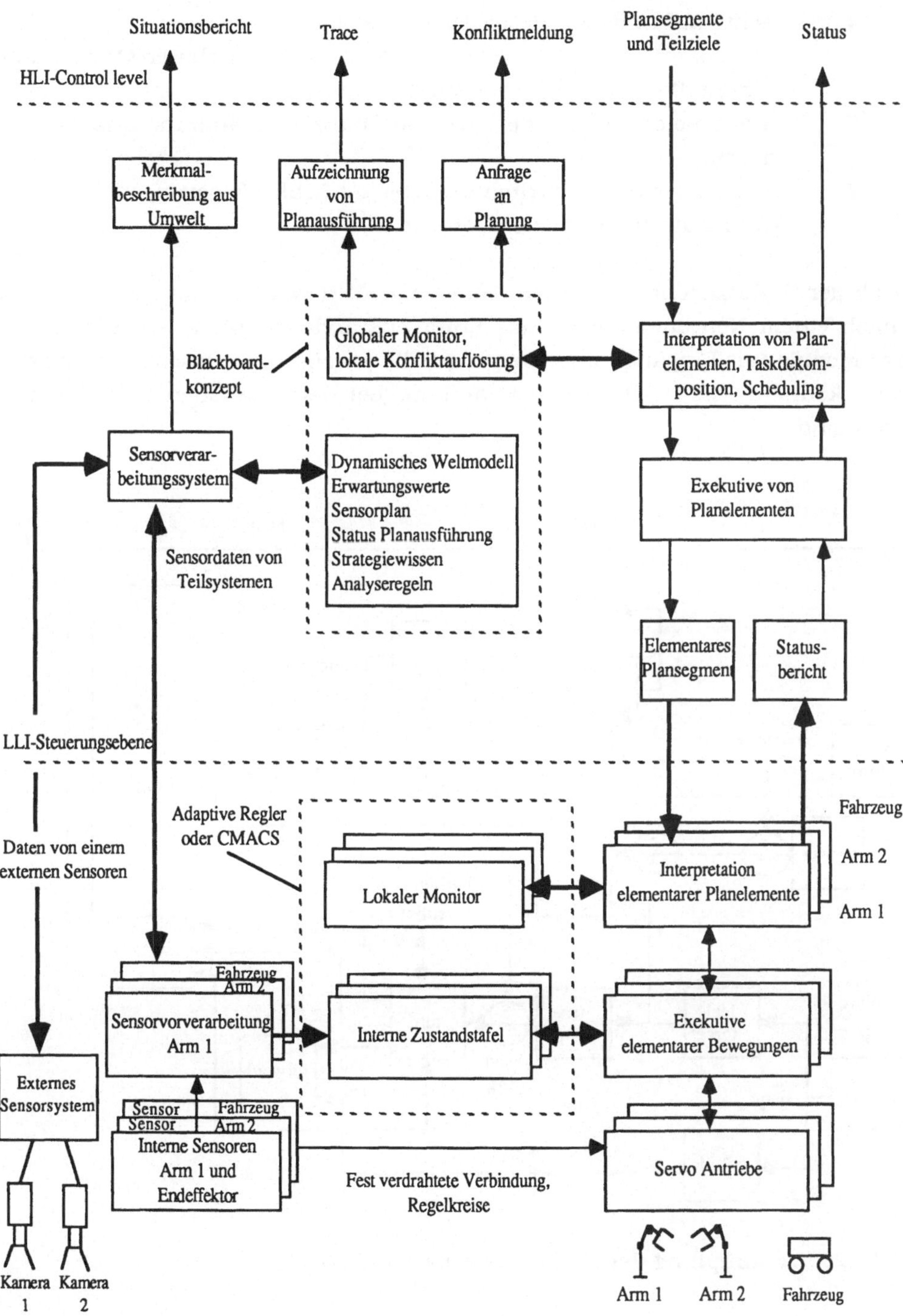

Bild 1.11: Schematische Struktur von KAMRO

4 Achte auf Änderungen in der statischen Umwelt.
5 Charakterisiere die Umwelt bezüglich identifizierbarer Objekte und führe mit diesen Objekten Aufgaben durch.
6 Stelle solche Pläne auf, die die Umwelt verändern, und führe sie durch.
7 Ziehe über das Verhalten der Objekte Schlußfolgerungen und modifiziere die Pläne dementsprechend.

Erst ab der 6. Aufgabenebene sollen Pläne eingeführt werden. Das gesamte System ist nach einem Neuronenmodell, das finite Zustände definiert, aufgebaut. Jeder dieser Module hat Eingänge und Ausgänge, die jeweils unterdrückt oder verstärkt werden können. Bild 1.12 zeigt den Aufbau, bei dem die Ebenen 0-2 realisiert worden sind.

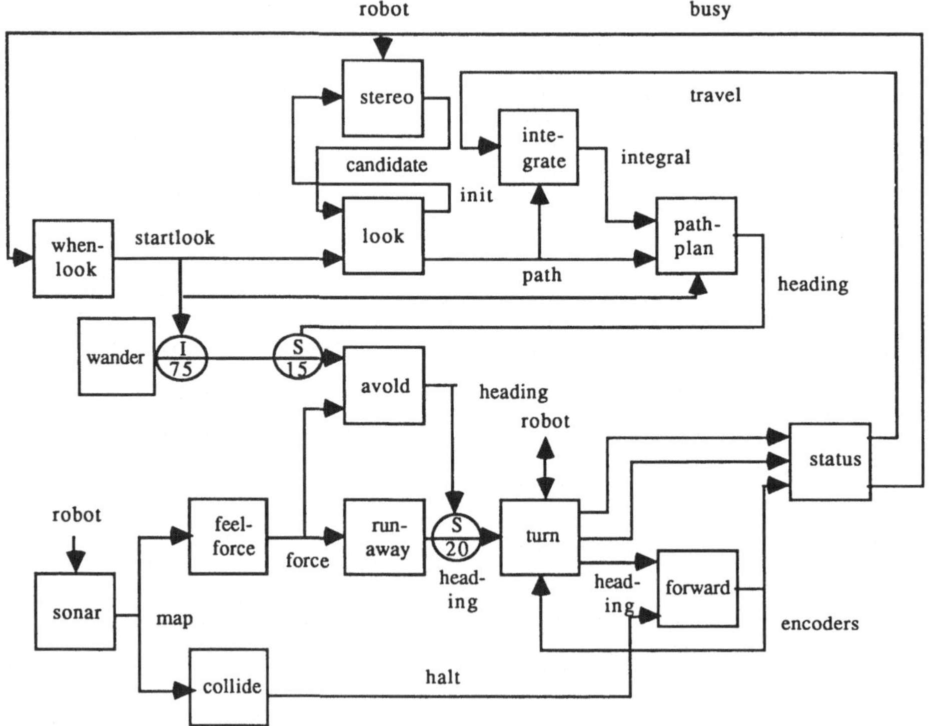

Bild 1.12: Verknüpfung der Ebenen 0-2 von MOBOT-2

Dieser Aufbau repräsentiert das Verhalten eines "Wanderers", der ziellos herumirrt.

B Kamerageführtes Straßenfahrzeug

Die Universität der Bundeswehr in Neubiberg entwickelt seit Jahren ein Auto, das kameragestützt auf einer verkehrslosen Straße autonom fahren kann /Mysliwetz 86/. Dieser Ansatz ist ebenfalls rein verhaltensorientiert. Der interne Aufbau dieses Systems weicht jedoch ganz deutlich von dem zuvor vorgestellten System ab. Es basiert auf der Verwendung klassischer Steuerungsalgorithmen (Bild 1.13), mit deren Hilfe die Blickfeldrichtung der beiden Kameras gesteuert und die elementaren "Manöveroperationen" (z.B. Gas geben) angestoßen werden /Dickmanns 87/.

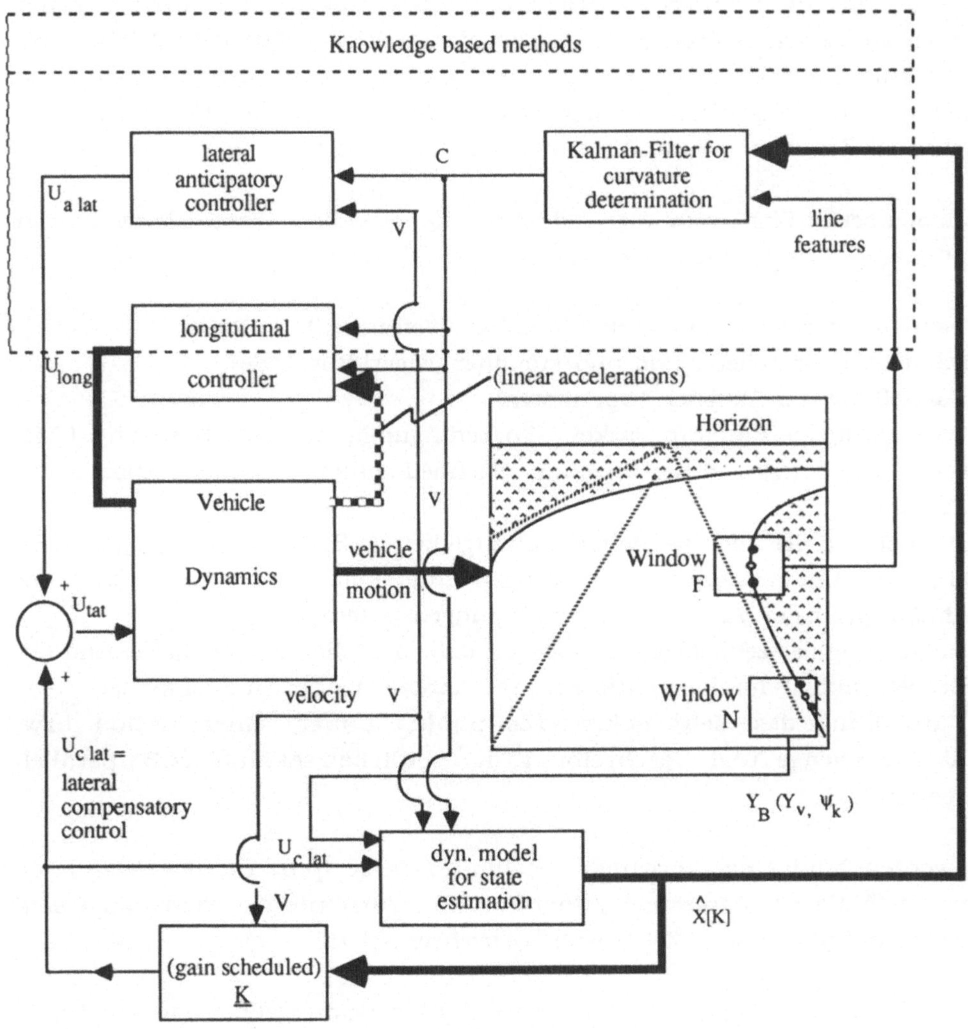

Bild 1.13: Prozeßmodell einer Fahrzeugführung

1.5 Situationsbasierte Planungsverfahren

1.5.1 Planen von Roboteraufgaben

Planen ist der Vorgang der Planerzeugung. Ein Plan ist eine Darstellung, bei der eine oder mehrere Folgen von Aktionen (Zielen, Aufgaben) entworfen werden, um von einem **Anfangszustand** über eine Menge von Zwischenzuständen zu einem **Endzustand** zu gelangen. Diese Aktionenfolge ist unter **Randbedingungen**, die sich ändern können, zu generieren. Aktionen werden durch die Anwendung von Operatoren auf Zustände erzeugt. Im Gegensatz zur Konstruktion eines Produktes hat der Planungsaspekt auch eine dynamische Komponente. Durch die äußeren Randbedingungen vorgegeben, können verschiedene Zwischenzustände auftreten und selbst der Zielzustand kann Änderungen unterworfen sein.

Zur automatischen Planerzeugung sind daher die folgenden Wissensdarstellungen notwendig:

- Darstellung sicherer Zustände (Situation, Weltmodell)
- Darstellung unsicherer und unbestimmter (vager) Zustände
- Darstellung von Aktionen (Operatoren)
- Darstellung der Ausführbarkeit (Vorbedingung), der Durchführung (Zwischenbedingung) und der Wirkung (Nachbedingung) einzelner Aktionen auf Zustände
- Darstellung der nichtzeitlichen Abhängigkeit (z.B. Montagezugänglichkeit) einzelner Aktionen bzw. Aktionsmengen untereinander; d.h. Darstellung der Abhängigkeit der Vor- und Nachbedingungen untereinander
- Darstellung der zeitlichen Abhängigkeit (z.B. bezüglich der Zustände und der Betriebsmittel) einzelner Aktionen bzw. Aktionsmengen untereinander
- Darstellung des Zeitaspektes (Zeitpunkt, Dauer) einer Aktion bzw. Aktionenmenge und Beschreibung der zeitlichen Abläufe (z.B. parallel, sequentiell).

Pläne werden häufig als Vorgänger/Nachfolger-Netze (*prozedurale Netze*) von Planknoten (Aktionen) dargestellt /Charniak 85/. Attribute der Planknoten sind Vor- und Nachbedingungen, Zeitfenster, Betriebsmittel etc.

Die Techniken zur Erzeugung und Bewertung (Entscheidungsfindung) von Plänen arbeiten im allgemeinen Fall mit folgenden Wissensdarstellungen (Wissensmanipulation):

- Sensorgestützte Situationsanalyse (maschinelles Sehen)
- Suchstrategien zur Erzeugung und Bewertung einzelner Planschritte (Aktionen)
- Schließen über den Effekt von Aktionen
- Verfahren zur Teilzieleinordnung (Konflikterkennung und -auflösung) einzelner Aktionen bzw. Aktionsmengen
- Verfahren zur Bedingungsausbreitung, um die Konsistenz von Variablen in einzelnen Planschritten sicherzustellen
- Schließen über zeitliche (und kausale) Verkettungen
- Verfahren zur Verfeinerung von Aktionen (Operatoren) und Zuständen: Metaplanen
- Schließen über Unsicherheiten (strukturelle Unsicherheiten) und mit Unsicherheiten (parametrische Unsicherheiten).

Der Vorgang, Pläne bzw. verschiedene Planschritte zu bewerten, wird **Entscheidung** genannt. In ihr wird diejenige Aktionenfolge festgelegt, die unter Abwägung möglichst aller Vor- und Nachteile einzelner Aktionen auf die restlichen Aktionen die besten Aussichten auf Erfolg hat. In einem autonomen System (allgemeiner Fall) sind der Prozeß der Planung und der Entscheidung eingebettet in einen Zyklus, der die Aktionsausführung und ihre Überwachung mit einschließt (Bild 1.14):

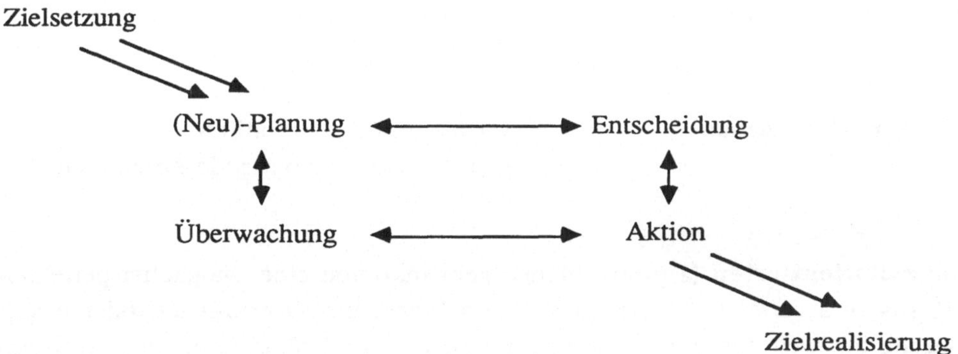

Bild 1.14: Planungs-/Aktionszyklus

Ein autonomes System spezifiziert seine Zielsetzung selbst und ist flexibel genug, um aufgrund der Entscheidung oder der Aktionsüberwachung eine Neuplanung anzustoßen. Neuplanungen, die durch die Entscheidungsfindung notwendig werden, erfolgen nicht im laufenden Betrieb (off-line) und entstehen durch Kritiken an den verschiedenen Plänen bzw. Planschritten. Beispiele hierfür sind Konflikte zwischen einzelnen Planschritten (nicht erfüllbare Abhängigkeiten der einzelnen Aktionen) oder Bedingungsverletzungen bei einer Planverfeinerung bezüglich zeitlicher Vorgaben oder benötigter Betriebsmittel.

Die Verknüpfung zwischen der Planung und der Aktionsausführung über die Entscheidung bzw. die Aktionsüberwachung kann verschiedenartig erfolgen. Die folgende Tabelle verdeutlicht die damit verbundenen *Planungsstrategien.* Sie ist nach dem notwendigen à priori Informationsumfang geordnet. Nach unten nimmt die à priori Information ab und nach oben zu.

Zielorientiertes Planen	• perfekte Welt • keine Aktionsüberwachung
Reagierendes Planen	• erwartetes Weltmodell • Zieländerung • Plankritik • Aktionsüberwachung
Opportunistisches Planen	• alternative Weltmodelle • multidirektionale Zielverfolgung
Zurückstellendes Planen	• reales Weltmodell • Planverfeinerung
Reflexives Planen	• vorbestimmtes Verhalten • geringe, vorausschauende Annahmen.

Bei dem **zielorientierten** (à priori) Planen geht man von einer möglichst perfekten Umwelt aus und verfolgt ein Ziel (Aufgabe) solange, bis es erfüllt ist, oder bricht die Planung ab, weil das Ziel nicht zu erreichen ist und fängt ganz von vorne an. Beispiele für diese Planungsart liefern STRIPS /Fikes 71/ und ABSTRIPS /Sacerdoti 75/. Eine Neuplanung ist nur dann möglich, wenn von neuen à priori gegebenen Umweltbedingungen ausgegangen wird.

Anders verhält es sich bei dem **reagierenden** Planen. Hier geht man zwar auch von einer (erwarteten) Umwelt aus, doch man ist darauf vorbereitet, daß sich die Umwelt ändert. Die einzelnen Pläne sind bis zum letzten Detail mit erwarteten Umweltbedingungen (-parametern) vorbelegt. Abweichungen hiervon können wie beim zielorientierten Planen zur Planungszeit (Entscheidung) oder vor allem während der Aktionsüberwachung festgestellt werden. Treten bei der Planausführung Abweichungen von diesen Bedingungen auf, so wird nur auf der Ebene neu geplant, auf der diese Bedingungsverletzungen aufgetreten sind. Im Gegensatz zur zielorientierten Planung ist man bei dem reagierenden Planen in der Lage, das eine Ziel flexibel zu verfolgen und sich besser an die Umweltbedingungen anzupassen, da nicht die gesamte Planungshierarchie durchlaufen werden muß. Ein Beispiel für ein solches Planungssystem liefert SIPE /Wilkins 84/.

Charakteristisch für die beiden zuvor erwähnten Planungsansätze ist die Verfolgung eines Zieles. An diesem kann starr festgehalten werden oder es kann ein Ziel, nachdem seine Nichtdurchführbarkeit festgestellt wurde, danach in ein anderes umgewandelt werden. Bei dem **opportunistischen** Planen werden "sämtliche" Möglichkeiten (Ziele) beachtet und gleichzeitig verfolgt. Der Ausdruck opportunistisch bedeutet in diesem Zusammenhang eine ständige Hinrichtung auf diejenigen Aktionen, die im Zustand der aktuellen Problemlösung am erfolgversprechendsten sind /Hayes-Roth 85/. Eine opportunistische Fertigungsplanung wird z.B. durch das OPIS-System (CMU) durchgeführt /Ow 86/.

Beim **zurückstellenden** Planen werden die Umweltbedingungen nicht mit Erwartungswerten vorbelegt. Die Entscheidungen werden solange zurückgestellt, bis sie unumgänglich sind. Dies kann während der Entscheidungsphase oder während der Überwachungsphase erfolgen. Im ersteren Fall werden die abstrakten Operatoren erst dann verfeinert, wenn sichergestellt ist, daß sie später auch benutzt werden müssen /Stefik 81/. Im letzteren Fall wird die Aktionsüberwachung unterbrochen und ein neuer Planschritt angestoßen /Broverman 87/.

Bei dem **reflexiven** Planen wird ausschließlich auf der Basis von realen Daten (Überwachungsphase) gehandelt. Ein generelles Planschema liegt nicht vor /Firby 87/, /Payton 86/. Es handelt sich hierbei um einen ereignisgetriebenen, ausschließlich aufwärtsgerichteten Ansatz.

Zusätzlich zu den oben aufgeführten Planungsarten gibt es für diese Ansätze (bis auf das reflexive Planen) noch die Möglichkeit, **adaptiv** zu planen /Alterman 86/. Hier wird der Planungsvorgang als ein "Erinnerungsprozeß" betrachtet, bei dem alte Planungserfahrungen an neue Situationen angepaßt werden.

1.5.2 Chronologie der Planungssysteme

Planer wurden für eine Reihe von Anwendungsgebieten verwendet. Eine Auswahl hiervon ist in Tabelle 1.3 gezeigt.

Bereich	**Planer**
Kontrollschema zur Lösung einfacher mathematischer Probleme (z.B. Handlungsreisender)	GPS, /Newell 59/
Robotermontage	STRIPS, /Fikes 71/
Robotermontage	BUILD, /Fahlman 73/
Einfache Programmerzeugung	HACKER, /Sussman 73
Schiffsnavigation	WARPLAN, /Warren 74/
Robotermontage	INTERPLAN, /Tate 74/
Robotermontage	ABSTRIPS,/Sacerdoti 75/
Robotermontage	NOAH, /Sacerdoti 75/
Hausbau und Überholung elektrischer Turbinen	NONLIN, /Tate 85/
Molekulargenetik	MOLGEN, /Stefik 81/
Missionsbestimmung von Weltraumfahrzeugen	DEVISER, /Vere 83/
Missionsbestimmung von Flugzeugen	SIPE, /Wilkins 84/
Robotermontage	TWEAK, /Chapman 85/
Personenbeförderung zum Flugplatz	PLEXUS, /Alterman 86/

Robotermontage	QWERTZ, /Hertzberg 86/
Fertigungsplanung von Turbinen	OPIS, /Ow 86/
Robotermontage	RAP, /Firby 87/
Konstruktion	PLAKON, /Cunis 87/

Tabelle 1.3: Anwendungsbereiche, die von situationsbasierten Planungssystemen bearbeitet werden

Bild 1.15 verdeutlicht die Chronologie der wichtigsten Planungssysteme von Tabelle 1.3 in Form eines Baumes, der die "geistigen Väter" der einzelnen Systeme erkennen läßt.

Der "Urvater" der Planungssysteme ist der General Problem Solver (GPS). Er diente allerdings primär der Einführung bestimmter Kontrollstrategien bei Suchverfahren. Genannt seien die "Mittel-zum-Zweck"-Analyse (means-end analysis), die Vorwärtsverkettung und die Breitensuche /Winston 84/. Das Planen wird als Inferenzvorgang betrachtet, d.h. als Ableiten im Situationskalkül. Die Situationen werden als Prädikate (1. Stufe) betrachtet: **on** (a,b), etc. Bei dieser Planungsart muß allerdings noch bei jeder Operation mit angegeben werden, was diese Operation *nicht* verändert (Rahmenproblem, frame problem), /Nilsson 80/.

Das Planen als Suche wurde durch ABSTRIPS eingeführt. Die Wirkung der Operatoren auf die Situationen wird auch hier nur indirekt durch seine Wirkung auf die Situation beschrieben. Das Rahmenproblem wird durch die "STRIPS-assumption" abgeschwächt (aber nicht gelöst): ein Operator ändert nur das, was in seiner Nachbedingung angegeben wird. Alle anderen Situationszustände bleiben *unverändert*. Das Anwendungsgebiet von ABSTRIPS ist die Montage in der einfachen Blockwelt. Diese äußerst vereinfachte Anwendungsumgebung wurde von allen nachfolgenden rein situationsbasierten Planungssystemen in der Robotik beibehalten.

Diese beiden zuvor genannten Planungssysteme konnten zu einem Zeitpunkt jeweils nur ein Ziel für einen Agenten (Roboter) verfolgen. HACKER war das erste Planungssystem, das mehrere zusammenhängende Ziele (conjunctive goals) gleichzeitig verfolgen konnte. WARPLAN und INTERPLAN stellen Verbesserungen dieses Systems dar.

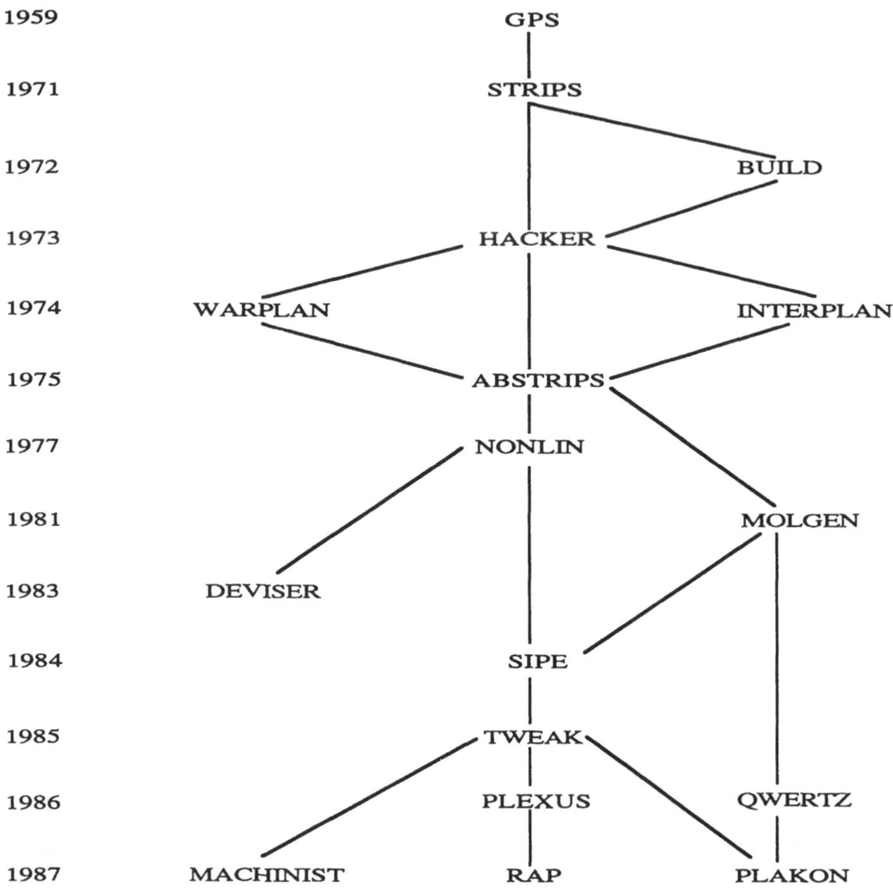

Bild 1.15 : Familienbaum der situationsbasierten Planungssysteme

Einen neuen Abschnitt in der Geschichte der Planungssysteme eröffnete, wie bereits erwähnt wurde, ABSTRIPS. Alle Vorgängersysteme waren lineare Planer (Abschn. 1.5.3.). Dieses System führte nichtlineares Planen und hierarchisches (mehrstufiges) Planen auf der Planungsebene (Abschn. 1.5.4.) ein. NONLIN stellt eine Verbesserung von ABSTRIPS dar. Die Kontrollstruktur wurde erweitert und die Hierarchieebenen wurden verfeinert. Alle Planungssysteme, die nach 1975 folgten, waren nichtlineare, hierarchische Planer (ABSTRIPS-basiert). Durch MOLGEN wurde die explizite Manipulation von Bedingungen (Bedingungsausbreitung) als wesentlicher Bestandteil der Planung eingeführt. Durch DEVISER wurde die Zeit (Zeitdauer jeder Operation) zum ersten Mal bei der Planung berücksichtigt. SIPE greift die Zeitproblematik auf und führt zusätzlich auch die Betriebsmittelanforderung mit in das Planungskalkül ein. Auf der Basis dieser beiden Merkmale wird eine Neuplanung vorgenommen.

TWEAK greift nochmals das Thema der Planung zusammenhängender Ziele auf und ist in der Lage, die Korrektheit des Planes zu verifizieren. PLEXUS ist ein adaptiver Planer, der umplanen kann (reagierendes Planen). QWERTZ stellt Entscheidungen zurück und berücksichtigt sowohl Zeitaspekte als auch die Betriebsmittel.

RAP operiert ausschließlich auf reflexiver Basis und kann mehrere unabhängige Ziele gleichzeitig verfolgen. PLAKON wurde parallel mit QWERTZ entwickelt und benutzt verstärkt die Techniken der Bedingungsausbreitung, um Teilzielkonflikte zu erkennen und aufzulösen. Diese Technik wird auch von dem MACHINIST-System eingesetzt, um aufgrund von Zielkonflikten den Planungsvorgang zu steuern /Hayes 87/.

Zusammenfassend kann die Chronologie der bisherigen situationsbasierten Planungssysteme wie folgt charakterisiert werden. Bis 1975 konnten die linearen Planer nur Aktionen eines Agenten in einer **statischen** Welt auf der Basis des Situationskalküls durchführen. Danach kamen Ansätze, die ein *mehrstufiges Planen* (Situationen, Operatoren) und eine dynamische Umwelt (Zeit, Ereignisse) zuließen (z.B. DEVISER, RAP). Diese Konzepte wurden nur teilweise implementiert und sind auch vom theoretischen Standpunkt nicht zufriedenstellend. Gegenwärtig werden Ansätze untersucht, die die Zeit, die Betriebsmittel und die Sensordaten in ihre Konzeption mit aufnehmen. Diese Ansätze sind aber immer noch in dem Situationskalkül verwurzelt. Die Arbeiten sind meist theoretischer Art (Promotionen), die nicht in realen Systemen, sondern immer noch in einer Blockwelt demonstriert werden. Reale Probleme bei der Robotermontage konnten hierdurch noch nicht gelöst werden. Für diesen Sachverhalt sind im wesentlichen zwei Gründe zu nennen:

a) Die Probleme, die bei realen Planungsaufgaben auftreten, sind zu komplex, als daß sie selbst von der Theorie her als gelöst betrachtet werden können.

b) Die Techniken der Künstlichen Intelligenz, die für die Roboterplanung benötigt werden, sind noch nicht weit genug entwickelt, um in reale Montagesysteme durchgängig eingesetzt werden zu können. Partiell kann dies allerdings bereits mit Erfolg getan werden (2. Teil dieser Arbeit).

Der Fragenkomplex, der zu Punkt b) gehört, wird im dritten Teil dieser Arbeit nochmals besonders untersucht. Zur Sprache kommen in diesem Zusammenhang unter anderem die "Meinungswartung" (Truth Maintenance System, TMS), /Doyle 79/, die temporale Logik und das verteilte Planen. Was in Zukunft benötigt wird, ist ein Planungssystem, das von einer dynamischen Umwelt *abhängig* ist, sowohl zielorientiert als auch reagierend operieren kann und zur *Autonomie* fähig ist. Die Forderung nach einem *abhängigen* System bedeutet im einzelnen:

- Informationsbedingungen (Wahrnehmung während der Planung)
- Realzeit (erkennen und reagieren auf unerwartete Ereignisse innerhalb von Zeitschranken
- sich ändernde Umgebungsverhältnisse
- andere Agenten und Operationen.

Autonomie beinhaltet:

- die Festlegung, wann ein Ziel gewechselt wird
- die Festlegung, wann geplant und wann agiert wird
- die Erkennung und Auflösung von Konfliktsituationen.

Die nachfolgenden Unterabschnitte dieses Abschnittes dienen zur Klärung des Punktes a). Welche speziellen Detailprobleme treten beim Planen auf und wie wurden sie gelöst?

1.5.3 Lineares/nichtlineares Planen

Ein vollständiger Plan ist eine total oder partiell geordnete Menge von Aktionen /Cohen 82/. Bei dem **linearen** Planen wird jeder Teilplan durch eine total geordnete Menge von Aktionen (Operationsknoten) dargestellt (Bild 1.16).

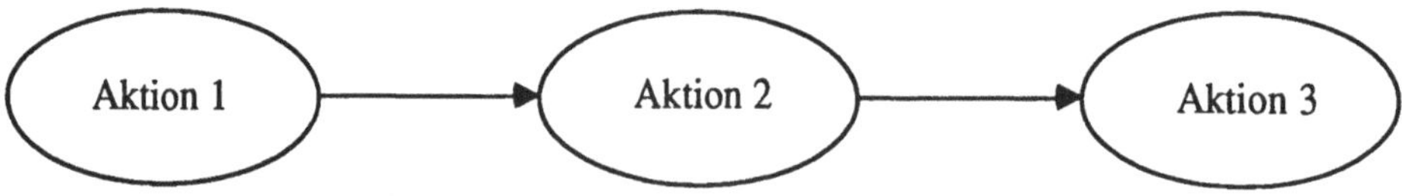

Bild 1.16: Teilplan beim linearen Planen

Die Ordnungsrelation (Kante in Bild 1.16) ist eine

Vorgänger/Nachfolger -Relation oder eine
Erzeuger/Verbraucher -Relation (welcher Knoten erzeugt was für wen?).

Die Erzeuger/Verbraucher-Relation bezieht sich hierbei auf ganz bestimmte Merkmale wie Betriebsmittel oder Zeitabhängigkeiten (z.B. Zeitpunkt und Dauer

von Aktionsabhängigkeiten). Bei dem linearen Planen ist somit der endgültige Plan eine Folge von total geordneten Teilplänen und somit selbst wieder total geordnet.
Bei dem **nichtlinearen** Planen werden die Teilpläne nicht total geordnet. Sie sind nur partiell geordnet (Bild 1.17).

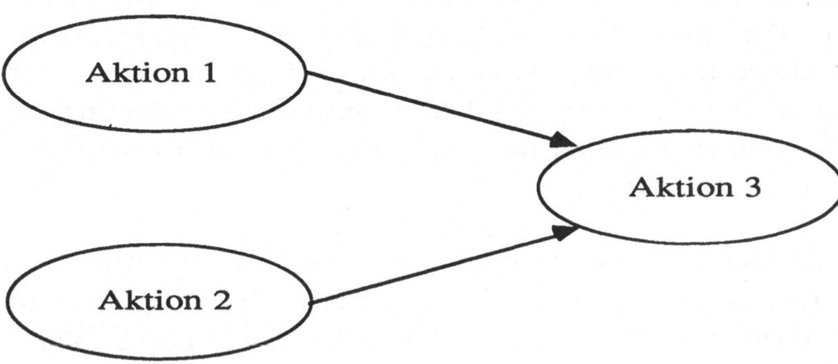

Bild 1.17 : Teilplan beim nichtlinearen Planen

Erst bei der Zusammensetzung der Teilpläne zum Gesamtplan werden diese Teilpläne total geordnet und in die endgültige Operatorenfolge des Gesamtplanes eingefügt.

Die Einordnung der Teilpläne in den Gesamtplan wird durch die Wechselwirkung der Teilpläne festgelegt. Der Gesamtplan muß frei von Wechselwirkungen (subgoal interactions) sein. Bei dem linearen Planen werden die Teilpläne überbeschränkt. Es wird vorschnell eine *totale* Ordnung aufgebaut, ohne zu berücksichtigen, daß der wechselwirkungsfreie Gesamtplan schlimmstenfalls eine völlig andere Aktionsfolge verlangt. Beim nichtlinearen Planen werden die Teilpläne unterbeschränkt. Die Operatorordnung ist nicht vollständig und muß anschließend verschärft werden. Das nichtlineare Planen ist heute ein Standardverfahren beim Planen.

1.5.4 Hierarchisches Planen

Eine Standardtechnik, komplexe Probleme zu lösen, besteht darin, von abstrakteren Darstellungen zu detaillierteren zu gehen. Dieser Ansatz liegt dem hierarchischen Planen zugrunde. Diese Definition des hierarchischen Planens ist jedoch nicht eindeutig /Wilkins 86/. Es können sowohl verschiedene **Abstraktionsebenen** im Problemraum als auch verschiedene **Planungsebenen** in dem Kontrollablauf bei der Problemlösung definiert werden. Die Abstraktionsebenen beziehen sich auf die Körnigkeit einer Umweltmodellierung. Fügt man auf *einer* Abstraktionsebene nur weitere Attribute hinzu oder nimmt sie weg, so bleibt der Abstraktionsgrad der Umweltmodellierung unverändert. Was sich jeweils ändert, sind die Planungsebenen, daher sprechen wir in diesem Zusammenhang von einer Situationsabstraktion auf der Planungsebene. Die Abstraktionsebenen müssen nicht den Planungsebenen entsprechen. Eine neue Planungsebene muß nicht zu einer neuen Abstraktionsebene führen. Dies hängt davon ab, welcher Operator angewendet wird. Im strengen Sinne entspricht die Einführung verschiedener Planungsebenen dem *hierarchischen* Planen. So kennt ABSTRIPS und alle seine Nachfolger bis auf SIPE nur eine Abstraktionsebene.

Das allgemeine **hierarchische** Planen wird sowohl auf der *Abstraktions-* als auch auf der *Planungsebene* durchgeführt (2. Teil, APOM). Dies erfolgt mit Hilfe von verschiedenen Modellabstraktionen (Abstraktionsebene) und auf der Planungsebene durch **Operatorabstraktion** und **Situationsabstraktion**. Für die Planungsebenen wurde die Situationsabstraktion durch ABSTRIPS und die Operatorabstraktion durch NOAH /Sacerdoti 75/ eingeführt. MOLGEN benutzt die Situations- und Operatorabstraktion für die Planungsebene. Verschiedene Abstraktionsebenen werden nur implizit durch Randbedingungen vorgegeben.

Die Operatorabstraktion führt konsequenterweise zum Metaplanen. Man plant, wie ein Plan weiterentwickelt werden soll. Auf der Metaebene werden Pläne als Folgen von Metaoperatoren erzeugt. Es ist die übliche Technik, die beim zurückstellenden Planen verwendet wird. Ein neuer quantitativer Ansatz, Metaplanung mit der Definition von Teilzielen zu beschreiben, steht bei /Korf 87/.

Die Technik des hierarchischen Planens, kombiniert mit nichtlinearem Planen, ist heute üblich. Allerdings ist bislang die saubere Trennung zwischen Abstraktions- und Planungsebene nicht durchgeführt worden und es gibt keine theoretischen Ansätze, die hierarchisches Planen unter Einschluß des Metaplanens nicht für die Blockwelt, sondern z.B. für komplexes Montagesystem, situationsbasiert durchführen können.

1.5.5 Such- und Kontrollstrategien

Ein Planer ist in der Regel so organisiert, daß er einen Suchraum definiert und einen Punkt in diesem Raum sucht, der das Ziel repräsentiert /Tate 85/. Die "Vor-1975" Planer definierten die Punkte in diesen Räumen als Zustände der statischen

Anwendungswelt. Die "Nach-1975" Planer definieren Punkte in dem Suchraum als Teilpläne. Ausgehend von einem Planskelett wird der Plan schrittweise verfeinert. Bei diesen neueren Planern wurden die folgenden Techniken verwendet.

a) **Suche im Zustandsraum**

Das klassische Verfahren ist neben der dynamischen Programmierung der A* Algorithmus, der aufwärts gerichtet arbeitet und den optimalen Lösungsweg findet. Allerdings ist es häufig schwierig, die richtige Heuristik für die Bewertungsfunktion zu finden. Häufig wird dieser Algorithmus lediglich für die Auswahl der Alternativen verwendet und andere Suchstrategien werden für die eigentliche Planung eingesetzt.

b) **Problemreduktion**

Wenn ein Problem in Teilprobleme zerlegbar ist, so ist die geeignete Datenstruktur ein UND/ODER Baum. Solche Bäume sind für die Bestimmung der optimalen Montagefolge von Vorteil (Abschn.2.4.5). Der entsprechende Algorithmus zur Suche in diesen Bäumen ist der AO* Algorithmus. Auch hier ist jedoch das Auffinden der richtigen Bewertungsfunktion das größte Problem.

c) **Abhängigkeitsgerichtete Suche**

Klassische Rücksetzverfahren wie z.B. Tiefen- oder Breitensuche verwenden sehr viel Suchaufwand, der mit der Problemlösung direkt nichts zu tun hat. Bei der abhängigkeitsgerichteten Suche werden die Abhängigkeiten der einzelnen Datenstrukturen, die zu den einzelnen Regeln gehören, explizit protokolliert. Somit ist es möglich, bei Fehlern nur diejenigen Fakten rückgängig zu machen, die auch wirklich in diesen Lösungsschritt verwickelt waren (Absch. 3.5.3). Dieses Suchverfahren ist z.B. von MOLGEN und NONLIN verwendet worden.

d) **Opportunistische Suche**

Manche Systeme benutzen nicht nur eine feste (ziel- oder ereignisorientiert) Suchrichtung bei der Problemlösung. Stattdessen wird der Suchfokus auf diejenige Operation gelenkt, die am höchsten gewichtet ist. Dieses Verfahren wird mit Hilfe von Bedingungen bewerkstelligt. Jede Planungskomponente formuliert ihre Anforderungen zur Teilplanlösung als Restriktionen für mögliche Lösungen oder als Bedingungen für Variable, die die zu manipulierenden Objekte darstellen. Die Ausführung einzelner Operatoren kann zurückgestellt werden, bis neue Information zur Verfügung steht, auf deren Basis eine bessere Auswahl getroffen werden kann.

Eingeführt wurde das opportunistische Planen durch die Blackboardsysteme HEARSAY, HASP/SIAP und neuerdings durch BB1 (PROTEAN), /Johnson Jr. 87/, (Abschn. 3.2). Die globale Datenstruktur kann eingesetzt werden, um die verschiedenen Komponenten mittels Restriktionen miteinander kommunizieren zu lassen.

Das opportunistische Planen wird z.B. von dem OPIS System verwendet. Häufig wird diese Technik mit dem Metaplanen verknüpft.

1.5.6 Konflikterkennung und -auflösung

Sowohl bei linearen als auch nichtlinearen Planern treten bei der Einordnung von Teilplänen in den Gesamtplan Wechselwirkungen zwischen den zuvor unabhängig erstellten Teilplänen auf. Abhängigkeiten einzelner Planknoten eines Planes treten immer dann auf, wenn ein Planknoten weiter vorne im Plan ein Merkmal erzeugt oder zerstört, das von einem anderen, nachfolgenden Planknoten benötigt wird. Diese Merkmale sind explizit in den Vor- bzw. Nachbedingungen eines Operators festgehalten. Eine Aktion kann nur dann ausgeführt werden, wenn in der gegenwärtigen Situation alle Vorbedingungen erfüllt sind.

Ein Plan enthält einen *Konflikt*, wenn eine oder mehrere Abhängigkeiten zwischen Planknoten verletzt werden. Die Schwierigkeit, die hierbei bei abstrakten Planknoten auftritt, ist diejenige, daß Konflikte nur implizit erkannt werden können. Erst bei der Expansion eines Operators stellt sich heraus, daß Objektmerkmale benötigt werden, die zwar auf der abstrakteren Ebene nicht sichtbar waren, aber auf den niedrigeren Planungsebenen benötigt werden. Planer können nach ihrer Fähigkeit charakterisiert werden, um Konflikte zu erkennen und sie möglicherweise auch zu lösen.

- **Lineare Erkennung und Konfliktauflösung**
  Bei linearen Planern wird nach der Verknüpfung der Teilzeile zu einem gesamten Plan die ganze Folge von Vor- und Nachbedingungen streng sequentiell durchlaufen und mit der gegebenen Umweltsituation verglichen. Bei STRIPS erfolgt die Konflikterkennung mit Hilfe von Dreieckstabellen. Wird ein Konflikt festgestellt, so wird der gesamte Plan aufgelöst. Hierbei wird entweder die Aktion neu geordnet (z.B. HACKER) oder es wird das Ziel verändert /Waldinger 75/. Diese Konfliktauflösungen erfolgten durch gewöhnliche (nicht abhängigkeitsgerichtete) Rücksetzverfahren.

- **Nichtlineare Erkennung und Konfliktauflösung**
  Bei nichtlinearem Planen werden für jedes Niveau (Abstraktion und/oder Planung) häufig TOME´s (Tabel of Multiple Effects) benutzt, um Interaktionen zu erkennen. Sie enthalten für jede Aussage einen Eintrag, der beschreibt, welcher Knoten sie gültig oder ungültig macht (z.B. NONLIN, SIPE). Die Konfliktauflösung geschieht in diesem Fall mit Hilfe von verschiedenen Kritikfunktionen. Diese können z.B. Konflikte zwischen parallelen Zweigen des Planes entdecken und sie linearisieren, falls dies möglich ist (z.B. QWERTZ). In TWEAK werden die Konflikte zusammenhängender Teilziele durch Einsetzen neuer Operatoren und durch das abhängigkeitsgerichtete Rücksetzen aufgelöst.

Zusammenfassend muß zur Konflikterkennung und -auflösung selbst im nichtlinearen Fall gesagt werden, daß sie

1. die Konflikte nur beschränkt auflösen kann und dies
2. auch nur für Anfangs- und Endsituationen bzw. für solche Vor- und Nachbedingungen durchführen kann, die als Prädikate 1. Ordnung dargestellt sind,
3. die Operatoren nicht direkt definiert. Sie werden nur indirekt durch ihre Wirkung auf die Eingangssituation (Vorbedingung) und die erzeugte Ausgangssituation (Nachbedingungen) eingeführt,
4. sowohl komplexe Szenen, die z.B. durch semantische Netze beschrieben werden /Niemann 87/, als auch die dazugehörenden Montageoperationen einschließlich der Greiferbewegungen und der Greifstrategien nicht darstellen und verarbeiten können. Durch die Verwendung der klassischen Logik können auch keine Unsicherheiten auftauchen bzw. manipuliert werden /Mamdani 85/.

1.5.7 Zeit und Betriebsmittel

Die meisten bisherigen Planer haben angenommen, daß alle Operationen momentan ausgeführt werden können und daß die Situation "schlagartig" durch die Operation verändert wird und nur durch die Operatoren und nicht durch andere Umweltereignisse verändert werden kann. Der Zeitbegriff wurde nur implizit durch die Vorgänger/Nachfolger-Relation der Operationen eingeführt: "zuvor", "danach" und "gleichzeitig". Wobei aber "gleichzeitig" nicht präzisiert wird, ob damit in beliebiger Reihenfolge nacheinander ausführbar oder ob damit in Einzelschritten durcheinander ausführbar gemeint ist.

DEVISER hat mit der Einführung von Zeitfenstern diese Restriktionen etwas gelockert. Zeitfenster definieren den Anfangspunkt und die Dauer von Operationen und Zuständen. Diese Zeitfenster werden miteinander verglichen und können inkrementell verkleinert werden, wenn sie durch andere Operationen eingeschränkt werden. So können z.B. Planschritte entdeckt werden, die das Erreichen des Zieles verhindern. In diesen Fällen werden durch Rücksetzen alternative Lösungen betrachtet. Die Behandlung von Zeitintervallen bezieht sich hierbei nur auf absolute Werte. Die zeitlichen Relationen zwischen diesen Intervallen sind nur sehr einfach:

"Aktion X dauert 10 Sekunden",
"Ereignisse A und B beginnen zur selben Zeit".

Die Attributierung einer Aktion mit ihrer Zeitdauer durch eine Zwischenbedingung (prevail condition), die neben der Vor- und Nachbedingung existiert, ist von /Sandewall 86/ vorgeschlagen worden. Sie definiert die Zustände, die während der Aktionsausführung gelten müssen. Ein Plan wird durch ein Zeit/Aktion-Netzwerk dargestellt. Die Knoten sind die Zeitpunkte, wann einzelne Aktionen anfangen bzw. enden, um neue Aktionen anzustoßen. Die Kanten in diesem Netz sind die Aktionen selbst. Bei der Abarbeitung desselben sind vor allem die folgende "Kohärenz"-Bedingungen zu beachten:

a) Verschiedene Aktionen, die dasselbe Merkmal eines Zustandes beeinflussen, dürfen nicht parallel ablaufen. Die zeitliche Einordnung muß somit gewährleisten, daß sie sequentiell durchgeführt werden.

b) Verschiedene Aktionen, die dieselbe Zwischenbedingung haben, dürfen parallel ausgeführt werden.

Die Darstellung sämtlicher Bedingungen erfolgt wiederum mit Hilfe der Prädikatenlogik erster Ordnung. Sie attributieren die Kanten in dem Zeit/Aktions-Netz. In diesem Netz können dann Verletzungen der Kohärenzbedingung detektiert und aufgelöst werden.

Ein Planer, der zahlreiche zeitliche Bedingungen (zuvor, trifft, überlappt, stößt an, etc.) benutzt, existiert noch nicht. Es ist allerdings zu erwarten, daß die neueren Ansätze zum Planen mit zeitlichen Relationen, die im Zusammenhang mit einer temporalen Logik gegenwärtig entwickelt werden, zum Tragen kommen. Mehr darüber im Abschnitt 3. 6.

SIPE war das erste System, das über konkurrierende Betriebsmittel argumentieren konnte. Betriebsmittel können von einer Aktion angefordert und wieder freigegeben werden. Dieses Schließen über Betriebsmittel wird mit Hilfe von den bereits erwähnten TOME`s durchgeführt. Einzelne Objekte werden einfach in den Vorbedingungen bzw. Nachbedingungen als Betriebsmittel ausgewiesen. In anderen Worten, die zu manipulierenden Blöcke können als Betriebsmittel definiert werden. Echte Betriebsmittel im Sinne von Schraubenziehern etc., die von realen Robotern benötigt werden, können noch mit keinem vorhandenen rein situationsbasierten Planungssystem angefordert und danach wieder freigegeben werden.

1.6 Methoden der Roboterprogrammierung

1.6.1 Klassifikation der Robotersprachen

In Abschnitt 1.2.3 wurden drei Robotergenerationen vorgestellt. Diese Generationen können auch durch die Programmieransätze, mit denen diese Roboter Montagebewegungen durchführen, charakterisiert werden. Drei Methoden der Roboterprogrammierung werden im üblichen Sinne unterschieden /Rembold 85c/. Die folgende Aufzählung berücksichtigt ihre zeitliche Entwicklung :

- Programmierung der Greifer durch Führen
- Programmierung auf Roboterebene (explizite Programmierung)
- Programmierung auf Aufgabenebene (implizite Programmierung).

Ordnet man die Programmiersprachen für Roboter den einzelnen Generationen zu und verfeinert sie, so lassen sich diese Sprachen wie folgt angeben /Levi 85c/. Die roboter- und aufgabenbezogenen Programmierverfahren werden später noch etwas ausführlicher erläutert werden.

1. Generation: Greiferorientierte Sprache
Innerhalb dieser greiferorientierten Sprache können noch zwei Stufen unterschieden werden:

Stufe 1: Die Sprache programmiert direkt die Motoren und Stellglieder des Roboterarms mittels Mikrocode. Zu dieser Stufe zählen auch Master-Slave-Roboter.

Stufe 2: Auf dieser Ebene rangieren Roboter-Kontrollsprachen, wobei der Programmierer den Arm an einen Punkt fährt und durch einen Knopfdruck diese

Position aufzeichnet (Teach Box). Dieser Programmieransatz ist für Punktschweißen, Spritzen und ähnlich einfache Operationen geeignet. Für komplexere Aufgaben wie Montage oder Inspektion muß die gewünschte Roboteraktion als Reaktion auf die Sensordateneingabe, den Datenbankzugriff oder die Berechnungen ermittelt werden. Dies alles sind aber typische Eigenschaften allgemeiner Programmiersprachen.

2. Generation: Roboterorientierte Sprache
Auch die roboterorientierten Sprachen lassen eine zweistufige Verfeinerung zu.

Stufe 1: Hier wird immer noch auf der Kontroll-Ebene programmiert, allerdings erleichtern Sprachkonstrukte wie "MOVE", "GRASP", usw. das Programmieren.

Stufe 2: Auf dieser Ebene werden die strukturierten Programmiersprachen mit komplexen Datenstrukturen, vordefinierten Statusvariablen und Sensorbefehlen eingeordnet.

3. Generation: Aufgabenorientierte Sprache
Die aufgabenorientierte Roboterprogrammierung kann durch drei Stufen charakterisiert werden:

Stufe 1: Obtjektorientiertes Programmieren erlaubt dem Programmierer, Roboteraufgaben objektbezogen anzugeben. Der Roboter "weiß" zu jeder Zeit, wo jedes Objekt sich befindet. Befehle haben die Gestalt : "GRASP BOLT".

Stufe 2: Aufgabenorientiertes Programmieren ist mittels einfachen englischen Sprachstrukturen möglich, z.B. "INSERT PEG INTO HOLE". Diese Sprachen basieren auf Weltmodellen, die im Computer gespeichert sind. Auf diese Art der Roboterprogrammierung beziehen wir uns in der Regel, wenn wir im folgenden von aufgabenorientierter Programmierung sprechen.

Stufe 3: Durch eingebaute Wissensbasen, Bewegungsplaner und Suchstrategien sind Befehle wie "ASSEMBLE LYE PUMP" interpretierbar. Solche Systeme können nur innerhalb einer kompletten CIM-Umgebung realisiert werden. Die Wege dahin werden im 2. Teil dieser Arbeit deutlich.

1.6.2 Roboterorientierte Programmierung

Der Einsatz von Sensoren bei der robotergesteuerten Fertigung stellt an die Programmiersprachen die folgenden Bedingungen:

a) Zur Zeit der Programmierung ist die Zielposition nicht bekannt. Ermittelt werden kann sie durch: externe Datenbasen,Sensoren (z.B. Sichtsysteme), Auftreffen auf dem Gegenstand (z.B. *kraftgeregelte* (compliant) Bewegung).

b) Die Wege, die der Arm zu beschreiben hat, sind nicht bekannt. Sie müssen durch Sensormeldungen ermittelt werden (*sensorüberwachte* (guarded) Bewegung).

c) Die Reihenfolge der Bewegungen ist beim Programmieren nicht bekannt. Das Ergebnis der Sensorinformation bestimmt die Ausführungsreihenfolge.

Um diese Forderungen zu erfüllen, werden zwei Wege eingeschlagen:

1) Die Technik der "Teach Box" wird soweit modifiziert, daß auch die Integration von Sensordaten und Entscheidungen möglich wird.

Diese Technik, auch Technik des "erweiterten Führens" genannt, wurde für Roboterarme von ASEA /ASEA 83/, Cincinnati Milacron /Holt 77/ und IBM /Summers 82/ angewandt. Die Variabilität des Programmes basiert auf der Möglichkeit, das Koordinatensystem, zu dem das zu handhabende Objekt relativ liegt, erst bei dem Ablauf des Programmes zu bestimmen, sei es durch Berührungsschalter oder durch Sichtsysteme. Auch sind bedingte Sprünge und Unterprogramme möglich.

2) Es werden höhere Programmiersprachen eingesetzt. Diese Sprachen ermöglichen es dem Programmierer, den Roboter aufgabenorientiert zu programmieren.

Diese Assembler-ähnlichen Sprachen erlauben Befehle wie "MOVE, UNTIL, IF....GOTO, CLOSE, OPEN, STOP". Die Befehle "UNTIL" und "IF..... GOTO" bilden die Schnittstelle zu den Sensoren; ein Befehl wird ausgeführt, bis die Bedingung erfüllt ist bzw. Befehle werden übersprungen, wenn eine Sensorbedingung nicht erfüllt ist.

Vertreter dieser Gattung sind die Sprachen: AL /Mujtaba 81/, AML /Taylor 82/, LM /Latombe 81/, IRDATA /IRDATA 85/, MAL /Gini 79/, PASRO /Blume 85/, RAIL /Franklin 82/, RCCL /Hayward 84/, SIGLA /Salmon 78/, SRL /Blume 83/, VALI /Unimation 80/, VAL II /Strip 87/, VML /Gini 80/, Wave /Paul 72/.

An generellen Strukturen und Befehlen erlauben diese Sprachen zusammengefaßt folgende Definitionen /Nitzan 85/:

1) Datentypen: integer, real, character, string, label and aggregate (geordnete Mengen von Datentypen).

2) Operationen: arithmetische, relationale, logische, Zuweisungen.

3) Kontrollausdrücke:Blockstrukturen(BEGIN...END)
Sprünge (GOTO)
bedingte Sprünge (IF....THEN.....ELSE)
Schleifen (WHILE....DO, DO....UNTIL)

4) Unterprogramme und Funktionen. An roboterspezifischen Funktionen findet man:

a) geometrische Datentypen: Vektoren, Verschiebungen, Rotationen, Transformationen, Weg durch Punkte.

b) Bewegungen des Endeffektors: Spezifizierbare Winkel,
gerade Linie zu einem Zielpunkt,
gerade Linie durch einen Punkt,
Spezifikation der Geschwindigkeit
und Beschleunigung, Ablegen, Anfahren.

c) Sichtsensorik: Bildaufnehmen, binäre Merkmalsgewinnung,
umrißbasierte Objekterkennung und -findung,
Einstellen von Schwellwerten und Fenstern,
Grauwertmerkmalsgewinnung.

d) Sensorrückkopplung: Visuelles Fühlen, Berührschalter, und Kraft/Drehmomentsensoren.

e) Parallele Prozesse: Simultane Kontrolle von Mehrfacharmen, Sensoren, Maschinen und anderen Hilfsmitteln.

Im Laufe der Zeit hat es sich jedoch erwiesen, daß auch diese Sprachen schwerwiegende Nachteile hatten. Die wichtigsten finden sich in der folgenden Aufzählung:

1) Diese Sprachen wurden für einen speziellen Roboter entwickelt. Es ist daher nicht möglich, die Sprachen zu vereinheitlichen.
2) Es wäre wünschenswert, diese Sprachen mit bereits vorhandenen CAD/CAM-Systemen zu koppeln, um bereits computergerecht eingegebene Daten weiterverwenden zu können.

3) Die Robotersprachen sind nicht ausreichend intelligent und flexibel, um auf unvorhergesehene Situationen reagieren zu können.
4) Aus Gründen der Geschwindigkeit hängt die Software wesentlich von der Hardware ab. Dies behindert die Portabilität der Software.
5) Die Sprachen sind zu kompliziert, um sie einem großen Kreis von Anwendern zugänglich zu machen.
6) Während des Trainings eines Roboters kann nicht produziert werden.
7) Der Roboterprogrammierer muß ein Experte im "Programmieren von Rechnern und in dem Entwurf von sensorgestützten Bewegungsstrategien" sein.

Angesichts dieser Nachteile ist es nur zu natürlich nach Wegen zu suchen, um die Programmierung zu vereinfachen. Dies geschieht bei der aufgabenorientierten Roboterprogrammierung. Die dabei verwendete höhere Sprache wird gekoppelt mit einem Computer für die verwendete explizite Robotersprache.

1.6.3 Aufgabenorientierte Programmierung

Bei aufgabenorientierten Roboter-Programmiersprachen werden die Ziele des Montagevorganges und nicht die einzelnen Bewegungen des Roboters angegeben. Dies hat zur Folge, daß die Aufgabenspezifikation vollständig roboterunabhängig ist. Aus diesem Grunde muß bei diesem Ansatz mit expliziten Modellen gearbeitet werden. Notwendig sind die Modelle: Aufgabenspezifikation, geometrisches Weltmodell und Roboterbeschreibungen (Abschn. 1.3.1).

Ein Hauptbestandteil dieser Sprachen ist der Planer. Er übersetzt die ihm gegebene mehr "verbale" Aufgabe in eine Folge von Befehlen, die von einem Roboterprogramm interpretierbar sind. Zur Bewältigung dieser Aufgabe müssen dem Planer die Beschreibung der zu handhabenden Objekte und Roboter im Arbeitsfeld, die physikalische Beschreibung aller Objekte, die mögliche Arbeitsumgebung, der Anfangs- und der Endzustand der Umgebung und der ausführende Roboter vorliegen. Fein- und Grobbewegungen muß der Planer übergangslos aneinanderfügen, sowie Fehler beim simulierten Handlungsablauf erkennen und behandeln.

Als Beschreibung der Arbeitsumgebung müssen dem Planer Merkmale wie die Geometrie aller Objekte und Roboter im Arbeitsfeld, die physikalische Beschreibung aller Objekte wie Masse und Trägheit, Schwerpunkt, Reibung, usw., die kinematische Beschreibung aller Verbindungen, sowie die Beschreibung des Roboters wie maximaler Gelenkausschlag, Beschleunigungsgrenzen und Fähigkeiten der Sensoren angegeben werden. Auch einzugeben sind die maximalen Ungenauigkeiten der Position der Teile, Fertigungstoleranzen und Unsicherheiten, die durch das Spiel in den Robotergelenken und die maximale Auflösung der Sensoren bedingt sind.

Vielfach wurde versucht, diese höheren Programmiersprachen auf bereits bestehende Sprachen aufzusetzen. um eine Unabhängigkeit der Sprache vom benutzten Robotertyp zu erreichen.

Die Probleme, die bei der Implementation einer solchen Sprache auftreten, sind so zahlreich, daß aufgabenorientierte Sprachen bis heute nicht aus den Forschungsinstituten herausgekommen sind:

- Die immense Menge von Daten muß von Hand eingegeben werden. Selbst vorgeschaltete CAD-Datenbanken können nur einen Teil der geforderten Daten bereitstellen. Der Aufwand an Eingabe der restlichen Daten kann ein Programmieren im alten Stil wieder sinnvoller erscheinen lassen.

- Die geometrischen Beschreibungen der Endsituation bilden nicht immer eine vollständige Beschreibung der Ziellösung, so muß z.B. eine Schraube nach Beendigung des Prozesses nicht nur in dem Gewinde sitzen, sondern auch mit einer bestimmten Kraft angezogen werden.

- Der Planer muß feststellen können, an welcher Stelle er Objekte zu greifen hat, damit er sich beim Einbau oder beim Ablegen nicht selbst behindert, z.B. darf er eine Schraube zum Einschrauben nicht am Gewinde greifen.

- Die Bewegungsbahnen müssen abhängig von dem gegriffenen Objekt ermittelt werden, um Kollisionen des Roboters bzw. des Objektes mit anderen Gegenständen zu verhindern.

- Ein Kernproblem stellen die Unsicherheiten dar. Der Planer muß mit Unsicherheiten rechnen können, wobei eine Überschätzung der Unsicherheiten zu ineffizienten Programmen der Laufzeit und Länge des Codes, eine Unterschätzung zu unzuverlässigen Programmen führt. Weiterhin muß entschieden werden, wo Sensoren helfen müssen, zu große Unsicherheiten auszugleichen

- Dazu muß der Einsatz von Sicht-, Berührungs- und Kraftmeßsensoren automatisch koordiniert und die Daten ausgewertet werden.

In Abschnitt 1.7 werden aufgabenorientierte Montagesysteme vorgestellt. Zuvor sollen jedoch diese Systeme (teilautomatisch) von den situationsbasierten, vollautomatischen Systemen (Abschnitt 1.5) abgegrenzt werden. Es folgen Detaillierungen der Modellbildung und der Montageoperationen (Abschnitte 1.6.3.2 - 1.6.3.5) .

1.6.3.1 Voll- und teilautomatische aufgabenorientierte Roboterprogrammierung

Die teilautomatischen Montagesysteme unterscheiden sich deutlich von den situationsbasierten Systemen. Beide Ansätze operieren zwar auf der Aufgabenebene, doch können die hier als aufgabenorientiert bezeichneten Systeme im Gegensatz zu den rein situationsbasierten Systemen als teilautomatisch bezeichnet werden. Bedingt durch die Kompliziertheit der Aufgabenstellung werden nur Teilaufgaben wie Optimierung einer Montagefolge mit Verfahren der Künstlichen Intelligenz bewältigt. Die situationsbasierten Systeme hatten zum Ziel, den Roboter vollautomatisch zu programmieren. Um zu diesem Ziel zu gelangen, wurden daher so viele Vereinfachungen gemacht, daß reale Montageaufgaben nicht gelöst werden konnten.

Mittlerweile weiß man auch, daß mit der hohen Abstraktionsebene dieser Systeme (abwärtsgerichteter Ansatz) allenfalls auf strategischer Ebene wie Missionsplanung bei mobilen Robotern oder die globale Aufgabenplanung von Montagerobotern durchzuführen sind. Doch selbst hierfür sind Modifikationen unumgänglich (Teil 3 dieser Arbeit).

Die in diesem und dem nachfolgenden Abschnitt besprochenen Montagesysteme stellen pragmatische (aufwärtsgerichtet) Ansätze zur Roboterprogrammierung dar. Die Verknüpfung dieser beiden Ansätze wird letztlich zu einem vollautomatischen Montagesystem führen, das in der Praxis eingesetzt werden kann. Die Verfahren zur Verschmelzung dieser beiden Ansätze können verschieden sein. Hier wird der Weg von dem halbautomatischen System unter Einbezug realistisch einsetzbarer KI-Techniken hin zu vollautomatischen Planungssystemen (und nicht umgekehrt) vorgeschlagen. Wenn wir im folgenden von aufgabenorientierten Montagesystemen reden, dann meinen wir diese teilautomatischen Planungsysteme.

1.6.3.2 Modelle

A Welt - und andere Modelle

Ein aufgabenorientiertes Montagesystem muß die folgenden Modellinformationen enthalten oder Zugriff darauf haben (Abschn. 1.3.1):

- Montageobjekt
  Abmessungen
  Form
  Gewicht
  Materialparameter
  Greifpunkt
  Passungen

- Haltevorrichtungen
  Funktion
  Arbeitsraum
  Belastbarkeit

- Montagefunktionen
  Montagebewegungen
  Motion time measurement
  Information
  Optimierungsalgorithmen
  Montagesequenzen
  Fügeoperationen
  Fügeparameter (Kräfte, Reibung)

- Werkzeuge
  Funktion
  Gewicht
  Form
  Arbeitsraum
  Belastbarkeit
  Energiezufuhr

- Montageroboter
  Art
  Konfiguration
  Bewegungsraum
  Trajektorie
  Geschwindigkeiten
  Beschleunigungen
  Belastbarkeit
  Genauigkeit
  Toleranzen

- Arbeitsraum
  Konfiguration des Arbeitsraums
  Beschreibung der Roboter, Hilfseinrichtungen und der Montageobjekte
  Lage des Objektes und der Werkzeuge
  Hindernisse im Arbeitsraum

- Sensorsystem
  Kenntnis über das Montageobjekt
  Kenntnis von Abnahmeparameter für das montierte Objekt
  Sensorhypothesen für die unterschiedlichen Montagephasen.

Neben der Planung spielt die Überwachung des Roboters in der Fertigung eine zentrale Rolle. Es kann sich hierbei um eine bloße Situationsüberwachung (situation monitoring) oder um eine Arbeitsüberwachung (execution monitoring) handeln. Im Gegensatz zu herkömmlichen Rechensystemen können die auftretenden Fehler auch von externer Art sein. Sie haben ihren Ursprung in der Wechsewirkung zwischen Roboter und dynamischer Umwelt. Beispiele für solche Fehlerquellen sind z.B. bei der Montage:

- inkorrekte oder defekte Teile (Komponenten, Fehler)
- fehlerhafte Teilezuführung (fehlendes Teil oder Orientierungsfehler)
- fehlerhafte Greiferaktion (Lagefehler)
- inkorrekte Teileplazierung (Kollisions- oder Positionsfehler)
- Eindringen von Fremdobjekten in den Arbeitsraum.

Damit diese Fehler entdeckt und, falls möglich, behoben werden können, muß eine dynamische Umweltmodellierung auf der Basis von wissensbasierten Diagnosesystemen stattfinden. Hierzu gehören vor allem die folgenden Informationsklassen:

a) aktueller Zustand des physikalischen Systems
b) Vorhersagen über Systemzustände
c) aktualisierte Sensoreingänge
d Vorhersagen über Sensoreingänge
e) Planung der Roboteraktivitäten
f) Überprüfung der Planung auf ihre Durchführbarkeit.

Dieser Katalog von notwendigen Informationsarten zeigt bereits, daß die anstehenden Aufgaben noch zu komplex sind, als daß sie in ihrer Gesamtheit gegenwärtig lösbar wären. Isolierte Problemkreise werden jedoch bereits in Angriff genommen. So ist die Überprüfung von Arbeitsplänen für Roboter auf der Basis von symbolischen Manipulationen offensichtlich geeigneter und flexibler als die rein numerische Behandlung von inkorrekt plazierten Teilen und der Fertigungstoleranzen von Werkstücken. Insgesamt sind die Fehler, die z.B. bei der Beschickung einer Fertigungszelle auftreten, sehr vielschichtig. Fehler, die z.B. bei Greifoperationen diagnostiziert werden können, sind:

- Lokalisierungsfehler (Zuführung verklemmt, Teil defekt,...)
- Näherungsfehler (Kollision, fehlendes Teil,...)
- Greiffehler (kein Teil, Orientierungsfehler,...).

Das Planungsmodell geht davon aus, daß sich das Wissen über den Fertigungsprozeß auf eine ideale Umgebung bezieht. Die Robotik fordert von der KI nicht nur, sich mit realen Dingen wie Werkzeugen, Haltevorrichtungen, Sensorsystemen etc., die es eben in ihrer Individualität in einer "Klötzchenwelt" nicht gibt, zu beschäftigen, sondern im Zusammenhang mit der Aktionsüberwachung auch verstärkt auf mögliche Fehler einzugehen. Als weitere wichtige Quelle für Abweichungen im Fertigungsvorgang sind die bereits zuvor aufgeführten Unsicherheiten zu nennen.

Unsicherheiten kommen zustande, wenn die Folgerungsketten sich auf Daten stützen müssen, die ungewiß, unbestimmt oder inkonsistent sind. Unsicherheiten sind die erlaubten Abweichungen einer idealen Weltmodellierung. Unsicherheiten können, wie bereits zum Teil aufgeführt wurde, auftreten bei der

a) Fertigung und Manipulation

- Produktionstoleranzen der Werkstücke
- zu geringe Steifigkeit des Roboters (Mechanik)
- Ungenauigkeit bei der Positionsbestimmung eines Objektes (Sensorik)
- ungenügende Auflösung der Roboterantriebe (Steuerung)

und bei der

b) Umwelmodellierung

- unpräzise geometrische Modelle (z.B. Drahtmodelle)
- ungenügende Berücksichtigung der Beleuchtungsverhältnisse und anderer Umwelteinflüsse
- unbestimmte Anfangsposition.

Eine prinzipiellere Beschreibung geht von strukturellen und parametrischen Unsicherheiten aus. Strukturelle Unsicherheiten beziehen sich auf grundlegende Beobachtungen wie "Werkstück A ist vorhanden oder nicht", wohingegen die parametrischen Unsicherheiten sich z.B. auf die anfängliche Position des Werkstücks A beziehen.

Fehler sind Abweichungen, die außerhalb der zugelassenen Toleranzgrenzen (Unsicherheiten) liegen, Beispiele hierfür liefern die weiter oben erwähnten Fehlerquellen bei der Montage. Zusammenfassend kann gesagt werden, daß für einen roboterintegrierten Fertigungsprozeß Wissen über die folgenden Gegebenheiten vorhanden sein muß:

- Entwurfsmodell (Funktion, Struktur, Beschaffenheit)
- Weltmodell (Objekte, Relationen, Kontext) über geometerische, funktionale und semantische Fakten

- Manipulatormodell (Kinematik und Dynamik von Robotern, Greifern, Fließbändern, etc)
- Werkzeugmodell (Struktur/Funktion)
- Sensormodell (generische Beschreibung z.B. der erwarteten Bildeingabe einer Kamera)
- Steuerungsmodell (Strukturierung und Wirkungsweise der Steuerungshierarchie)
- Aufgabenbeschreibung (Problembereich)
- Monitormodell (Durchführung und Überwachung).

B Aufgabenmodell

Im einfachsten Fall können Aufgaben als Folge von Weltzuständen beschrieben werden. Eine Konfiguration von geometrischen Objektrelationen läßt sich mit Hilfe eines CAD Systems und/oder mittels räumlicher Relationen, die zwischen Objektmerkmalen gelten sollen, darstellen. Der erstere Ansatz wird von uns verwendet /Majumdar 87/,/Levi 86c/. Mit das erste System, das räumliche Relationen verwendete, war das RAPT System (Abschn. 1.7). Auf der Basis von definierten Anfangs- und Endzuständen und der Aufgabenbeschreibung in Form von Modellzuständen können die Endpositionen und die verbleibenden Freiheitsgrade berechnet werden. Bild 1.18 verdeutlicht diesen Vorgang. Die Darstellung des Endproduktes erfolgt mit Hilfe eines semantischen Netzes. Die Kanten dieses Netzes enthalten die bereits erwähnten räumlichen Beziehungen zwischen diesen Merkmalen:

- **agpp** (against with opposed normals)
- **coplanar** (with aligned normals)
- **fits** (with opposed normals)
- **coaxial** (with aligned normals).

Die Freiheitsgrade der einzelnen Komponenten können durch drei Angaben definiert werden:

- **LIN** zeigt einen translatorischen Freiheitsgrad an
- **ROT** zeigt einen rotatorischen Freiheitsgrad an
- **FIX** zeigt, daß kein Freiheitsgrad übrigbleibt.

Das RAPT-System kann objektbezogene Inferenzen bezüglich der Montage nur auf der Basis von geometrischen Regeln durchführen. Mit Hilfe dieser Regeln wird in vier Schritten bestimmt, daß die beiden Körper 1 und 2 im Endzustand fest sind und, daß Körper 3 noch einen rotatorischen Freiheitsgrad hat.

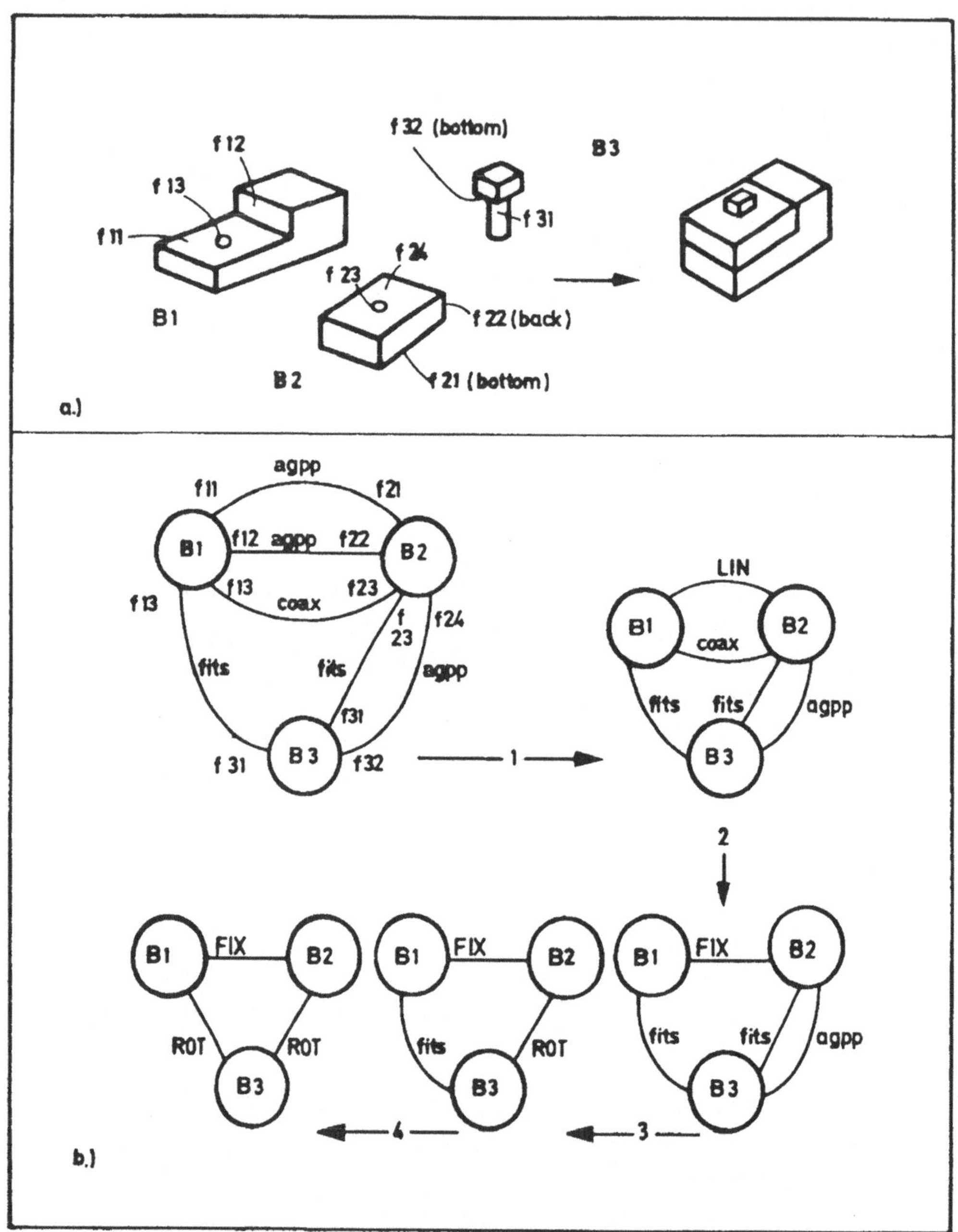

Bild 1.18: Inferenzbildung zur Montage. Bild 1.18a definiert visuell die Flächenmerkmale der einzelnen Objekte und die gewünschte Endmontage. Bild 1.18b geht aus von einem Montagegraph und zeigt die Einzelschritte, die zur endgültigen Darstellung der Merkmale untereinander führen

Ein anderer Ansatz zur Aufgabenspezifikation ist die Verwendung von Montagegraphen /Levi 86 d,e/. Ein Montagegraph enthält als Knoten die einzelnen zu fügenden Teile und als Kanten die Fügeoperationen. Solch ein Montagegraph dient als Basis für einen vollständigen Montageplan, der auch viele Details des Fertigungsprozesses als Restriktionen berücksichtigt. Diese Restriktionen beziehen sich auf die Struktur, die Form, die räumlichen Beziehungen von bewegten Teilen eines Objektes und auf die fertigungs- und funktionsbedingten Vorschriften für die Montage selbst. Zudem muß das geeignete Werkzeug ausgesucht und sowohl der Einsatzzeitpunkt als auch die Handhabungsart dieser Werkzeuge festgelegt werden. Eine ausführliche Darstellung eines solchen vollständigen Montageplanes unter der besonderen Berücksichtigung von Montagegraphen werden wir im zweiten Teil dieser Arbeit kennenlernen.

1.6.3.3 Bewegungsplanung

Ist eine Fügeaufgabe z.B. durch einen Montagegraph spezifiziert, so müssen die realen Bewegungen des Roboterarmes und der Greifvorgang im Detail geplant werden /Lozano-Perez 85/.

Der Planer für Grobbewegungen erzeugt solche Roboterbewegungen, für die die einzige Restriktion darin besteht, daß der Roboter und seine Last, die er gerade trägt, mit keinem Objekt der Umwelt zusammenstoßen darf. Intern gehört zu diesem Aufgabenkreis auch die Interpolation für die Bahnsteuerung. Dieser Planer erhält als Eingabe die Anfangs- und Endposition der Hand. Desweiteren erhält er Unsicherheitsangaben des Manipulators (z.B. Genauigkeit) und Randbedingungen, die von der Trajektorie (z.B. in Form einer bestimmten Lastorientierung), eingehalten werden muß. Er erzeugt desweiteren solche Trajektorien (möglicherweise durch Planvariable parametrisiert), die die optimale Bewegung vom Anfangs- zum Zielpunkt garantieren.

In vielen Anwendungen hat sich für die Planung der kollisionsfreien Grobbewegung der sogenannte Freiraum-Ansatz durchgesetzt. Er ist einfach und praktisch verwendbar. Im einzelnen zählen zu dieser Algorithmusklasse der ursprünglich zweidimensionale Konfigurationsraum Ansatz bzw. seine Erweiterung auf höhere Dimensionen, 6 Freiheitsgrade pro Hindernis, /Lozano-Perez 86/ und der Freiweg-Ansatz (free way), /Brooks 83/.

Unabhängig, welches dieser beiden Verfahren bzw. welche Kombination davon benutzt wird, ist zu sagen, daß stets Graphen aufgebaut werden. Die Knoten dieser Graphen repräsentieren zu Beginn des Suchverfahrens ebene (oder räumliche)

Zellen, die voll, leer oder gemischt sein können. Hieraus wird danach der Freiraum-Graph generiert. In ihm stellt jeder Knoten eine freie Zelle dar und die Kanten zeigen an, ob sich freie Zellen berühren oder überlappen. Zur Suche wird der klassische A* Algorithmus verwendet. Die Dimension des Problemlösungsraumes (z.B. Konfigurationsraum) kann sehr hoch sein (z.B. 6 n für n Hindernisse). Die Approximationen beziehen sich stets auf starre Polyeder. Unsicherheiten können nicht ausgearbeitet werden. Zusätzlich ist anzumerken, daß sich die Freiheitsgrade der verwendeten Roboter bislang auf höchstens vier Freiheitsgrade beziehen. Dies geschieht entweder dadurch, daß reine Greif- oder Planungsaufgaben betrachtet werden, oder es werden von den 6 möglichen Freiheitsgraden eines Roboters 2 Freiheitsgrade eingefroren.

Neben den vielen Ansätzen, die sich ausschließlich mit einem einarmigen Roboter beschäftigen, gibt es nur wenige Arbeiten, die sich mit der Koordination mehrerer Roboter beschäftigen. /Freund 85/ beschreibt ein Verfahren, das für mehrere einarmige Roboter (mit drei Freiheitsgraden) auf der Basis von analytisch beschreibbaren Trajektorien (kein Freiraumverfahren) Gültigkeit hat. Ein hierarchischer Koordinator löst die nichtlinearen Steuerungsalgorithmen der gekoppelten Bewegungsgleichungen. Dieser Ansatz ist auch für einen Roboter zur realzeitfähigen Kollisionsvermeidung geeignet /Freund 87/. Auf der Basis von Potentialen versucht es /Park 84/.

Für die Feinbewegungsplanung gibt es zwei dominierende Ansätze. Bei /Laugier 85a, 86a/ wird zuerst ein Demontagegraph aufgestellt. Dieser Graph enthält sämtliche theoretischen Möglichkeiten, wie eine Baugruppe in seine Einzelteile zerlegt werden kann. Hierfür werden alle Restriktionen berücksichtigt, die durch die Bewegungen an den Kontaktflächen zustande kommen. Danach wird eine Folge von überwachten Bewegungen, die einem "Rückwärtslauf" im Demontagegraphen entsprechen, generiert. Das Planungsverfahren selbst ist nicht linear.

Bei dem Verfahren von /Lozano-Perez 86/ wird durch einen linearen Planer eine Folge von sensorüberwachten und kraftgeregelten Bewegungen mittels eines Rückwärtsverfahrens im Konfigurationsraum erzeugt. Dieses Verfahren wurde durch /Erdmann 84/ erweitert.

1.6.3.4 Greifplanung

Der Greifplaner erhält als Eingabe die Greif- und die Ablegeposition des Werkstücks. Schranken über die Unsicherheiten dieser beiden Positionen und diejenigen Einschränkungen, die festlegen, an welchen Stellen das Teil gegriffen und an welchen nicht gegriffen werden darf. Der Planer bestimmt, wo das Teil mit welcher Greiferorientierung gegriffen werden soll. Drei wesentliche Bedingungen sind hierbei zu berücksichtigen:

1) *Sicherheit:* Der Roboter muß an der Anfangs- und Endkonfiguration des Greifpunktes sicher sein.

2) *Erreichbarkeit:* Der Roboter muß in der Lage sein, den Anfangs- und den Endgreifpunkt zu erreichen.

3) *Stabilität:* Der Griff muß stabil sein, damit die Kräfte, die während der Grobbewegung und während der Montage auftreten, das Teil nicht entgleiten lassen.

Drei Verfahren sind in diesem Zusammenhang zu nennen. Die Ansätze von /Lozano-Perez 81/ und /Laugier 83/ berücksichtigen vor allem die beiden ersten Randbedingungen. In dem dritten Ansatz von /Volz 87/ wird auch die dritte Randbedingung berücksichtigt.

Allen diesen Verfahren ist gemeinsam, daß sie rein analytische Verfahren verwenden, um zum Ziel zu gelangen. So löst z.B. /Volz 87/ iterativ einen Satz von Integralgleichungen. Zusätzlich werden die Greifer und die Objekte durch Polyeder oder Zylinder approximiert und die Roboter sind mit Parallelgreifern ausgestattet: sämtliche Objekte der Umgebung müssen bekannt sein. Ist die Konfiguration des Zielobjektes und des Greifers nicht bekannt, dann kommt zum Greifvorgang eine vierte Randbedingung hinzu: Gewißheit (certainty). Damit ist gemeint, daß die Greifbewegung dazu dient, Unsicherheiten zu reduzieren oder gar zu eliminieren. Spezielle Verfahren hierfür gibt es noch nicht.

Ein völlig anderer Ansatz, das Greifen wie auch andere Elementaroperationen wie bewegen, schrauben etc. rein regelbasiert zu beschreiben, wird von /Levi 87c/ entwickelt. Hier wird ein verteiltes Blackboardsystem verwendet (Abschn. 3.3.2), um mit Hilfe von Interpretations- und Meßregeln diese Elementoperationen für den zweiarmigen Karlruher Roboter, der mit zwei Gelenkkameras ausgestattet ist, mit nicht analytischen Verfahren zu implementieren. Dieser Ansatz ist in der Lage, alle vier zuvor aufgeführten Restriktionen zu berücksichtigen. Insbesondere für die Bedingungen der Gewißheit sorgt ein Monitor dafür, daß etwa im Falle eines deplazierten Werkstückes dieses Werkstück automatisch neu gegriffen wird und korrekt hingelegt wird. Zusätzlich wird das Umgreifen von Werkstücken und die Beobachtung der Operationsbewegung des einen Greifers durch die Gelenkkamera des anderen Greifers mit Hilfe von Regeln durchgeführt.

Dieses Expertensystem für Elementaroperationen ist bislang mit einem experimentellen Aufbau der beiden Handkameras ausgetestet worden. Ein Gelenkanschluß an die Servosteuerung des Roboters wird vorbereitet.

1.7 Übersicht über aufgabenorientierte Montagesysteme

1.7.1 Chronologie der aufgabenorientierten Montagesysteme

Wie Bild 1.19 zeigt, sind die beiden Systeme LAMA (Language for Automatic Mechanical Assembly) und AUTOPASS (Automated Parts ASsembly System) als die ersten Ansätze zu bezeichnen, teilautomatische Montagesysteme zu erzeugen /Blume 80/, /Hörmann 86/.

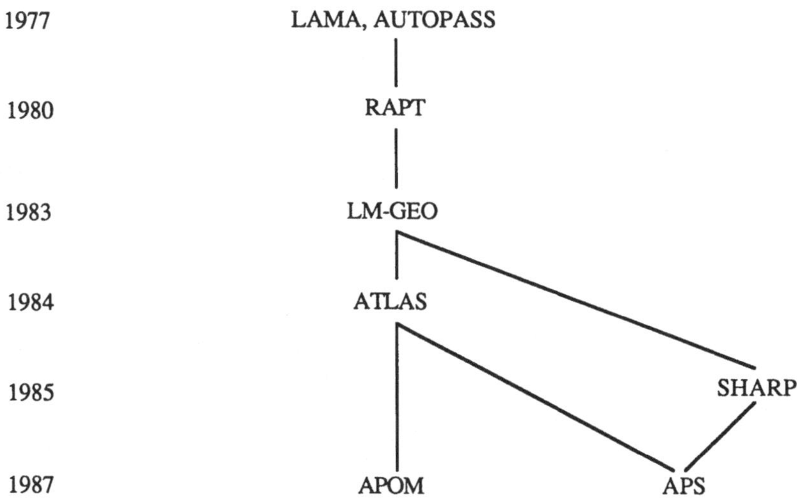

Bild 1.19: Familienbaum der aufgabenorientierten Planungssysteme

LAMA /Lozano-Perez 77/ wurde am MIT entwickelt und enthält eine Komponente zur Beschreibung einfacher geometrischer Objekte, einen Modul, um interaktiv zusätzliche Montageanweisungen hinzuzufügen, sowie Komponenten zur Berechnung von Greifpunkten, von kollisionsfreien Bewegungen und von Ablagepunkten. Zusätzlich ist die Möglichkeit gegeben, Sensorabfragen einzubauen, um die Montage zu überwachen. Das Ergebnis ist ein explizites Roboterprogramm, das allerdings noch übersetzt werden muß.

AUTOPASS /Liebermann 77/ ist von IBM entwickelt worden und ist in eine Teilmenge von PL/1 eingebettet. Es ist ähnlich aufgebaut wie LAMA, so werden zum Aufbau des geometrischen Weltmodells die geometrischen Relationen (Topologiegraph) benutzt. Der resultierende Montageplan ist wiederum ein explizites Roboterprogramm, in das kollisionsfreie Bahnen, Greifpunkte und Ablagepositionen der Objekte integriert sind.

RAPT (Robot Automatically Programmed Tools) wurde an der Universität von Edinburgh entwickelt und benutzt die NC-Sprache APT, damit Anwender, die im NC-Bereich tätig sind, sie leicht erlernen können /Popplestone 80/. Dieses System baut auf den beiden Vorgängersystemen auf und kann zusätzlich die Bewegungsbahnen z.B. für Anweisungen "Bewege Stift senkrecht über Loch A" berechnen und nach dem Fügevorgang die verbleibenden Freiheitsgrade bestimmen. Dieses System wurde weiterentwickelt und kann mittlerweile auch Sensordaten mit einbeziehen /Malcolm 87/. Das resultierende Roboterprogramm ist in VAL I-Code. Eine ausführlichere Beschreibung dieses Systems erfolgt im nachfolgenden Abschnitt.

Das LM-GEO System operiert ähnlich wie RAPT und erzeugt als Resultat LM-Code /Mazer 83/.

Das System, das am weitesten fortgeschritten ist, ist ATLAS (Automatic Task Level Assembly Syntheziser). Es wurde ebenfalls am MIT entwickelt /Lozano-Perez 84/. Es enthält eine hierarchische Aufgabenspezifikation (Planungsebene), die Planschritte erzeugt. Die Technik der Bedingungsausbreitung für symbolische Planvariablen wird benutzt, um diese Variablen mit eindeutigen Werten instantiieren zu können. Kann der Konflikt nicht gelöst werden, erfolgt ein klassisches Rücksetzverfahren mit "worst case"-Abschätzungen, um den Konflikt aufzulösen. Es enthält auch Module für die Layoutplanung, für Halterungen und für Zuführungen und die üblichen Module für die Grob- und Feinbewegung und die Greifplanung. Zusätzlich sieht es vor, Strategien zur Bewältigung von geometrischen Unsicherheiten zu verwenden /Brooks 82/. Dieses System konnte jedoch nicht implementiert werden, da die Konzeption des gesamten Systems zu umfangreich ist, als daß es mit den gegenwärtigen Hilfsmitteln realisiert werden kann. Es ist auch das erste System, das eine wirkliche Planung kollisionsfreier Bahnen bzw. der Feinbewegungssynthese und des Greifvorganges bereits im Ansatz konzipiert. Alle anderen zuvor genannten Systeme wurden zwar implementiert, doch sind sie ähnlich wie die situationsbasierten Planungssysteme der Klötzchenwelt von mehr grundlegender Bedeutung für die Forschungsorientierung als für die praktische Anwendung. Eine genauere Beschreibung des exemplarischen ATLAS Systems wird in Abschn. 1.7.3 erfolgen.

Angesichts der soeben beschriebenen Schwierigkeiten konzentriert sich das SHARP System /Laugier 85b/ auf die speziellen Probleme der aufgabenorientierten Roboterprogrammierung. Gemeint sind wiederum die Planungskomponenten für die Bewegung und das Greifen. Zur Konfliktauflösung zwischen diesen Planern werden Techniken der Bedingungsausbreitung eingesetzt.

Die bisher beschriebenen Systeme waren bis auf ATLAS alle nur für die Objektebenen konzipiert. Die Programmierung auf einer realen Aufgabenebene wurde erst wieder durch die Systeme ASP (Action Sequence Planner) und durch APOM (Aufgabenorientierter Planer für Optimale Montagefolgen) eingeführt. Beide wurden in den letzten Jahren in Karlsruhe entwickelt.

ASP ist ein hierarchischer Planer, der die Strategie- und Geometrieebene unterscheidet /Frommherz 87a/. Es werden sowohl Operator- als auch Situationsabstraktionen benutzt. Ein Weltmodell auf der strategischen Ebene setzt sich aus topologischen Relationen zusammen, die zwischen geometrischen Objektbeschreibungen existieren. Auf geometrischer Ebene wird ein CAD Modell benutzt. Die Pläne auf strategischer Ebene sind einfache Montagegraphen, die keine weiteren Produktionsrestriktionen berücksichtigen. Auf geometrischer Ebene ist die Aufgabenbeschreibung durch die Bewegungs- und Greifplanung definiert. Eine genauere Beschreibung dieses Systems wird in Abschnitt 1.7.5 gegeben.

Bei APOM handelt es sich um ein System, das ausgehend von einem geometrischen CAD Modell über eine Wissenserwerbskomponente Montagegraphen und darauf aufbauend optimale Montagefolgen (Vorranggraphen) generiert /Levi 87d,e/, /Greulich 86/, /Haubelt 87/. Es wird ausführlich im 2. Teil dieser Arbeit beschrieben.

Die bisherigen Ausführungen dieses Abschnittes haben gezeigt, daß die Entwicklung von aufgabenorientierten Montagesystemen in der Robotik immer noch ganz obenan stehen. Es gibt auf diesem Feld kein käufliches System und sogar in den Forschungslaboratorien gibt es keinen umfangreichen voll ausgebauten Prototypen, der in der Lage ist, automatisch auf der Aufgabenebene unter der exakten Angabe von Montagezielen ein explizites Roboterprogramm zu generien. Diese gewünschte Autonomität in der Roboterprogrammierung ist in naher Zukunft weder im totalen Umfang noch auf der rein aufgabenorientierten Seite im partiellen Umfang auf der Objektebene zu meistern. Daher wird von uns ein Zwischenschritt in Richtung intelligenter Assistenz (APOM) getan. Der gesamte riesige Aufwand, der notwendig ist, um in einer realen Fertigungsumgebung Montagefolgen autonom zu planen, wird im Verlauf dieser Arbeit deutlich vor Augen geführt.

1.7.2 RAPT

Die aufgabenorientierte Sprache RAPT benutzt, wie bereits erwähnt wurde, symbolische Beziehungen, um die räumliche Konfiguration von Objekten zu beschreiben. In Bild 1.20 wird die Position von Block 1 relativ zu Block 2 durch die Relationen f_3 **against** f_1 und f_4 **against** f_2 angegeben.

Weitere räumliche Beziehungen zwischen Objekten werden durch die Relationen **coplanar, aligned, parallel**, und **fits** definiert (Abschn. 1.6.3.2). Desweiteren können Aktionen wie Bewegung senkrecht zu einer Oberfläche und eine Rotation um eine Achse spezifiziert werden. Die Objekte werden durch ihre Oberflächenmerkmale (Ebenen, Zylinder, Löcher etc.) beschrieben. Die verschiedenen Phasen innerhalb eines Montageprozesses können sowohl durch räumliche Beziehungen, die zwischen den Objektmerkmalen gelten, als auch durch die Angabe von Bewegungen relativ zu den Merkmalen spezifiziert werden. Hiermit ist es möglich, allgemeine Programme zu schreiben, die z.B. einen Manipulator befähigen, ein wahlfrei plaziertes Objekt zu greifen und es in einer bestimmten Orientierung am Zielort abzulegen. Der Nachteil einer derartigen symbolischen Beschreibung liegt in dem Mangel, Konfigurationen direkt zu spezifizieren; diese müssen erst in quantifizierte Größen oder Gleichungen transformiert werden, bevor sie angewendet werden können.

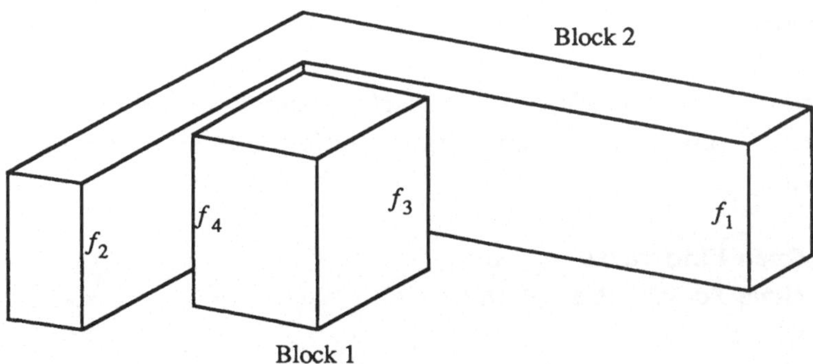

Bild 1.20: Die Position von Block 2 relativ zu Block 1, die symbolisch durch die Relation **against** beschrieben wird

Das RAPT Inferenzsystem geht von einem Anfangszustand aus, der dem Weltmodell entnommen wird. Dieser Zustand ist netzwerkartig repräsentiert, wobei die Knoten Instanzen des Objektes und die Kanten die räumliche Beziehung beschreiben. Das Inferenzsystem dient der Manipulation des Netzwerkes zur Lokalisierung der Objektinstanzen und der Bestimmung der nach der Manipulation noch verbleibenden Freiheitsgrade. Die grundsätzliche Vorgehensweise dieses Inferenzsystems läßt sich in vier Schritte untergliedern:

1) Definition von Koordinatensystemen für Objekte und ihre Merkmale
2) Definition von Gleichungen für die Konfigurationsparameter sämtlicher räumlicher Beziehungen für jedes Merkmal
3) Kombination der Gleichungen für jedes Objekt
4) Lösung des Gleichungssystems nach den Konfigurationsparametern jedes Objektes.

Eine detaillierte Beschreibung dieser Verfahrensart für das in Bild 1.20 gezeigte Beispiel findet der Leser bei /Lozano-Perez 82/.

Das RAPT System benutzt jetzt auch Sensorinformation in geringem Umfang. Es ist für eine nachfolgende Aktionsplanung (Manipulations- und Sensorplan) allerdings noch nicht hinreichend entwickelt worden.

1.7.3 ATLAS

ATLAS definiert die Aufgabenstellung durch Sequenzen von Operationen in Form von Skelettprogrammen. Ein "Skelett" enthält die wesentlichen Schritte einer Planausführung.

Für eine einfache Montageaufgabe, die darin besteht, die Teile A und B zu holen und auf einem Tisch zu montieren, könnte der folgende erste Programmansatz wie folgt aussehen:

1) ***Open Fingers To*** <width>
2) ***Move To*** <A> ***Via*** <Path>
3) ***Grasp*** <A>
4) ***Move To*** <table> ***Via*** <path>
5) ***Ungrasp*** <A>
6) ***Move To*** <B> ***Via*** <path>
7) ***Grasp*** <B>
8) ***Move To*** <table> ***Via*** <path>
9) ***Align*** <A> ***To*** <B>
10) ***Ungrasp*** <B>
11) ***Mount*** <A> ***To*** <B>

Die Details werden in dieses Plangerüst (Skelett) schrittweise eingeführt. Zu diesen Details gehören vor allem die Angabe, wann und wo welche Sensoren einzusetzen sind, welche Zuführungen und Halterungen für die Werkstücke notwendig sind, welche Bewegungen (grob und fein) in Abhängigkeit von den Randbedingungen, die die Aufgabe stellt (z.B. kraftgeregelte Bewegung auf einer Oberfläche, um die Gußnaht zu entgraten) durchzuführen sind. Kurzum, das Skelett muß durch die Aktionsgenerierung durch realistische Manipulations- und Sensorpläne ergänzt werden. Hierauf werden wir im folgenden Teil näher eingehen.

In diesem Zusammenhang wird bereits ersichtlich, daß die z.B. im Rahmen des strukturierten Programmierens übliche hierarchische Dekomposition nicht ohne weiteres für die Roboteraktionsplanung anzuwenden ist. Der Grund hierfür liegt in den Unsicherheiten. Die Wahl des Greifpunktes bestimmt, welche Handbewegung notwendig ist, um das Werkstück zu positionieren. Die nachfolgende Montageoperation ist ebenfalls von dem Greifpunkt abhängig.

An diesen kurzen Beispielen sollte illustriert werden, daß zwischen den einzelnen Bestandteilen eines Roboterplans starke Abhängigkeiten bestehen. Im allgemeinen beeinflussen die Entscheidungen auf niedrigeren Ebenen (Greifen, Grobbewegung und Sensoreinsatz) die Schritte, die davor und danach zu tun sind. Aus diesem Grunde gibt es bei diesem System eine Vorwärts- und Rückwärtsverkettung der Bedingungsausbreitung.

Bedingungen werden dargestellt als Ungleichungen über drei Arten von formalen Variablen. Es wird unterschieden zwischen physikalischen, Plan- und Unsicherheitsvariablen. Physikalische Variable definieren aktuelle Zustände des Weltmodells (z.B. aktuelle Werkstücksposition). Planvariablen sind erst zur Ausführungszeit bekannt. Während des Planungsvorganges werden Nominalwerte für diese Variable angenommen (z.B. Erwartungswert für die Werkstückposition). Unsicherheitsvariablen sind selbst zur Ausführungszeit unbekannt (Manipulatorgenauigkeit, Fertigungstoleranz, etc.). Sie stellen üblicherweise den Unterschied zwischen einem physikalischen und nominalen Wert dar.

Ein Skelettprogramm wird durch vier Arten von Größen definiert:

a) geometrische Beschreibung der Objekte
b) aktueller Zustand dieser Objekte
c) einen Satz von Anwendbarkeitsbedingungen (applicability constraints) und
d) einen Satz von Ausbreitungsbedingungen (propagation constraints)

Ein Skelett wird instantiiert, indem eine Übereinstimmung (match) zwischen der geometrischen Beschreibung und dem bekannten (erfaßten) Weltzustand gefunden wird. Beide Sätze von Bedingungen werden in dem Skelett durch Variable beschrieben, die durch physikalische Variable realisiert werden. Ist ein Skelett instantiiert worden, so ist der entsprechende Plan bzw. Planschritt durchführbar. Erfüllt die physikalische Situation die Anwendbarkeitsbedingungen, dann ist auch der Erfolg der Planung gesichert. Die äußeren Arbeitsbedingungen schränken allerdings die möglichen physikalischen Zustände ein, die als Folge der Planschritte erzeugt werden.

Ein Beispiel möge den Typ und die Einsatzart der beiden soeben angesprochenen Bedingungsmengen illustrieren. Wir bleiben wiederum bei dem Stift/Loch-Problem (Bild 1.21).

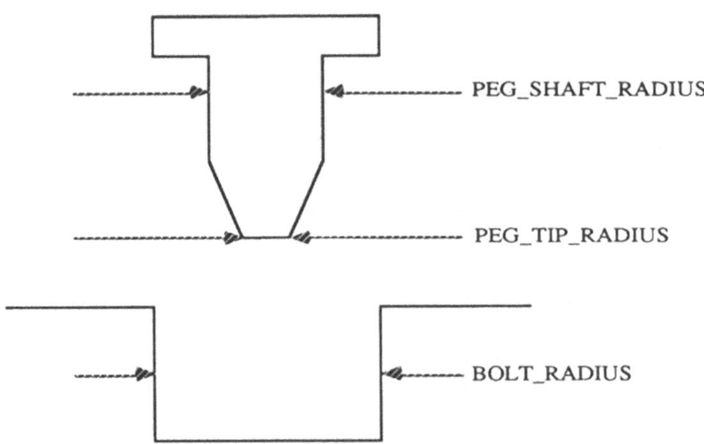

Bild 1.21: Stift/Loch Beispiel

Typische *Anwendbarkeitsbedingungen* (physikalische Variable) sind z.B.

peg-shaft-radius < *hole-radius*;
(*peg-tip-radius* - *hole* - *radius*) < (*hole-position* - *peg-position*)

und

nominal (*hold-position*) = **nominal** (*peg-position*).

Die *Ausbreitungsbedingungen* (physikalische Variable) lauten z.B.:

(*peg-shaft-radius* - *hole-radius*) < (*hole-position* - *peg-result-position*) und

nominal (*hole-position*) = **nominal** (*peg-result-position*))

Die Funktion **nominal** bezieht sich auf den geplanten Wert für eine physikalische Variable. Die *peg-result-position* ist die Position des Stiftes, nachdem er in das Loch eingeführt wurde.

Ein "skeleton matcher" vergleicht die Gegebenheiten der realen physikalischen Situation mit den Anwendbarkeitsbedingungen. Sind diese Bedingungen erfüllt, so werden die beiden Sätze von Bedingungen instantiiert und in die nachfolgenden Planschritte propagiert. Hierfür werden die physikalischen Variablen umgesetzt in Plan- und Unsicherheitsvariable. Ein "constraint propagator" überträgt diese Variablen auf die nachfolgenden Planschritte, um die Einhaltung der jeweiligen Anwendbarkeitsbedingungen zu überprüfen. Bei vorgegebener Unsicherheit der Lochposition müssen spätere Schritte dieses Plans überprüfen, ob ihre Anwendbarkeitsbedingungen bezüglich der verbleibenden Unsicherheit der Stiftposition (nach der Einführung) noch erfüllt werden können. Ist dies nicht der Fall, so wird zu demjenigen Planschritt zurückgegangen, an dem die Anwendbarkeitsbedingungen noch erfüllt waren.

1.7.4 SHARP

Das SHARP System setzt sich aus drei Planern zusammen /Laugier 86b/: Greifplaner, Grobbewegungsplaner und Feinbewegungsplaner (hier Fügeplaner genannt). Die Planer arbeiten mit einem Weltmodell, das sich aus geometrischen Daten, aus unsicheren Informationen und auf der Beschreibung der räumlichen Beziehungen zwischen einzelnen Objekten zusammensetzt. Hierbei wird die Technik der Bedingungsausbreitung als der Kommunikationsmechanismus zwischen diesen Planungsmodulen verwendet. Die Unsicherheiten zählen zu den quantitativen Bedingungen. Die Zugänglichkeitsbedingungen beim Greifen sind qualitativ.

Die Schwierigkeiten, die bei diesen Bedingungsausbreitungen auftreten, werden durch die starke Abhängigkeit dieser Planungsmodule untereinander hervorgerufen. So ist die Abhängigkeit zwischen dem Greifen und Fügen zweifach. Zum einen muß für die Feinplanung des Fügens bekannt sein, an welchen Flächen des Objektes der Greifer plaziert wird. Zum anderen muß bekannt sein, wohin das Objekt zu transferieren ist, bevor eine geeignete Greifposition bestimmt wird.

Die Anwendung von Verfahren zur Bedingungsmanipulation führt häufig zu Abschätzungen, die zu "pessimistischen" Programmen führen. Daher ist geplant, diese Programme mit Hilfe von induktiven Lernansätzen (Abschn. 3.7) zu optimieren.

Neben der Bedingungsausbreitung, die als Steuerungsstrategie für den Planungsmodul verwendet wird, ist für SHARP die Fähigkeit des geometrischen Schließens von großer Bedeutung. Die Planung des Greifens etc. wird nicht ausschließlich auf analytischer Basis (homogene Koordinaten, Rotationsmatrizen) durchgeführt, sondern auf einem Satz von Regeln, die die zuvor erwähnten Klassen von Bedingungen enthalten und die dazu verwendet werden, elementare geometrische und topologische Eigenschaften physikalischer Objekte zu definieren, damit z.B. über die Zugänglichkeit von Werkstücken (Greifen) und die hierfür notwendigen Trajektorien (Grobbewegung) Aussagen getroffen werden können. Diese Regeln zum geometerischen Schließen bezüglich der Feinbewegung werden wir im Zusammenhang der bereits zuvor erwähnten induktiven Planerzeugung (Abschn. 3.7) kennenlernen.

Erst nach dem Abschluß der aufgabenorientierten Bewegungs- und Greifplanung soll SHARP auf die höheren Planungsebenen erweitert werden. Bei APOM wurde eine andere Vorgehensweise durchgeführt. Zuerst wird die globale Aufgabenzerlegung bis hin zu den einzelnen Fügebewegungen durchgeführt, danach folgt die "geometrische" Planung. Diese geometrische Planung ist auch Bestand von ASP (nächster Teilabschnitt). Es stellt somit auf dieser Basis eine geeignete Ergänzung zu APOM dar.

1.7.5 ASP

ASP ist ein Planer, der ebenfalls für den zweiarmigen Karlsruher Montageroboter KAMRO entwickelt wird /Frommherz 87b/. Durch graphische und textuelle Unterstützung kann der Anwender die Zielkonfiguration der verschiedenen Werkstücke, die zu einem Gesamtstück (z.B. Cranfield assembly benchmark) gefügt werden sollen, ausführen. Dies kann auf dem Objektniveau (räumliche Relationen zwischen Objekten) oder auf einem expliziten Niveau erfolgen. Die spezifizierte Konfiguration wird dann von einem Modul zur Aufgabenanalyse auf Konflikte zwischen verschiedenen Operationen untersucht und löst sie gegebenenfalls auf. Danach wird ein Vorranggraph erzeugt, der die Montageaufgabe spezifiziert. Dieser Montagegraph enthält in den Knoten "*pick and place*"-Anweisungen und exakte Positionsangaben (eine genaue Definition des Montagegraphen erfolgt in Abschn. 2.4.2).

Der Planer erhält als Eingabe diesen Montagegraphen und ein detailliertes Weltmodell, das den vier wesentlichen Blöcken dieses Planers angepaßt ist. Diese

Hauptmodule bearbeiten die folgenden vier Problembereiche:

- Zielbewertung
- Betriebsmittelauswahl
- Konfliktregeln und
- Bestimmung der Bewegungs- und Greifdetails.

Der Modul zur Zielbewertung bestimmt mit Hilfe von Heuristiken aus der Menge der alternativen Aktionsfolgen diejenige Aktionsfolge heraus, die am erfolgversprechendsten ist. Beispiele für solche Heuristikregeln sind :

> "**Wenn** ein Werkstück von Typ X zur Montage benötigt wird und
> wenn mehrere Werkstücke von diesem Typ vorhanden sind,
> **dann** nehme das am nächsten liegende."

Ähnliche Regeln gelten für die "greif- und plaziere"-Operationen. Diese Regeln reduzieren die Kollisionsgefahr der Greifer mit bereits montierten Teilen.

Der Modul zur Betriebsmittelauswahl legt fest, welcher der beiden Greifer (und später welches Werkzeug) am geeignetesten ist, die Fügeoperation durchzuführen. Ein spezieller Griff, für den die Greifrichtung und die Fügerichtung identisch sind, wird festgelegt. Das bedeutet, daß der Greifer das Werkstück nicht an der Fläche anpacken wird, die mit anderen Objektflächen kontaktieren muß. Diese Betriebsmittelauswahl ist verknüpft mit entsprechenden Darstellungen im Weltmodell:

- Robotermodelle
- geometrische Beschreibungen der möglichen Greiftransformation zwischen einem Greiftyp und einem Werkstückstyp
- geometrische Beschreibung der Fertigungsumgebung.

Die Konfliktregeln beschreiben heuristisch diejenigen Fälle, bei denen eine Zielsetzung der Aufgabenspezifikation nicht direkt erreicht werden kann. Dann werden räumliche Lösungen dieser Konfliktfälle erarbeitet.

Die geometrische Ebene des Planungssystems befaßt sich mit der kollisionsfreien Greiferbewegung und einer Greifplanung. Details zum letzteren Punkt sind bei /Hörmann 87/ zu finden.

Unterstützt wird die geometrische Planungsebene durch einen 3-dimensionalen CAD-Modellierer (ROMOLUS, Shape Data Ltd). Dieser Modellierer wird ebenfalls von dem APOM-System benutzt.

Besonders erwähnenswert an diesem System ist die Anbindung an das Karlsruher Roboter Simulationspaket ROSI. Dies ist ein interaktives Werkzeug, um Roboter zu modellieren und die Ablauffolge dieser Roboter zu simulieren /Dillmann 86b/. Hiermit können z.B. Armbewegungen in einer Fertigungszelle auf dem Bildschirm dargestellt werden. Der Benutzer, der die geplanten Bewegungsfolgen untersuchen will, kann auf das ASP-System zurückwirken, um die ursprünglich von diesem System vorgeschlagenen Aktionen zu modifizieren.

Die strategische Planungsebene wurde mit Hilfe von OPS 5 implementiert. Wegen der Mängel von OPS 5 (kein Rücksetzen, veraltete Benutzerschnittstelle) ist z.B. die Expertensystemschale KEE (Knowledge Engineering Environment, /KEE 86/) geeigneter. Die geometrischen Module wie auch ROSI sind in PASCAL implementiert. Das gesamte System läuft auf einer Micro-VAX II unter VMS.

1.8 Entwicklung von aufgabenorientierten Montage- und Sensorplänen

1.8.1 Aufgabenzerlegung und Aktionsplanung

Die Entwicklung von Planungs- und Steuerungssystemen für hochautomatisierte Produktionsstätten ist schwierig und beinhaltet vor allem eine nicht ohne weiteres zu erkennende Zerlegung des vielschichtigen Produktionsprozesses in spezielle Aufgaben /Beitz 84/. Betrachtet man z.B. eine Roboterzelle, so sind vor allem das Layout dieser Zelle, der Arbeitsraum, die Zerlegung der globalen Aufgabenstellung (z.B. Montage eines Elektromotors) in einzelne Arbeitsschritte (Ziel, Funktion) und die zeitliche Abfolge dieser Schritte festzulegen. Bei der flexiblen Auslegung von Robotersystemen sind zunächst die folgenden Planungsgrundlagen als wesentlich anzusehen:

a) *Komponentenvariabilität.* Die Montage richtet sich u.a. nach dem Material. Bei einem elektromechanischen Produkt (z.B. Laugenpumpe) kommen die folgenden Materialien in Betracht: Plastik, Metall, gedruckte Schaltkreise, elektromechanische Komponenten, elektronische Bauteile und Verdrahtungen.

b) *Verbindungsart.* In einem Katalog wird festgehalten, welche realisierbare permanente (kleben, klammern, löten etc.) bzw. semipermanente (verbolzen, stecken, schrauben etc.) Verbindungen auftreten können und von dem Planungssystem einzubeziehen sind.

c) *Befestigungsgruppe.* In Abhängigkeit von dem verwendeten Material ist die zuvor selektierte Befestigungsart vorzugeben: Materialien wie Metall, Plastik, Keramik und Papier lassen sich kleben; Papier läßt sich nicht spleißen.

d) *Standardmanipulationen.* Aus einem Satz von Grundaktionen wie positioniere, greife, bewege, füge etc. wird eine Folge von Aktionen generiert.

Diese wenigen Beispiele verdeutlichen bereits, daß der Konstruktionsprozeß durch eine Reihe von Randbedingungen, die von dem Entwurf, der Oberflächenbeschaffenheit, der Funktionalität des Produktes, von dem Arbeitszsprinzip, der Technologie etc. herrühren, stark beeinflußt wird. Systeme, die den gesamten Konstruktions- und Fertigungsablauf auf unternehmensspezifischer Ebene modellieren, sind zur Zeit noch Gegenstand intensiver Forschungs- und Entwicklungsanstrengungen. Es ist aber unbestritten, daß die Programmierumgebungen der KI aufgrund ihrer komplexitätsreduzierenden Eigenschaften die konventionellen Methoden der Prozeßdatenverarbeitung essentiell unterstützen können /Newmann 85/, /Fox 86/.

Wir gehen davon aus, daß die Entwurfsphase abgeschlossen ist und die entsprechenden Modelle in einem globalen CIM-Modell festgehalten sind. Die Aufgabenbeschreibung des Fertigungsprozesses ist somit bereits vorhanden, und sowohl die Detaillierung als auch die Arbeitsvorbereitungen für den Roboter müssen noch geplant werden /Kempf 83/. Bild 1.22 skizziert den jetzt einsetzenden Prozeß: ein Algorithmus für die gestellte Aufgabe, in unserem Beispiel ein Montageauftrag, ist zu entwickeln. Der Planungsvorgang wird in drei Elemente gegliedert.

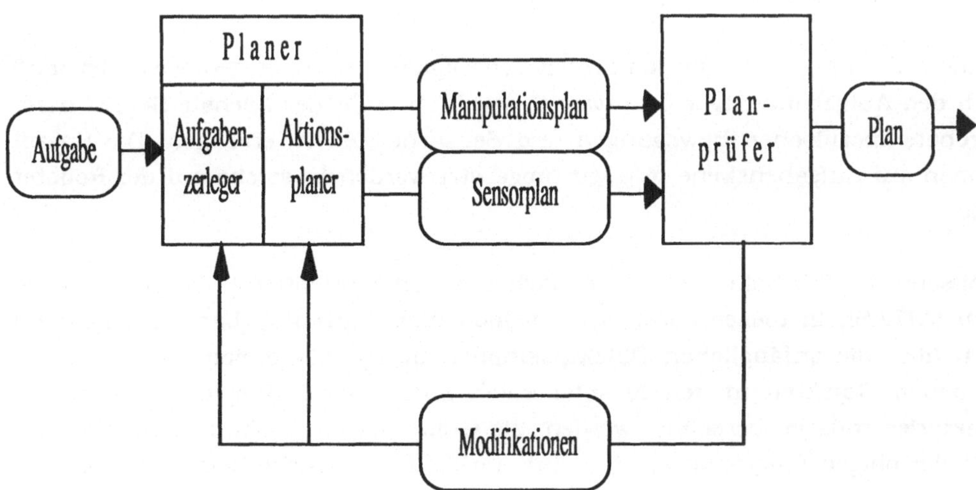

Bild 1.22: Prinzipschema des Planungsvorganges für eine Montage

Der erste Schritt befaßt sich mit der Zerlegung einer globalen Aufgabenbeschreibung in einzelne durchführbare Unteraufgaben. Der Planer (Modul: Aufgabenzerleger) erzeugt hierfür jeden einzelnen Schritt, der durchzuführen ist. Im zweiten Schritt wird festgelegt, in welcher Weise jeder einzelne Schritt im Detail auszuführen ist. Hierzu gehört die Lösung solcher Teilprobleme wie Bahnplanung, Greifen, Teile fügen. Als Resultat dieses zweiten Teils werden die einzelnen Manipulationsschritte (greifen, bewegen, etc.) sensorgestützt im Detail spezifiziert. Die Implementierung dieser beiden zuletzt genannten Teile erfolgt ebenfalls im Planer (Modul: Aktionsplanung).

Der Planer muß intern über aufgaben- und objektorientierte Inferenzen verfügen, denn bei der Aufgabenstrukturierung sind globale Aufgabenbeschreibungen wissensbasiert in fertigungstechnische Prozeßplanungsteilziele umzusetzen, während sich die Ableitung von Roboteraktionen der Techniken des objektorientierten Argumentierens bedienen muß, um diese Teilziele noch weiter im Detail zu spezifizieren.

Der dritte Teil dient der Überprüfung des im Detail vorgelegten Manipulations- und Sensorplans auf ihre Durchführbarkeit in Anbetracht vorhandener Unsicherheiten. Hier muß der Planprüfer die Auswirkungen der einzelnen Detailschritte auf die anderen Schritte feststellen und, falls einzelne Schritte nicht durchführbar sind, Modifikationen anbringen. Erst ein korrekter Plan wird von dem Planprüfer an das Steuerungssystem des Roboters weitergegeben.

1.8.2 Erstellung des Manipulationsplanes

Nachdem die Frage, was an konkreten Teilaufgaben wirklich getan werden muß, durch den Aufgabenzerleger beantwortet wurde, besteht der nächste Schritt darin, die roboterspezifischen Bewegungen und Sensorbefehle zu erzeugen. Die Spezifikationen auf Aufgabenebene müssen umgesetzt werden in solche auf der Roboterebene.

Im Abschnitt 1.7.3 haben wir ein einfaches aufgabenorientiertes Programm angegeben (ATLAS). In dieser Form ist es jedoch nicht durchführbar. Es fehlen Angaben über die anfänglichen Objektpositionen im Arbeitsbereich, die Zuführung von neuen Objekten in den Arbeitsbereich muß festgelegt sein, kollisionsfreie Trajektorien müssen berechnet werden, die Greifpunkte müssen bekannt sein etc. Jeder der obigen Programmschritte wird stark durch Unsicherheiten belastet.

Zusammenfassend sind selbst für einen einfachen Montagevorgang zur Ableitung der notwendigen Operationsschritte die folgenden Punkte zu beachten:

1) Bestimmung der Teilezuführung
2) Bestimmung der Teilehalterung
3) Festlegung des Arbeitsbereichs
4) Definition der Grobbewegung (kollisionsfreie Bahnplanung für den Manipulator und die Last)
5) Definition der Greifpunkte
6) Definition der Feinbewegung.

Ein genaueres Roboterprogramm, das diese Punkte mit einbezieht, könnte demnach wie folgt lauten:

1) **Open Finger To** <width>
2) **Gross Move To** <A> **Via** <path>
3) **Guarded Move To** <grasp location of A>
4) **Close Fingers To** < table front>
5) **Guarded Move To** <assembly position on the table>
6) **Open Fingers To** <width>
7) **Guarded Move To** <front of the table>
8) **Gross Move To** <B> Via <path>
9) **Guarded Move To** <grasp location of B>
10) **Close Fingers To** <width B>
11) **Gross Move To** <table front> Via <path>
12) **Guarded Move To** <assembly position on the table>
13) **Compliant Move Along** <direction on table> **Until** <A and B are aligned>

Selbst eine sehr einfache Aufgabe führt aufgrund der vorhandenen Unsicherheiten zu einem umfangreichen Roboterprogramm, dessen Komplexität noch zunimmt, wenn zusätzliche Sensoroperationen in diese Montageanweisungen eingefügt werden. Treten während der Montagesequenz noch Fehler auf, so müssen, was die absehbaren Fehler betrifft, zusätzliche Fehlererkennungs- bzw. Fehlerbehebungsanweisungen in das Programm inkorporiert werden.

Bleiben wir bei dem Beispiel der einfachen Montageaufgabe, so besteht die Aufgabe der Aktionsplanung, neben der Erstellung eines Sensorplans einen Manipulationsplan aufzustellen, der jeden Aufgabenschritt in eine detaillierte Sequenz von Bewegungen und Greifoperationen zerlegt (Abschnitt 1.6.3).

Ein ausgereifter Montageplan muß jedoch weit über die Fähigkeiten des zuletzt angesprochenen Systems und der zuvor angesprochenen Planungsmoduln zur Grobbewegung, zum Greifen und zur Feinbewegung verfügen. Er muß neben den geometrischen (Objekte, räumliches Verstehen), auch primär kinematische (Manipulatoren) und physikalische (Gewicht, Oberfläche, etc.) Beschreibungen enthalten. Desweiteren muß er viele Details des Fertigungsprozesses als Restriktionen definieren. Diese Restriktionen beziehen sich auf die Struktur, die Form, die räumlichen Beziehungen von bewegten Teilen eines Objektes und auf die fertigungs- und funktionsbedingten Vorschriften für die Montage selbst. Zudem muß das geeignete Werkzeug automatisch ausgesucht und sowohl der Einsatzzeitpunkt als auch die Handhabung dieses Werkzeugs festgelegt werden.

Welches Detailwissen zur Erzeugung eines Montageplanes notwendig ist, lassen die Eintragungen in einer Wissensbasis, die zum Beispiel als Resultat eines CAD-unterstützten Konstruktionsvorgangs erzeugt wird, erkennen. Eine solche Wissensbasis wird im zweiten Teil dieser Arbeit vorgestellt.

1.8.3 Erstellung eines Sensorplanes

Viele Montagevorgänge sind nur mit der Unterstützung von Sensorinformationen durchzuführen. Bei der Aufgabenplanung werden Sichtsysteme benötigt, um Objekte zu erkennen und die Objektkonfiguration mit der geforderten Genauigkeit zur Ausführungszeit festzustellen, Grobbewegungen (Hindernisumgehungen) und überwachte Bewegungen sind ebenfalls nur mit Sensoren möglich. Sensoren zur Kraftmessung ermöglichen den Einsatz von angepaßten Bewegungen. Berührungsinformation unterstützt diese Art von Bewegungen. Sensoren dienen vor allem auch dazu, die Unsicherheiten der Umwelt (Ungenauigkeiten des Manipulators, Fertigungstoleranzen der Teile, Plazierungstoleranzen der Teile), die zur Planungszeit nicht bekannt sind, und die erst während der Ausführungszeit gemessen werden können, in den Manipulationsplan mit einzubeziehen.

Der zweite wesentliche Grund, Sensoroperationen mit dem Manipulationsplan zu verknüpfen, liegt in der Vielschichtigkeit der Aufgabendurchführung selbst. Viele möglichen Ausführungsschritte können im voraus nicht bis ins Detail geplant werden; vielmehr können einzelne Entscheidungen erst bei der genauen Kenntnis der aktuellen Sachlage gefällt werden (zurückstellendes Planen).

Speziell muß ein Sensorplan erstellt werden, um die folgenden Aspekte befriedigend lösen zu können:

1) Definition derjenigen Stelle im Manipulationsplan, an denen ein ganz bestimmter Sensortyp (z.B. Kamera) eingesetzt werden muß, um die Montageoperation erfolgreich durchführen zu können. Nach dem Verfahren von /Brooks 82/, das auch ATLAS zugrunde liegt, werden dann Sensoren notwendig, wenn die vorhandenen Unsicherheiten es nicht erlauben, die strengen, für einzelne Operationen notwendigen Restriktionen einzuhalten.

2) Definition einer Sensorhierarchie zur Unterstützung des Manipulationsplans. Gemeint ist hiermit der Einsatz von Multisensorik. Im einzelnen geht es darum, wieviele Sensortypen wo und wann eingesetzt werden sollen und wie die unterschiedliche Sensorinformation zu einer integrierten Darstellung zusammengefaßt werden kann. Eine wesentliche Voraussetzung für den multisensoriellen Einsatz liegt jedoch in einer allgemein akzeptierten Sensorspezifikation, die auf logischer Ebene aufbaut /Hansen 83/. Die Basis hierfür würde eine Art "Sensorwissenschaft" liefern, die eine Sensorhierarchie plant und die die verschiedenen Sensoren gezielt einsetzt /Hackwood 84/. Zusätzlich müssen neben der Weltmodellierung auch Sensormodule vorhanden sein. Dieser zweite Punkt kann als Erweiterung des ersten Punktes betrachtet werden.

3) Generierung von sensorspezifischen Ausprägungen von Objekten bzw. Weltmodellen, um die einzelnen Sensorsysteme in die Lage zu versetzen, aufgabenbezogen eingesetzt werden zu können.

4) Generierung von impliziten Sensoranweisungen. Eine solche Anweisung definiert lediglich das gewünschte Resultat und spezifiziert nicht explizit, was der Sensor im einzelnen tun soll. Im Regelfall sind die unter den beiden ersten Punkten erwähnten Sensoranweisungen von impliziter Natur.

5) Generierung von expliziten Sensoranweisungen, die einen ganz bestimmten Sensortyp instruieren, wann er was zu messen hat. Auf diese Art werden die heutigen Sensoren betrieben.

Nach der Erstellung eines Sensorplanes und seiner Abstimmung mit dem Montageplan steht ein vollständiger und detaillierter Aktionsplan für die einzelnen Montageoperationen zur Verfügung. Bevor diese Anweisungsfolge jedoch an das Steuerungssystem des Roboters übergeben wird, wird der gesamte Plan von einem Prüfer auf seine Durchführbarkeit überprüft.

1.8.4 Plankritik

Die Aufgabe eines Planprüfers besteht darin, zu entscheiden, ob ein Aktionsplan, der sich aus einem Manipulations- und Sensorplan zusammensetzt, durchführbar ist und die gewünschten Resultate liefert. Wird hierfür die von dem bereits beschriebenen ATLAS System benutzte Technik der Skelettprogramme und Bedingungsausbreitungstechnik realisiert, so müssen diese Programme, die mit Hilfe von Plan- und Unsicherheitsvariablen bis ins Detail ausgefüllt wurden, hinsichtlich der Zusammenhänge zwischen diesen einzelnen Skeletten und den Auswirkungen einzelner Planschritte auf die davor- und dahinterliegenden Planschritte untersucht werden. Der Kommunikationsmodus zwischen den einzelnen Skelettprogrammen ist die Bedingungsausbreitung. Die Anwendbarkeitsbedingungen jedes dieser Programme (z.B. Planung des Greifvorganges und der Feinbewegung) müssen erfüllt sein, damit das Programm zur Ausführung gelangen kann. Nach dem Durchlauf eines solchen Programms werden die Ausbreitungsbedingungen erzeugt. Wenn die Anwendbarkeitsbedingungen eines Skelettprogramms nicht durch die Ausbreitungsbedingungen des vorangehenden Programms erfüllt werden, so wird zurück verzweigt.

Der Planer muß intern über aufgaben- und objektorientierte Inferenzen verfügen, denn bei der Aufgabenstrukturierung sind globale Aufgabenbeschreibungen wissensbasiert in fertigungstechnische Prozeßplanungsteilziele umzusetzen, während sich die Ableitung von Roboteraktionen der Techniken des objektorientierten Argumentierens bedienen muß, um diese Teilziele noch weiter im Detail zu spezifizieren.

Die Nachteile des Verfahrens zur Bedingungsausbreitung sind zweifach. Erstens sind viele Fehler nur schwer abschätzbar und, da die Ausbreitungstechnik von Unsicherheiten auf der Hypothese des "schlimmsten Falls" basiert, können unrealistische Überschätzungen zustandekommen. Zweitens ist diese Ausbreitungstechnik nur auf lineare Programme angewendet worden.

Bei APOM wird die Kritikkomponente dazu benutzt, um aus korrekten Montagefolgen die optimale Montagefolge zu generien (Abschn. 2.7).

TEIL 2: AUFBAU DES AUFGABENORIENTIERTEN PLANUNGSSYSTEMS FÜR OPTIMALE MONTAGEFOLGEN APOM

2.1 Einleitung

Ein System zur Montageplanung für Roboter muß im Sinne einer Fertigungskonzeption einen Montageablauf festlegen, diesen optimieren und das Layout des Montagesystems definieren. Hierfür sind an erster Stelle Weltmodelle und Aufgabenmodelle (Manipulations- und Sensorplan) zu generieren (Abschn. 1.8). Das Weltmodell wird von uns in ein Produkt- und Produktionsmodell eingeteilt. Manipulationspläne werden durch attributierte Montagegraphen und UND/ODER-Graphen dargestellt. Sie haben sich als die beste Wissensrepräsentation herausgestellt, da sie sich vor allen Dingen dazu eignen, die Montageablaufplanung durch zusätzliche Attributierungen wie Zugänglichkeit, Montagegerechtheit, Werkzeuge und Handhabungsoperationen etc. zu optimieren.

Die Wissensrepräsentation und die Planung der gesamten Montage durch Roboter darf heute nicht mehr isoliert gesehen werden /Feldmann 86a/. Roboter sind nur Teilkomponenten einer CIM-Umgebung. Diese Umgebung wird daher in diesem Teil der Arbeit der detaillierten Definition einer Montageplanung vorangestellt. Eine CIM-Schale dient dazu, die gesamte Konzeption der Wissensrepräsentationen der Planungsverfahren (Produktion, Wartung, Montage) zu spezifizieren und Werkzeuge zur Realisierung dieser Konzepte anzubieten. Die Konzeptionsphase wird stark durch das Referenzmodell einer Fabrik unterstützt. Die Realisierungsphase benötigt sogenannte Entscheidungsnetzwerke, die die explizite Vernetzung der Expertensysteme für die Planung, die Produktion und die Wartung festlegen.

APOM ist ein Expertensystem für die aufgabenorientierte Montageablaufplanung und die Optimierung dieses Montageablaufes. Es enthält eine Wissenserwerbskomponente, eine Wissensbasis für das Produkt- bzw. Produktionsmodell und die Montagegraphen bzw. UND/ODER - Graphen, eine Planungskomponente (Planer) und eine Kritikkomponente (Kritiker). Der Planer und der Kritiker bilden zusammen die Inferenzmaschine.

Die vom Planer erzeugten Montagepläne sind nichtlinear und hierarchisch. Diese Hierarchie bezieht sich sowohl auf das Weltmodell (Abstraktionsebene) als auch auf das Aufgabenmodell (Planungsebene). Beide Modellklassen sind aufeinander abgestimmt und intern jeweils über sämtliche Hierarchieebenen separat vernetzt. Betriebsmittel in Form von Werkzeugen und Handhabungsoperationen werden von dem Planer von Beginn an berücksichtigt. Planungskonflikte bezüglich korrekter Vorgänger/Nachfolger-Relationen, bezüglich korrekter Fügebeziehungen und bezüglich Zugänglichkeit werden erkannt und aufgelöst.

Der Kritiker optimiert die korrekten Montageablauffolgen durch eine Reihe von Optimierungskriterien, die bereits weiter oben genannt wurden. Die optimale Montagefolge wird als Vorranggraph dargestellt. Auch diese Komponente verfügt über eine elementare Fähigkeit zur Konflikterkennung bzw. -auflösung. Die Konflikte beziehen sich hier allerdings auf Optimierungskriterien und nicht auf geometrische Restriktionen (Fügeflächen) wie bei dem Planer.

Charakteristisch für APOM sind zwei Dinge. Erstens, der Planer und der Kritiker arbeiten in dem selben hierarchischen Lösungsraum (UND/ODER-Graphen). Dieser Raum ist vollständig und enthält mindestens eine Lösung. Zweitens, der Planungsvorgang wird sehr stark durch die Erfüllung von Bedingungen (Konfliktauflösung) geprägt (vergl. Bild 1.14). Während der Wissenserwerbsphase werden daher neben dem üblichen Montagewissen auch verstärkt Bedingungen über geometrische Verhältnisse (algebraische Gleichung), Vor-/Nachbedingungen von Montageoperationen (Regeln) etc. gesammelt bzw. eingegeben. Die Planungs- und Kritikkomponente verarbeiten dann die Bedingungen und versuchen, sie zu erfüllen.

Am Fallbeispiel der exemplarischen Montage einer Laugenpumpe (Prof. Feldmann; Fa. Siemens) werden einige Implementierungsdetails von APOM vorgestellt. Dieser Teil der Arbeit schließt dann mit einem Ausblick auf diejenigen KI-Techniken und Werkzeuge, die aufgrund der Implementierungserfahrung mit APOM in ein komplexeres, aufgabenorientiertes Montageplanungssystem (Weiterentwicklung von APOM) eingebaut werden sollten.

2.2 CIM-Schale

Ein CIM-System kann in einer systematischen Beschreibung wie folgt charakterisiert werden:

- offenes System,

- hierarchischer Aufbau in der Struktur und der Verarbeitung,
- System mit adaptiven und überwachenden Mechanismen, um auf externe Einflüsse zu reagieren und das geforderte Gleichgewicht zu halten,
- System, für das es keinen allgemein optimalen Weg gibt, um ein Ziel zu erreichen, da es sich um keinen geschlossenen Regelkreis handelt,
- System mit vielen konkurrierenden Zielsetzungen und Randbedingungen, die ein ganz komplexes Abhängigkeitsnetzwerk über alle Systemvariablen spannen.

Diese Abhängigkeitsnetzwerke beziehen sich primär auf den Entscheidungsfluß und den Informationsfluß. Sie werden aufgrund der physikalischen Fabrikanlage mit ihrem Produktfluß, Materialfluß und dem Layout der Fabrikanlage erzeugt. Das Schlüsselwort CIM steht somit primär für ein Konzept zur Fabrikautomatisierung, das auch die methodischen Zugänge definiert. So interessiert uns beim Informationsfluß vor allem der Inhalt der übermittelten Nachricht und nicht die physikalische Realisierung durch ein spezielles lokales Netz mit dem zugehörigen Protokoll (z.B. MAP).

Unter einer CIM Schale verstehen wir daher einen einheitlichen, methodischen Zugang für die Analyse, den Entwurf und die Implementierung von primär "stark" KI-orientierten Software Moduln wie Expertensysteme für die Produktionsplanung (P), die Qualitätskontrolle (Q) und die Wartung (M=Maintenance), /Mayer 87a/. Eine solche Schale wird gegenwärtig in dem ESPRIT Projekt 932 (Knowledge Based Realtime Supervision in CIM) entwickelt. Die nachfolgenden Teilabschnitte sollen einen knappen Eindruck von diesem Ansatz vermitteln, da er den Rahmen bildet, in dem die zukünftige Fabrikautomatisierung zu sehen und in den unser Montageplanungsansatz einzufügen ist /Feldmann 86b/, /Gould 86/.

2.2.1 Referenzmodell einer Fabrik

Es müssen Expertensysteme entwickelt werden, um das automatische Funktionieren eines flexiblen Fertigungsprozesses, der in der Lage ist, über Teilerouting, Maschinenbelegung, Produktionsplanung etc. Entscheidungen zu treffen, zu gewährleisten. Es ist jedoch nicht möglich, daß eine Fabrik durch ein globales Expertensystem gesteuert werden kann. Eine Menge von kooperierenden Systemen für die Aufgabenklassen Interpretation, Überwachung, Diagnostik und Vorhersagen muß eingesetzt werden, um auf verschiedenen Abstraktionsebenen die Produktionsanforderungen zu erfüllen. Bild 2.1 zeigt das entsprechende hierarchische Referenzmodell einer Fabrik /Mayer 87b/.

Ein **Referenzmodell** einer Fabrik ist ein abstraktes Modell einer Fabrik, das die Strukturen der kooperierenden Entscheidungseinheiten aufzeigt. Es dient zwei miteinander verknüpften Zwecken. Zum einen ist es die abstrakte Spezifikation einer integrierenden Sichtweise einer (flexiblen) Fertigungsanlage und somit ein Meilenstein in dem abwärtsgerichteten Aufbau von Produktionsanlagen. Zum anderen liefert es für diejenigen, die über den Aufbau und den Betrieb von Fabrikationsanlagen miteinander reden, die Referenz (Basis) für eine gemeinsame Terminologie und für die allgemeine Konzeptentwicklung. Beide Ziele profitieren von einer Standardisierung (analog zum ISO Referenzmodell).

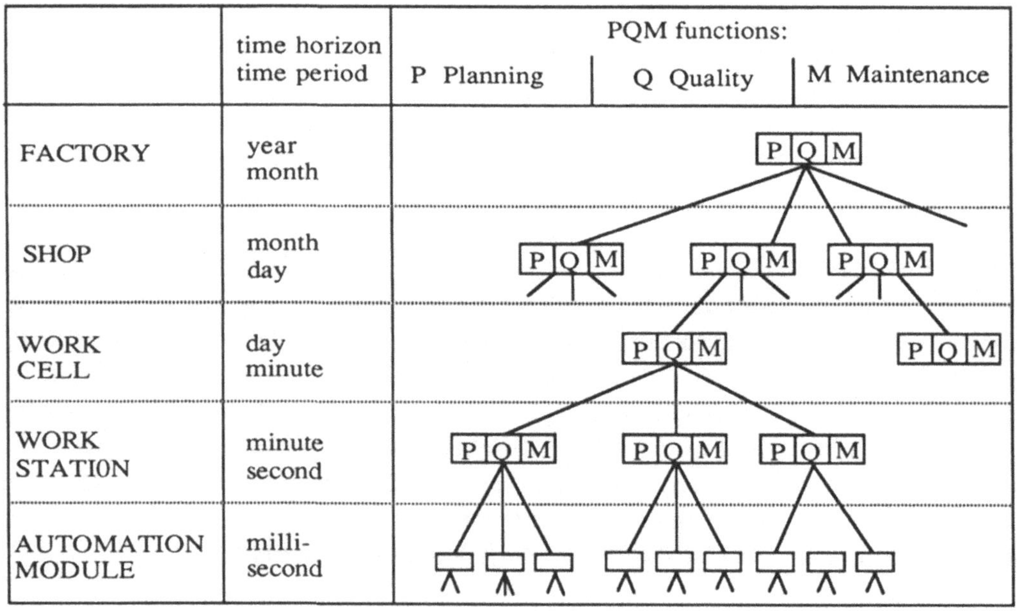

	time horizon time period	PQM functions: P Planning | Q Quality | M Maintenance
FACTORY	year month	P Q M
SHOP	month day	P Q M P Q M P Q M
WORK CELL	day minute	P Q M P Q M
WORK STATION	minute second	P Q M P Q M P Q M
AUTOMATION MODULE	milli- second	

Bild 2.1: Referenzmodell einer Fertigungsanlage

Jeder Block von "PQM"-Funktionen definiert einen Controller (Softwarepaket), der ähnlich der Architekturkonzeption von autonomen Robotern (Abschn. 1.4) die folgenden Grundaufgaben wahrnimmt:

- Aufgaben- und Weltmodellierung
- Aufgabenzerlegung und Aufgabenplanung
- Sensordatenverarbeitung.

Bild 2.2 zeigt den konzeptionellen Aufbau einer CIM-Architektur.

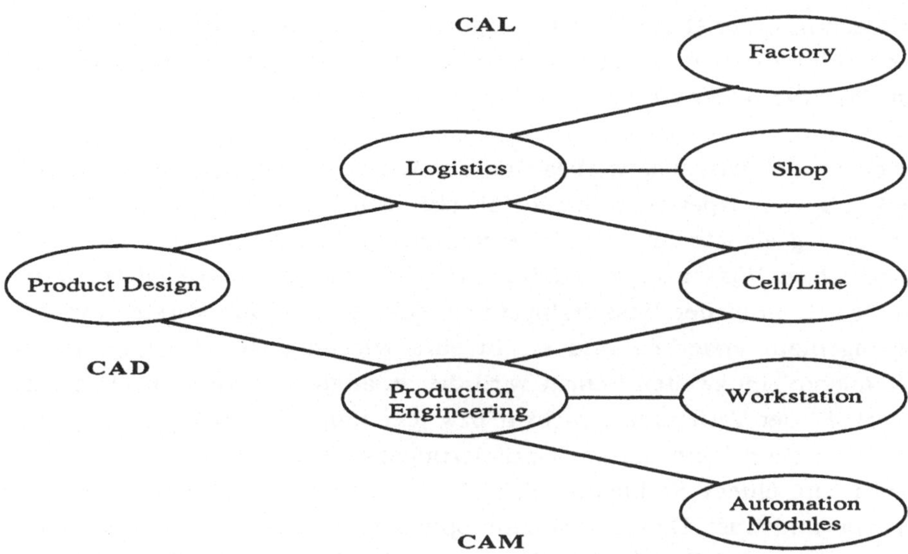

Bild 2.2: Konzeptionelle CIM-Architektur

Außer bei den Automatisierungsmaschinen sind auf jeder Ebene diese Controller installiert. Dem Controller auf der Zellebene fällt zusätzlich die Aufgabe zu, die Brücke zwischen der Logistik (Computer Aided Logistic) und der Fertigungssteuerung (Computer Aided Manufacturing) zu schlagen. Jeder Controller ist von gleicher Struktur (Abschn. 2.2.2).

Die Hauptaufgabe der Produktionsplanung (P) besteht darin, ein Ablaufschema für die Fertigungsmaschinerie und die Produkte zu erzeugen. Typisch für diese Planungsaufgaben sind aber Abweichungen von dem geplanten Fertigungsprozeß. Daher liegt das sekundäre Ziel der Fertigungsplanung auf der reagierenden und /oder opportunistischen Planung, die durch Bedingungsverletzungen (Aufträge, Betriebsmittel, kausale Bedingungen, zeitliche Restriktionen) aktiviert werden.

Die Wartungsanforderungen können durch die drei folgenden Ziele charakterisiert werden:

- Vorhersage der Produktionsrate für Maschinen und Produkte
- Vorhersage des Maschinenausfalls
- Assistenz bei der Maschinenwartung.

Die Forderungen der Qualitätssicherung (Q) beziehen sich auf die Produktqualität, auf die Fehlproduktion der Maschinen und die Verknüpfung zwischen dem Güteverlust des Produktes und der Produktionsmaschinerie.

Das Problem des Wissenserwerbes und der Wissenserwartung ist ein Kern bei der Entwicklung von Expertensystemen (Abschn. 3.3.1). Beim Wissenserwerb geht es darum, eine geeignete und effiziente formale Problemdarstellung zu finden. Das Verfahren zum Wissenserwerb kann in zwei Phasen untergliedert werden. Im ersten Schritt muß der Wissensingenieur eine erste grobe Vorstellung vom Fertigungsingenieur erwerben und sie in eine Wissensbasis (Regeln und Modelle) transformieren. Im zweiten Schritt wird die anfängliche Wissensbasis schrittweise verfeinert. Dieser Verfeinerungsschritt bzw. der damit eng gekoppelte Vorgang der Wissenserwartung kann als ein Optimierungsproblem betrachtet werden. Begonnen wird mit einem Problembereich (P, Q oder M), bei dem eine allgemeine Lösung vorhanden ist. Dieser wird dann optimiert, was vor allem durch den Einsatz von komplexen Modellen (tiefes Wissen) und nicht ausschließlich durch Regeln (flaches Wissen) geschehen soll.

Sollten etwa Daten für eine Mehrebenendiagnose parametrischer Testdaten zum Beispiel für die SMD (Surface Mounted Divices) Montage (vergl. nachfolgenden Teilabschnitt) erworben werden, dann müssen der Fabrikationsprozeß, die physikalische Struktur, die parametrischen Messungen und möglicherweise die Eingriffe des menschlichen Operateurs derart modelliert und formalisiert werden, daß sie mit einer Wissenserwerbskomponente nachgebaut werden können. Darauf aufsetzend muß eine Diagnose-Inferenzmaschine mögliche kausale und zeitliche Schlußfolgerungsketten zwischen diesen vier Ebenen der Wissensrepräsentationen bilden.

2.2.2 Controller Struktur

Jeder der zuvor angesprochenen Controller zerfällt in Teilmodule, von denen jeder Modul ein Expertensystem darstellt, das in der Lage ist, "PQM"-Probleme separat und durch Kooperation der dedizierten Problemlöser (Abschn. 2.2.3) zu lösen (Bild 2.3).

Die einzelnen Expertensysteme sind verknüpft mit einem konventionellen Planungsmodul (Produktions-Planungssystem, PPS). Die Expertensysteme für die Interpretation, die Diagnose und die Aktionsplanung der "PQM"-Daten haben die Aufgabe, die Planung und Überwachung der entsprechenden Hierarchieebenen durch Situationsanalysen des kontrollierten Bereiches zu verfeinern. An einem realisierten Beispiel soll diese überschlägige Beschreibung detailliert werden.

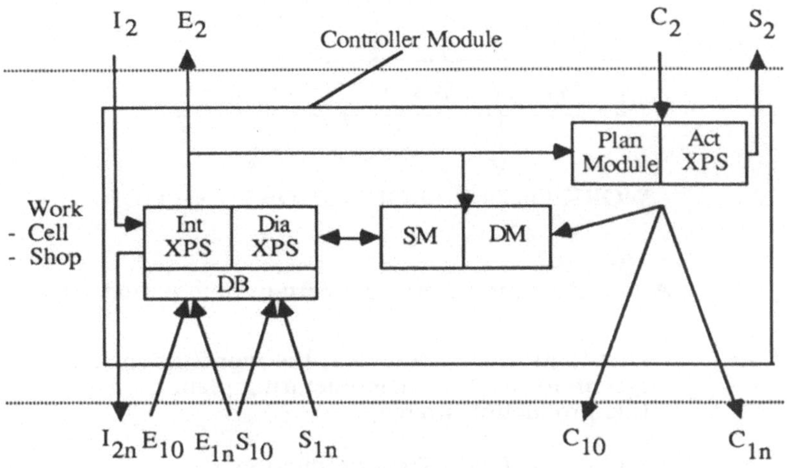

C_2	Command from upper level
I_2	Informationabout environment from upper level
S_2	Status report about plan execution to upper level
E_2	Interpreted status of equipment to upper level
C_{10}-C_{1n}	Commands to lower level
S_{10}-S_{1n}	Status signals concerning comman execution from lower level
E_{10}-E_{1n}	Status signals from lower level equipment
DB	Real time data base
SM	Static world model
DM	Simulation of dynamic production flow

Bild 2.3: Controller Struktur

Bild 2.4 verdeutlicht die Anforderungen, denen ein Controller auf der Ebene einer Zelle genügt. Überträgt man diese Anforderungen an eine reale SMD Produktion (z.B. Autoradioproduktion), dann muss die Planung folgenden Anforderungen genügen:

- täglich 6000 gedruckte Karten
- täglich 8 verschiedene Auftragsarten
- 50 verschiedene Produktionstypen

- 12 Maschinen.

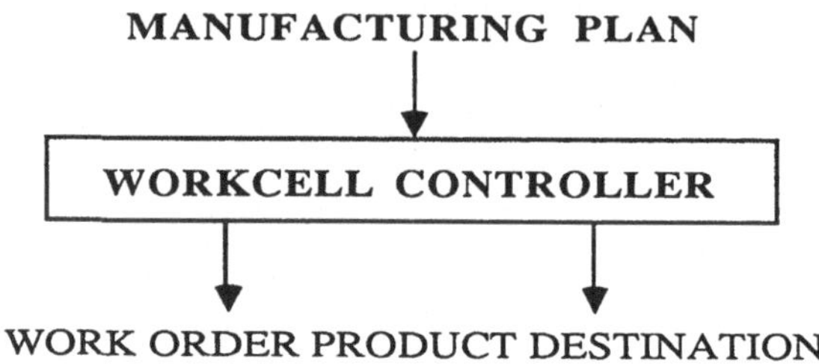

Input : A manufacturing plan for a certain time period (day, week)

Function : - Distribute workorders over the workstations and transport system to fulfil the manufacturing plan.
- Use production strategy

  - Justin Time production
  - Push production
  - Pull production
  - Push/pull
  - Optimization algorithms

- Corrective actions if planning cannot be completed be completed because of workstation failure

Output : - workorder commands for workstations
- Routeing commands for the transportsystem

Feedback : - Performance of workstations
- Performance of transport
- Product movement, tools e.g.

Bild 2.4: Ein-/Ausgabe Funktionen des Zellen-Controllers

Ein gewöhnlicher PPS-Plan erzeugt wöchentliche Pläne und einen dreiwöchigen Horizont. Die Feinplanung muß täglich durch den Meister auf der Basis von verfügbaren Betriebsmitteln, Maschinen und Material erfolgen. Die Komplexität dieser Aufgabe ist außerdem durch unsichere Daten verstärkt:

a) Der PPS-Plan ist hauptsächlich auf Kundenbestellungen ausgerichtet (z.B. 10000 Radios in der 15 KW für Firma X) und ist nicht hinreichend optimiert nach vorhandenen Kapazitäten der ganzen Fertigungslinie (shop flor).

b) Die Umrüstzeit muß minimiert werden, so daß spezielle Karten in sequentieller Losgröße montiert werden können. Jede dieser Losgrößen stellt verschiedene Ansprüche an die beteiligten Maschinen einer Zelle.

c) Es gibt die Möglichkeit, den PPS-Plan zu ändern, um unvorhergesehene Aufträge mit höchster Priorität vorzuziehen.

d) Es ist schwierig, die Kapazität der Zelle vorherzusagen.

Ein Meister behilft sich häufig mit heuristischen Regeln und kausalen, zeitabhängigen Modellen, um auf dieser Basis Tagespläne aufzustellen. Es ist Aufgabe der Expertensysteme, im Controller diese Vorgehensweise nachzubauen. Die Modelle, die zur Bewältigung der "PQM"-Probleme notwendig sind, lassen sich prinzipiell durch Kausal/Effekt-Netzwerke und durch Zeitnetzwerke beschreiben. Ein Beispiel hierfür wird in Abschnitt 2.2.3 zu den Q-Daten gegeben.

Bild 2.5 verdeutlicht die Kausal/Effekt-Relationen für die Planung, Steuerung etc.

	CAUSE	EFFECT
PLANNING	deadline planning for material per machine → replanning (past deadlines) → batch problems →	minimum lead time HP:5 days; FP: 8 days loss of confidence in the planning method plan ignored
CONTROL	order allocation material missing → independent plan improvement →	production not as planned forming an unplanned buffer zone
EXECUTION	reject not registered → reject not under control →	material not present, production quantity ≠ quantity produced dividing up the batches
MONITORING	bottle neck machine unreliable → capacity prognosis difficult →	capacity prognosis not exact buffer set-up before/after machine

Bild 2.5: Kausal/Effekt Beziehungen

Ein vereinfachtes Ergebnis eines von einem solchen Controller entworfenen Tagesplanes sieht wie folgt aus:

a) Auswahl eines Auftrages aus dem PPS-Plan. Die Bedingungen, die dabei zu berücksichtigen sind, sind Material und Priorität der nächsten Zelle.

b) Auswahl der SMD-Zelle. Die Bedingungen lauten hierbei Kartentyp und Belastung.

c) Bestimmung einer Losgröße für die SMD-Zelle. Zu achten ist dabei auf den Kartentyp, die geplante Auslastung, die bereits erzeugte Produktionsanzahl, die Priorität der nächsten Zelle, den Plan für die nächsten drei Tage und Gemeinsamkeiten (communality analysis) der Karten an den verschiedenen Arbeitsstationen der Zelle.

d) Suche nach einer Arbeitsstation (z.B. Roboter) mit freier Kapazität innerhalb der nächsten Zelle.

Bild 2.6 zeigt einen Controller, der nach diesem Tagesplan arbeitet und genau in das Referenzmodell einer Fabrik paßt.

2.2.3 PQM-Abhängigkeiten

Betrachtet man die zuvor eingeführten "PQM"-Begriffe, so werden sie in zweifacher Hinsicht verwendet: *funktions-* und *objektorientiert*. So enthält P sämtliche Funktionen, die zur Produktionsplanung, zur Produktionssteuerung und zur Prozeßsteuerung gehören. Zu den "Produktionsobjekten" gehören vor allen Dingen die Produktionsmodelle und die Restriktionen (vergl. vorhergehenden Abschnitt), denen die Attribute dieser Modelle genügen müssen.

Unter dem Q-Begriff verbergen sich die Funktionen der Qualitätsplanung, die Qualitätsführung (Überwachen der Fertigungsmaschinen) und letztlich die Qualitätstests selbst. Die Qualitätsmodelle, die diese drei funktionalen Aspekte berücksichtigen, lassen sich durch die bereits erwähnten **K**(ausal) /**E**(ffekt) /**Z**(eit)-Strukturen beschreiben. Bild 2.7 zeigt einen KE-Graphen für eine Chip Bestückung einer Platine durch einen Montageroboter. Die Knoten repräsentieren Zustände (Symptome) und die gerichteten Kanten definieren die Ursache /Effekt-Wechselwirkung.

Die Maschine (Roboter) kann die folgenden Aktionen ausführen: Positionieren des XY - Tisches, Bauteile in Magazin legen, einfügen, schneiden, formen, stecken und fixieren. Das Objekt "chip" hat die drei Attribute: Position, Montagezustand (gerade, gebogen, etc.) und Art (z.B. Widerstand).

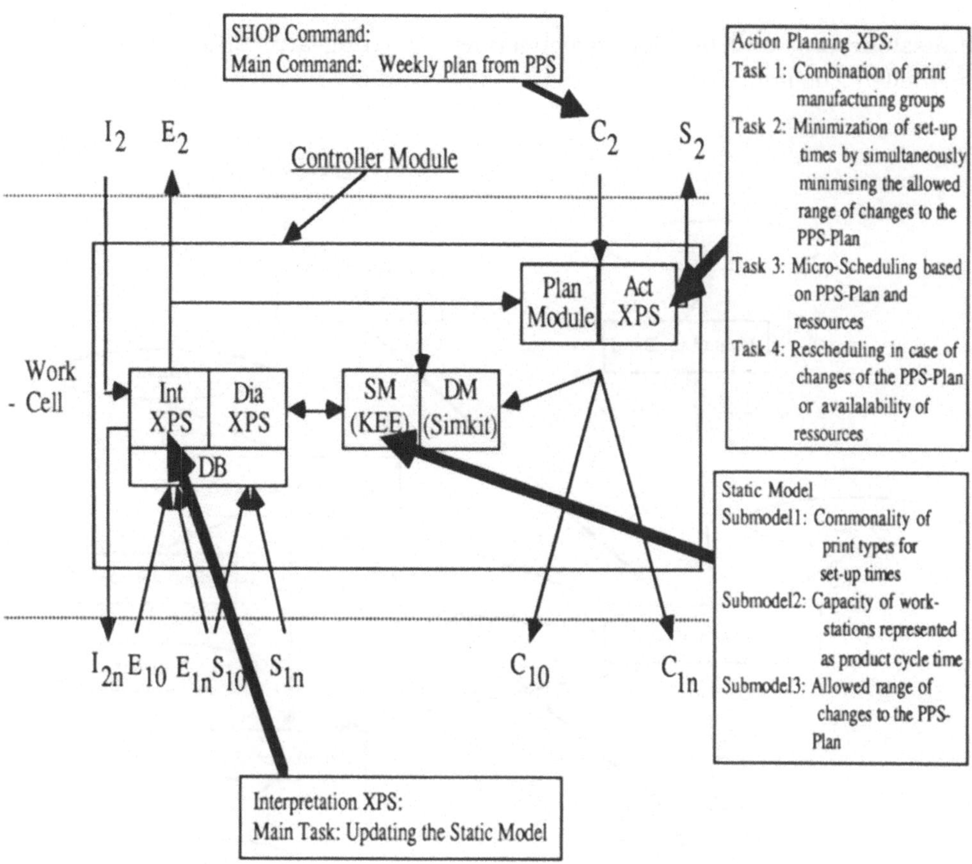

Bild 2.6: Komponenten eines Zellen-Controllers für eine SMD-gestützte Montage

Einzelne Maschinenaktionen beziehen sich nur auf dedizierte Objektattribute. Bild 2.8 zeigt das zugehörige Zeitnetzwerk, das diese Symptome zeitlich einordnet. Mit der Hilfe dieser beiden Datenstrukturen erfolgt dann die Symptomdiagnose.

Zu den M-Funktionen gehören die Maschineninspektionen, die Reparaturen, die vorbeugende Wartung (Wartungsplanung) und die Wartungstests. Typische Modellbildung, die zu den M-Funktionen gehören, sind z.B. Maschinenbeschreibungen und der Status der Maschinen.

Diese detaillierten Definitionen der "PQM"-Begriffe verdeutlichen bereits, daß sowohl zwischen den einzelnen Funktionen als auch zwischen den einzelnen Modellen enge Zusammenhänge existieren. So tritt etwa bei den Funktionen die Notwendigkeit der Planung nicht nur bei den P-Funktionen, sondern auch für die

Qualitätssicherung und bei der vorbeugenden Wartung auf. Bild 2.9 verdeutlicht den speziellen Zusammenhang zwischen den M- und Q-Funktionen /Jacobi 86/.

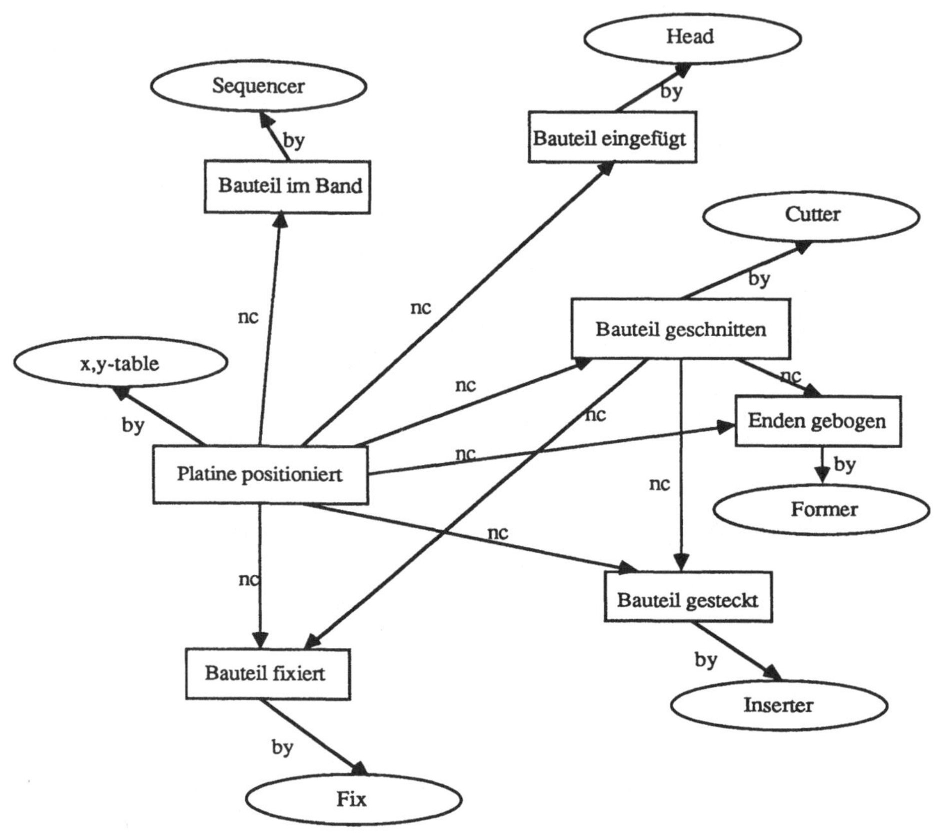

Bild 2.7: K/E-Struktur für eine Chip Bestückungsmontage

Die "PQM"-Abhängigkeiten können dargestellt werden als Auftragsverbindungen, als Informationsverbindungen und als andere explizite Bedingungen. Bedingungen können als Regeln, als symbolische Relationen zwischen Variablen oder als eigenständige Objekte (z.B. Rahmen) dargestellt werden /Sriram 86/. In Produktionsanlagen werden alle drei Arten der Bedingungsdarstellungen benutzt. Die symbolischen Variablenrelationen lassen sich allerdings am wenigsten einsetzen. Auch in dem nachfolgend noch zu beschreibenden APOM-System werden die Restriktionen primär durch Regeln formuliert. Geht man von einem abwärtsgerichteten Kontrollfluß in dem Referenzmodell einer Fabrik (Bild 2.1) aus, so ist primär die Frage zu klären, welcher Modul auf einer Ebene die Koordination der "PQM"-Funktionen übernimmt. Diese Rolle fällt dem P-Modul zu. Er muß die Produktionsaspekte unter der Berücksichtigung von Q- und M-Funktionen optimieren. Auf einer Ebene dürfen somit die Q-und M-Funktionen nicht die P-Funktion beauftragen. Für sich alleine betrachtet können die höheren P,Q,M-Funktionen immer ihren eigenen darunterliegenden "Partnern" Aufträge erteilen. Der exakte Weg, den abwärtsgerichteten Kontrollfluß zu organisieren, hängt von dem Anwendungsbereich ab. Soll alles auf der Ebene der Fertigungslinie (shop) gesteuert werden, so übernimmt auf der "shop"-Ebene die P-Funktion die zentrale Rolle (Bild 2.10).

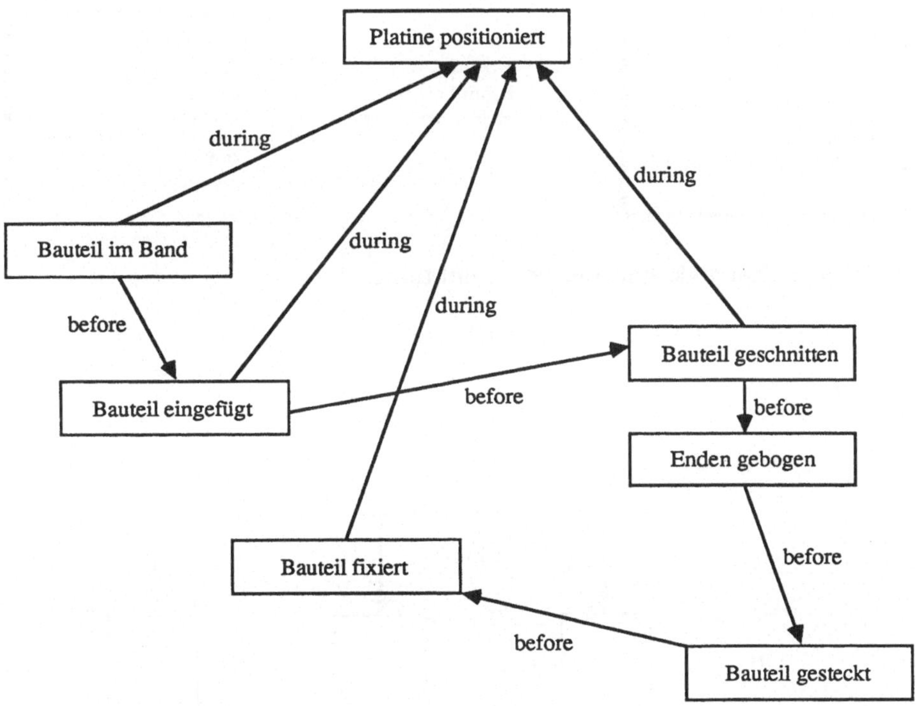

Bild 2.8: Zeitnetzwerk für die in Bild 2.7 gezeigten Symptome

2.2.4 Entscheidungsnetzwerke

In dem Konzept einer CIM Schale muß ein formaler Satz von Werkzeugen entwickelt werden, mit denen die Analyse einer Fabrikationsanlage und der darauf

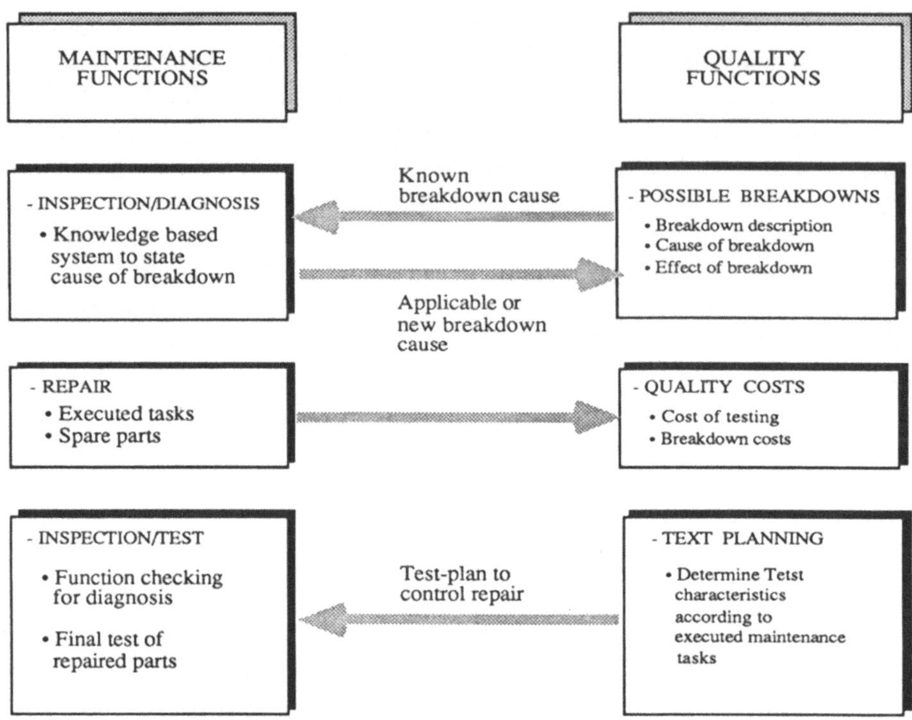

Bild 2.9: Abhängigkeiten der MQ-Funktionen

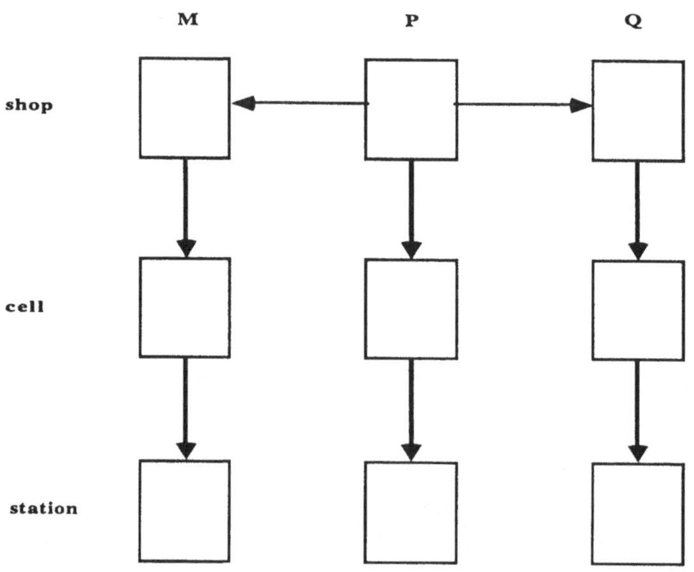

Bild 2.10: Koordination des Kontrollflusses auf der "shop"-Ebene

aufbauende Wissenserwerb automatisiert wird. Das Resultat dieses Vorganges ist dann die Strukturierung und Plazierung der Controller für jede Ebene des Referenzmodells. Bild 2.11 verdeutlicht diese Anforderungen.

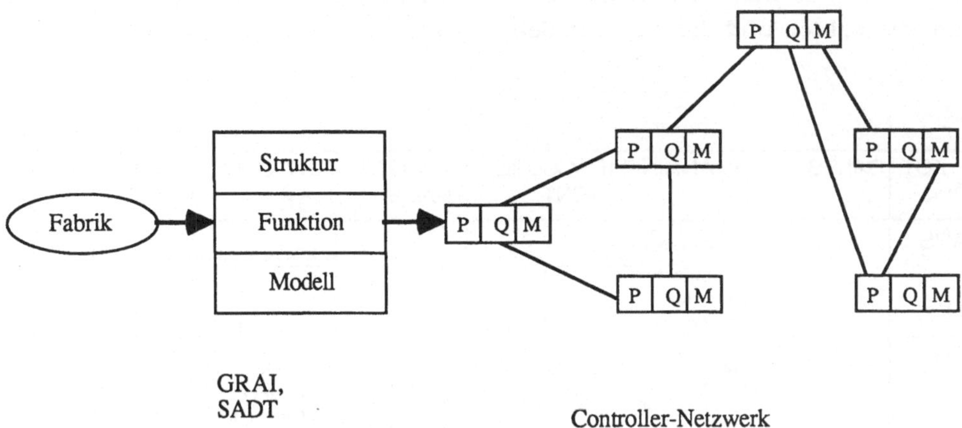

Bild 2.11: Transformationsschritte vom Wissenserwerb bis zur Implementierung

Die Analyse einer Fabrik mit geeigneten Werkzeugen definiert die "PQM"-Funktion, die dazugehörenden Modelle und die Anhängigkeiten der Controller. Dieser Transfer wird im Detail durch mehrere Teilschritte vollzogen.

Die GRAI Methode /Doumeingts 86/ definiert

a) die allgemeine Struktur eines Produktionssystems
- Entscheidungssystem
- Informationssystem
- Physikalisches System

b) die Hierarchie von Funktions- und Entscheidungsträgern (GRAI-Gitter)

c) Entscheidungsnetzwerke zur Modellierung von Entscheidungsaktivitäten.

Die wesentliche Idee, die sich dahinter verbirgt, ist diejenige, ein Produktionssystem hierarchisch entsprechend der Zeitdauer und dem Zeithorizont der Entscheidungen angepaßt zu strukturieren. Diese hierarchische Struktur wird verfeinert in Richtung einer verteilten Kontrolle, indem die Zuständigkeit tieferer Ebenen in Form von Zielen, Bedingungen, Entscheidungsvariablen und Entscheidungsregeln definiert werden. Bild 2.12 zeigt ein solches GRAI-Gitter für die bereits erwähnte Autoradiofabrik.

Bild 2.13 verdeutlicht ein Entscheidungsnetzwerk für die umrahmten Planungsaktivitäten von Bild 2.12 , die sich von 3 Tagen bis hin zur Realzeit erstrecken (Fertigungszellen-Ebene).

Die GRAI Methode kann durch die SADT–Methode /Kimm 79/ gut ergänzt werden, um die Fakten und die funktionalen Aspekte verstärkt herauszuarbeiten (Bild 2.14).

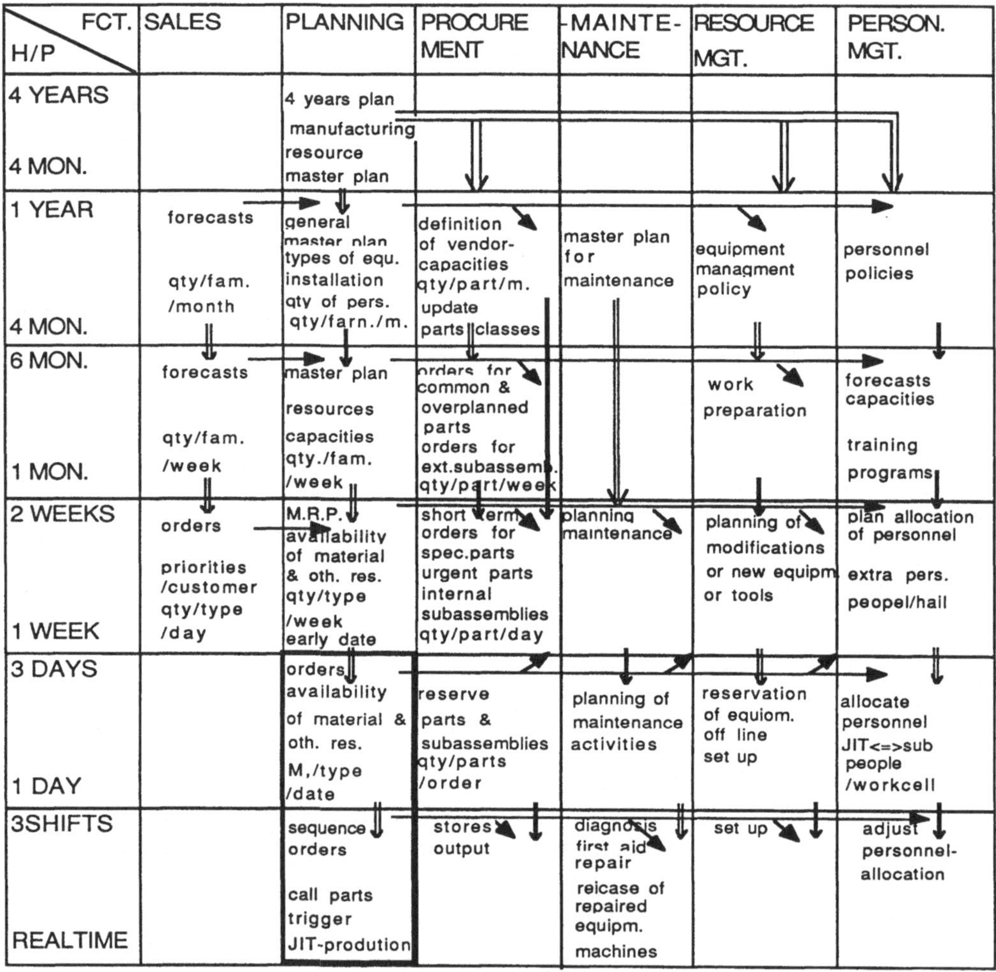

FCT. H/P	SALES	PLANNING	PROCURE MENT	MAINTE- NANCE	RESOURCE MGT.	PERSON. MGT.
4 YEARS 4 MON.		4 years plan manufacturing resource master plan				
1 YEAR 4 MON.	forecasts qty/fam. /month	general master plan types of equ. installation qty of pers. qty/farn./m.	definition of vendor-capacities qty/part/m. update parts classes	master plan for maintenance	equipment managment policy	personnel policies
6 MON. 1 MON.	forecasts qty/fam. /week	master plan resources capacities qty./fam. /week	orders for common & overplanned parts orders for ext.subassemb. qty/part/week		work preparation	forecasts capacities training programs
2 WEEKS 1 WEEK	orders priorities /customer qty/type /day	M.R.P. availability of material & oth. res. qty/type /week early date	short term orders for spec.parts urgent parts internal subassemblies qty/part/day	planning maintenance	planning of modifications or new equipm or tools	plan allocation of personnel extra pers. peopel/hall
3 DAYS 1 DAY		orders availability of material & oth. res. M,/type /date	reserve parts & subassemblies qty/parts /order	planning of maintenance activities	reservation of equiom. off line set up	allocate personnel JIT<=>sub people /workcell
3SHIFTS REALTIME		sequence orders call parts trigger JIT-prodution	stores output	diagnosis first aid repair reicase of repaired equipm. machines	set up	adjust personnel-allocation

Bild 2.12 : GRAI-Gitter. Doppelpfeile entsprechen Entscheidungsrahmen, Einfachpfeile stellen Informationspfade dar

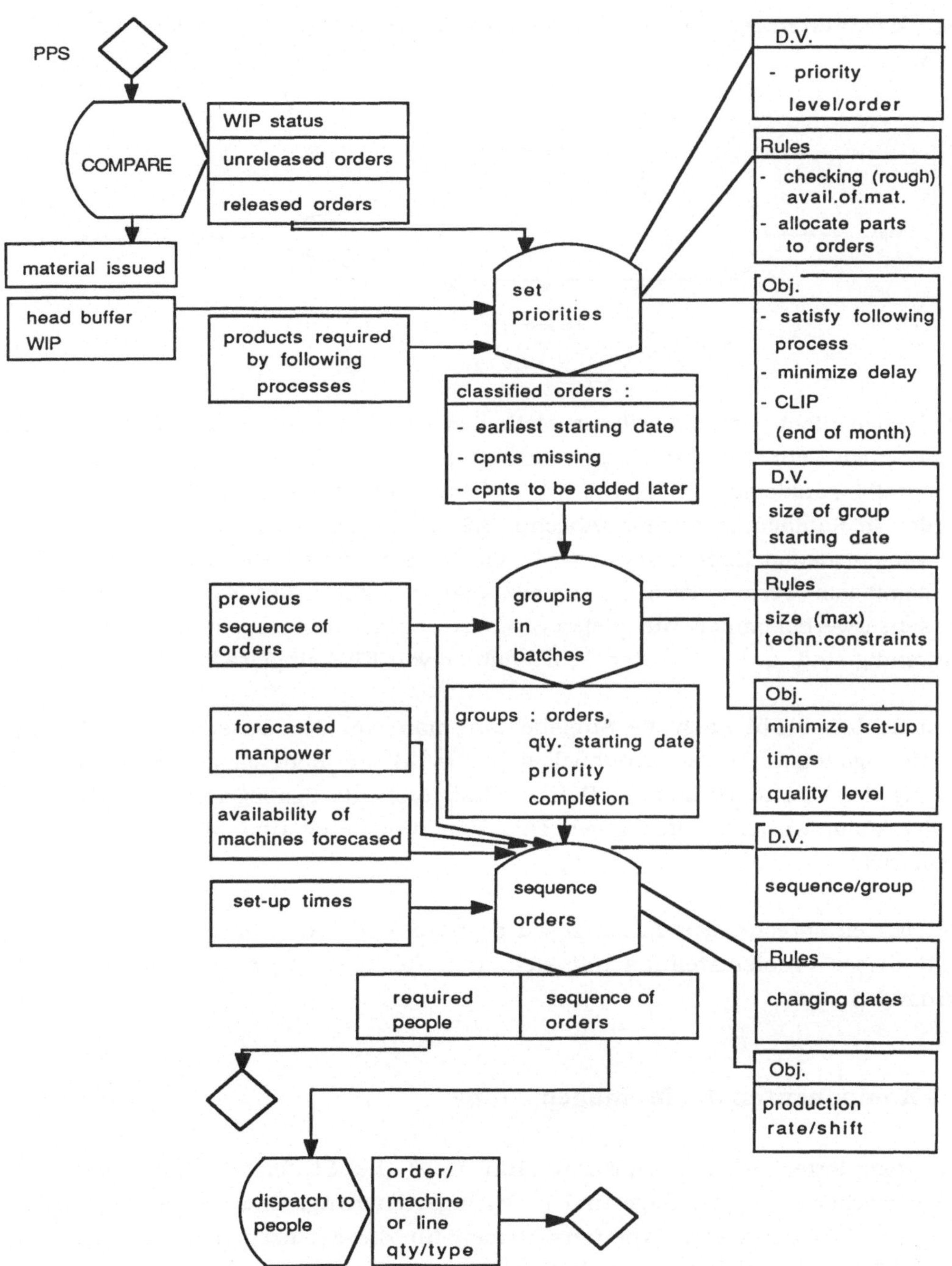

Bild 2.13: GRAI Beschreibung des Aktivitätszentrum "Planung und Auftragsverteilung". DV = Entscheidungsvariable, Obj. = Objekt

Die Aktivitätszentren dieses Entscheidungsnetzwerkes haben dabei folgende Zuordnung:

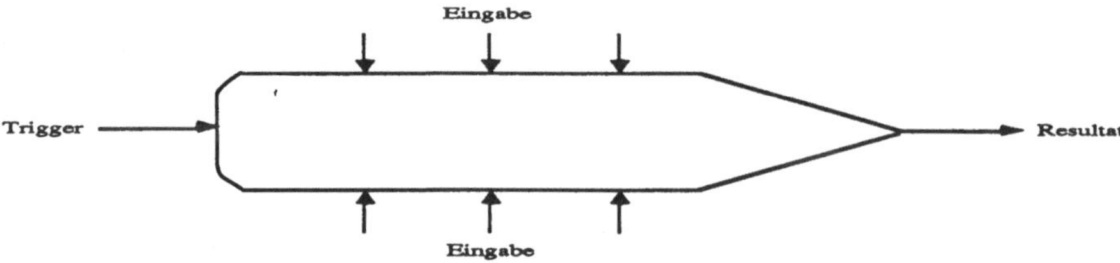

Die beiden nicht wissensbasierten Methoden GRAI und SADT zum Wissenserwerb eignen sich sehr gut zur Weiterverarbeitung durch Expertensystemschalen. So beschreibt /Foldenauer 87/, wie mit Hilfe von KEE SADT-Diagramme umgeformt werden in Rahmen bzw. Units (Abschn. 3.2.1), die eine geeignete Wissensbasis für die verschiedenen Expertensysteme bilden. In eine derart vorstrukturierte globale Wissensbasis werden dann zu einem späteren Zeitpunkt mit einer speziellen Wissenserwerbskomponente diejenigen Wissensinhalte, die zur Montageplanung notwendig sind, unter erneuter Zuhilfenahme von KEE eingetragen (Abschn. 2.6).

Zum Schluß bleibt noch die Aufgabe, wie man von den Darstellungen der Entscheidungsnetzwerke (konzeptionelles Netzwerk) automatisch zu der realen Verteilung der Controller kommt. Hierzu zählt auch die Festlegung, wie diese Controller kommunizieren, sich gegenseitig synchronisieren und wie sie miteinander kooperien.

Mit den entsprechenden Arbeiten wurde begonnen, doch bringt es die Komplexität dieser Problemstellung mit sich, daß Realisierungen hiervon noch nicht vorhanden sind.

2.3 Komponenten der Montageplanung

Ein kompletter Fertigungsprozeß läuft über die Stufen Produktionsentwurf, Arbeitsvorbereitung, Montage und Fertigungssteuerung. Eine detaillierte Darstellung des Einsatzes von Expertensystemen für diese einzelnen Stufen im Sinne einer CIM-Schale ist bei /Rembold 87 a,b/ zu finden. Die spezielle Einbindung von autonomen Robotern in eine CIM-Umgebung ist bei /Levi 85c, 87b/ beschrieben. In diesem Abschnitt wollen wir uns daher ausschließlich auf die Aspekte der Montageplanung konzentrieren.

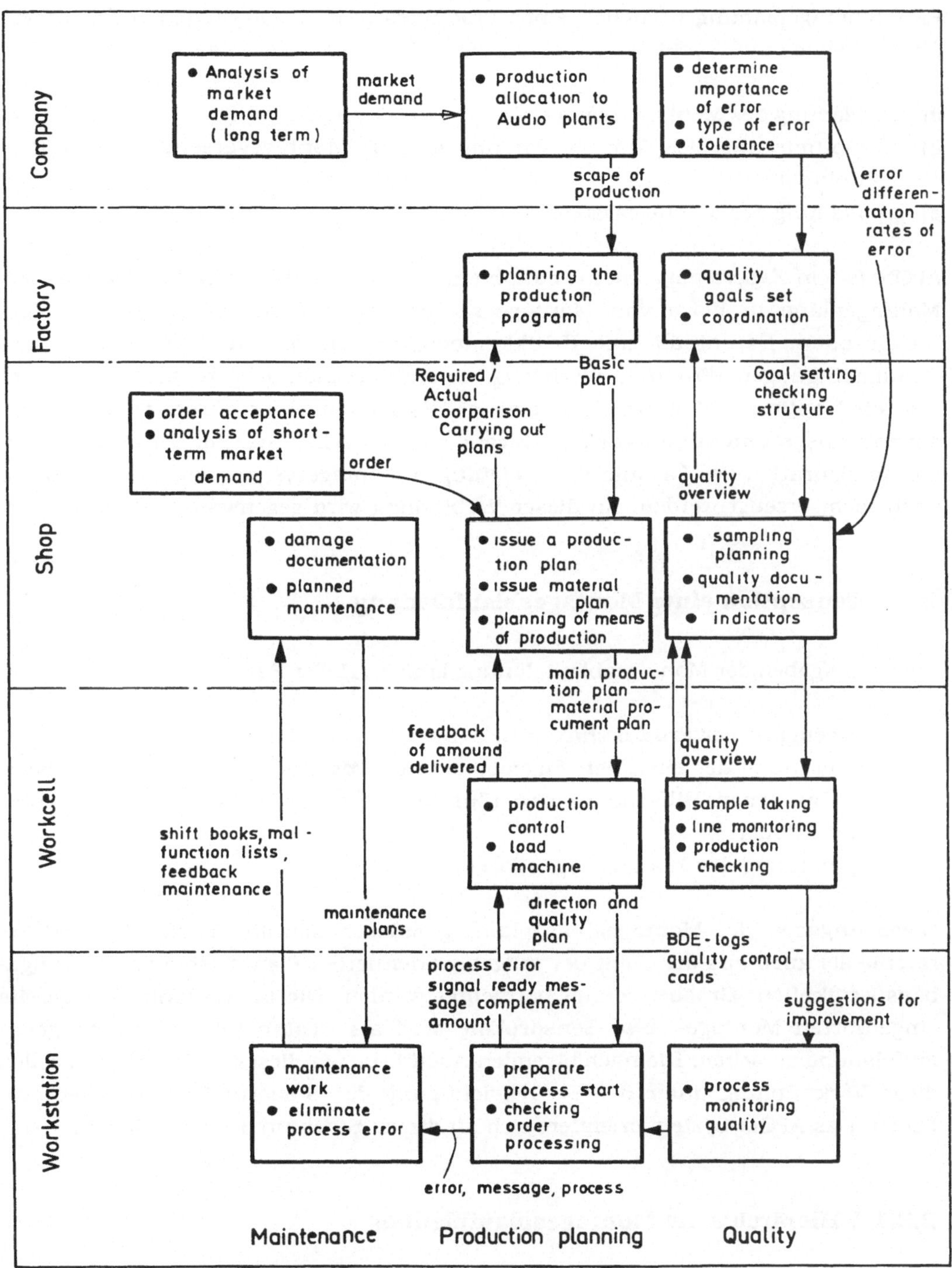

Bild 2.14: SADT Diagramm für die PQM Bereiche einer Fertigungsanlage

Eine Montageplanung bezüglich eines Produktes muß die folgenden Aufgaben erfüllen /Feldmann 85b, 86c/:

a) Planung des Montageablaufes
b) Optimierung des Montagevorganges (z.B. Montagegerechtheit des Produktes)
c) Planung des Montagesystems.

APOM ist ein *Expertensystem* für eine hierarchische Montageplanung. Es generiert Montagepläne in Form von Montagegraphen, UND/ODER-Graphen und Vorranggraphen. Es enthält eine Kritikkomponente, die aufgrund von zahlreichen Randbedingungen (Produkt, Werkzeug, Operation, montagegerechtes Konstruieren, etc.) optimale Montagefolgen erzeugt. Es ist mit einer Wissenserwerbskomponente ausgestattet und hat einen Zugang zu einem CAD System. Sensorpläne und die Konfiguration des Layouts des endgültigen Montagesystems können mit APOM noch nicht erzeugt werden. An dieser Verbindung wird gegenwärtig gearbeitet.

2.3.1 Konzeption einer Montageablaufplanung

Die Teilaufgaben der Montageablaufplanung lauten /Haller 82/:

- Erzeugung der ***Produkthierarchie*** (Baugruppen, Einzelteile etc.)
- Ermittlung der einzelnen Fügeoperationen (***Montagegraph***) und der damit verbundenen Hilfsoperationen (Zuführen, Positionieren, Fixieren, Verbinden, Puffern)
- Ermittlung der Montagefolge (***Vorranggraph***).

Diese Angaben der Montageablaufplanung müssen sowohl bei der Produkthierarchie als auch aus der Sicht der aufgabenorientierten Planungshierarchie (Aufgabenspezifikation, Grobbewegung) betrachtet werden. Die in Abschnitt 1.8 bereits eingeführten Montage- bzw. Sensorpläne sind als Bestandteile der Montageablaufplanung zu sehen. Die nachfolgenden Ausführungen dieses Teilabschnitts sollen diese Verknüpfung unter der Berücksichtigung der Steuerungsaspekte verdeutlichen. Das APOM-System orientiert sich an diesen Strukturen und Abläufen.

2.3.1.1 Hierarchische Montageablaufplanung

Bild 2.15 setzt nochmals auf der hierarchischen Gliederung eines autonomen Roboters auf (vergl. Bild 1.3). Die einzelnen Ebenen haben zwar unterschiedliche

Aufgaben, doch wird angenommen, daß ihre Grobstrukturen gleich aufgebaut werden können. Die Bausteine einer Ebene vereinigen die off-line Aspekte der Planung mit den on-line Angaben der Durchführung und Überwachung von Aufgaben. Der Sensormodul und der Monitor übernehmen diese letztere Aufgabe. Das Weltmodell ist zweigeteilt (off-line: Konstruktionsdaten, on-line: Fertigungsstatus) und bildet sowohl die Kopplung zwischen der Sensorverarbeitung und dem Monitor als auch das Basiswissen für den Planer.

Der Planer einer Ebene erhält eine (oder mehrere) Aufgaben zur Bearbeitung. Er analysiert die Aufgabe und zerlegt sie in Teilaufgaben, die auf der Ebene selbst erledigt werden können, und in solche, die in die nächst tiefere Ebene übermittelt werden müssen. Bei der Zerlegung der Aufgabe in Teilaufgaben liegt der Fortschritt für die Montageablaufsteuerung darin, daß diese Teilaufgaben entweder einfacher auszuführen sind als die allgemeiner formulierte Gesamtaufgabe oder, daß durch sogenannte "Erfahrung" Teilaufgaben genannt werden können, die zur Erfüllung der Gesamtaufgabe notwendig sind.

Um die erhaltene Aufgabe bearbeiten zu können oder um Parameter für die Teilaufgaben zu bestimmen, ist es teilweise notwendig, die aktuelle Systemumgebung mit einzubeziehen. Diese sollte im Weltmodell enthalten sein. Ist das nicht der Fall oder ist die dort enthaltene Darstellung nicht aktuell genug, muß bereits für die Arbeitsphase des Planers ein Sensorplan für den Einsatz des Sensormoduls (Abschn. 2.3.1.2) erstellt werden.

Der Planer ist nur in der Lage, den Fortgang der Montage zu planen. Die Verwirklichung dieses geplanten oder beabsichtigten Fortschritts obliegt dem Monitor. Er muß immer in Abhängigkeit der Systemumgebung reagieren. Dazu ist vom Planer durch die Erzeugung eines Sensorplans das Sensormodul aktiviert worden, das die für die Kontrolle des Fortschritts bzw. des Verlaufs nötigen Weltmodelldaten liefert. Hier können zwei unterschiedliche Kopplungen der Systemumgebung an den Monitor definiert werden. Bei der engeren (steuernden) Kopplung bilden Monitor, Weltmodell und Sensormodul einen Regelkreis. Dieser Typ wird vorwiegend in unteren Ebenen angewendet. Bei der überwachenden oder kontrollierenden Kopplung ist für das Weltmodell ein Toleranzbereich angegeben. Erst wenn die Systemumgebung diesen Toleranzbereich verläßt, muß der Monitor korrigierend eingreifen. Bild 2.16 zeigt das Zusammenspiel zwischen dem Planer und dem Monitor in größerer Ausführlichkeit.

In einer Ebene erhält der Monitor neben den Überwachungsaufträgen, die in der Ebene selbst durchgeführt werden sollen (Manipulationsplan), auch noch diejenigen Überwachungsschritte mitgeteilt, die für die Aufgabendurchführung der nächst tieferen Ebene notwendig sind. Die direkte Weitergabe der Unteraufträge von der Ebene (n) auf die Ebene (n-1) erfolgt über die Planer. Ist ein Unterauftrag der Ebene (n-1) während der Ausführung nicht durchführbar, so wird dies von dem Monitor dieser Ebene an den Monitor der nächst höheren Ebene zurückgemeldet. Der Monitor der Ebene (n-1) kann eine Umordnung der Aktion (Neuplanung) in geringem Umfang selbst vornehmen und diese Neuplanung dem Planer der Ebene (n) mitteilen.

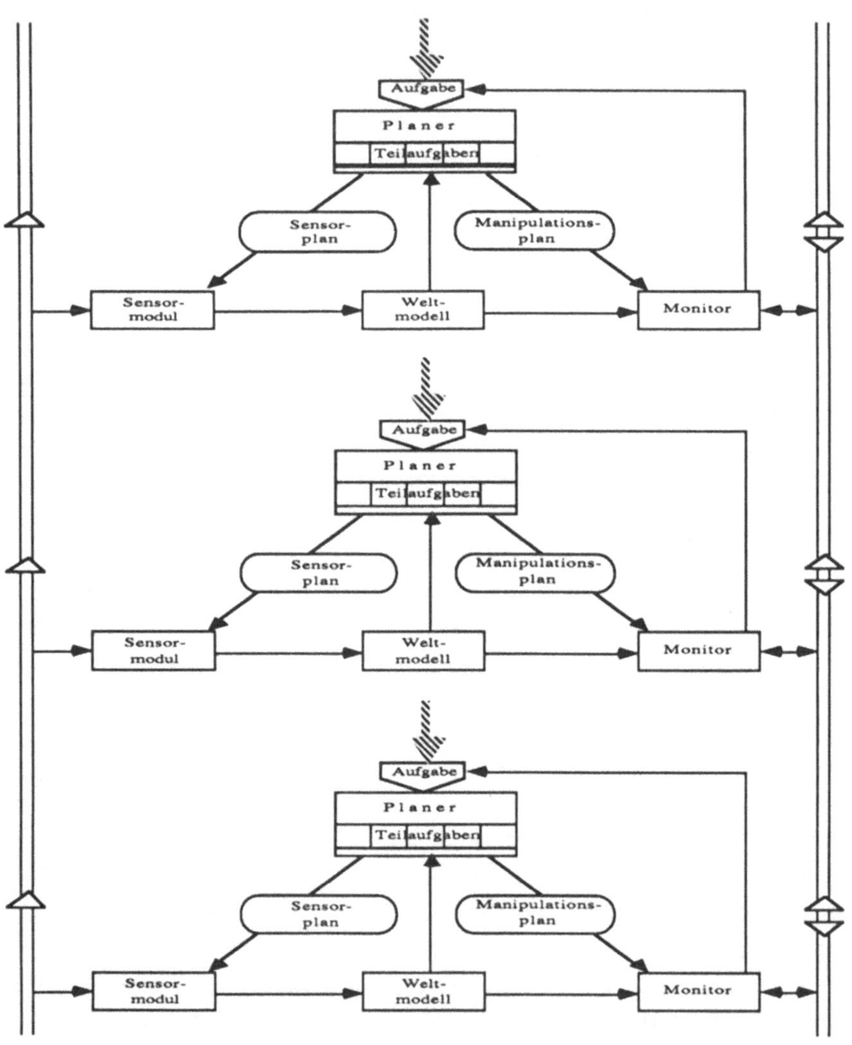

Bild 2.15: Hierarchischer exemplarischer Aufbau eines Systems für die Montageablaufplanung und -steuerung

In der Regel sind die Teilaufgaben voneinander abhängig. Das hat zur Folge, daß der Monitor die Teilaufgaben nicht zu beliebigen Zeitpunkten weitergeben oder starten kann, sondern prüfen muß, ob die Voraussetzungen für die Abarbeitung der folgenden Teilaufgaben gegeben sind. Die folgenden Teilaufgaben können Parameter benötigen, die erst durch die vorhergehende Teilaufgabe festgelegt wurden. Diese werden, nachdem sie vom Monitor auf Übereinstimmung mit dem Manipulationsplan geprüft wurden, über das Weltmodell oder direkt weitergegeben.

Neben der Ausführungsüberwachung muß ein Monitor auch in der Lage sein, Fehler zu erkennen und sie, falls möglich, zu beheben (error recovery). Als Reaktion auf unerwartete Ereignisse muß dann häufig eine Neuplanung mit vorerst ungelösten Zielangaben gestartet werden.

Die Kontrolle über den Verlauf oder den Erfolg einer Teilaufgabe, die in eine andere untere Ebene weitergegeben wurde, wird in der Ebene durchgeführt, die diese erzeugt hat. Dafür stehen zwei Möglichkeiten zur Verfügung:

1) Überwachung der Aktivitäten auf der eigenen Ebene mit Hilfe des Sensorplanes

2) Aktivierung durch entsprechende Meldungen aus einer untergeordneten Ebene. Dies ist z.B. dann möglich, wenn Toleranzen für eine Teilaufgabe festgelegt wurden.

Der Bearbeitungsverlauf einer Teilaufgabe kann zur Folge haben, daß die ihr folgenden Teilaufgaben oder die ganze Aufgabe wiederholt durch den Planer bearbeitet werden müssen. Ist dieser nicht in der Lage, einen korrigierten Manipulationsplan zu erstellen, muß die gesamte Aufgabe an die übergeordnete Ebene zurückgegeben werden können.

Der Planer muß die Ausführbarkeit seiner Teilaufgaben beurteilen können. Ist die Ausführung nicht möglich, muß die gesamte Aufgabe an die übergeordnete Ebene zurückgegeben werden können, die diese neu zu bearbeiten hat. (Beispiel: Es soll ein Teil gefügt werden, das nicht vorhanden ist. Dieses Teil muß erneut angefordert werden.)

Die etwas detaillierteren Beschreibungen dieses Abschnittes über die Wechselwirkung zwischen Sensormodul und vor allem zwischen dem Monitor und dem Planer sollten nochmals verdeutlichen, daß bereits während der Planung die Aktionsausführung und ihre Überwachung zumindest konzeptionell berücksichtigt werden müssen.

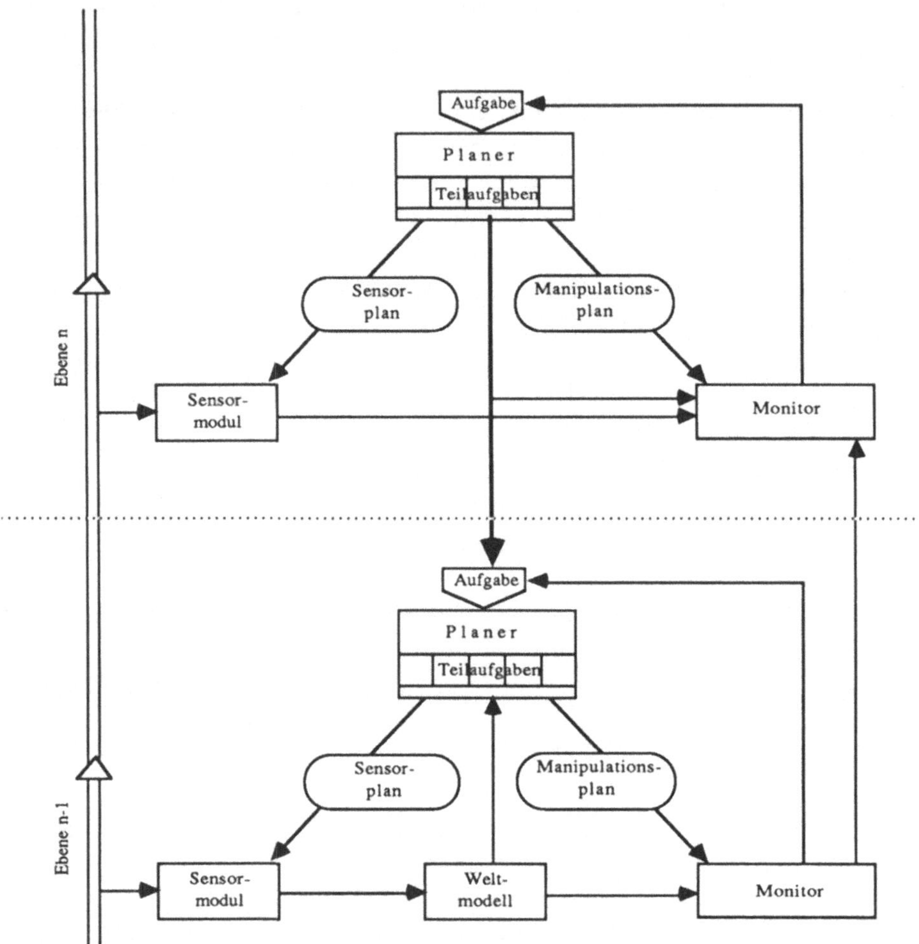

Bild 2.16: Auftragsfluß zwischen den einzelnen Moduln zweier benachbarter Schichten

2.3.1.2 Montagewissen und Planspezifikation

Ein Konstruktionsmodell (Bild 2.17) läßt sich in die Phasen Funktionsfindung, Prinziperarbeitung, Gestaltung und Detaillierung einteilen.

Innerhalb des Konstruktionsprozesses selbst wird in den einzelnen Phasen Wissen als Voraussetzung für die darauffolgende Phase erzeugt und dann weiterverarbeitet. Die einzelnen Elemente dieses Wissens sind in einer Wissensbasis enthalten. Sie werden während des Konstruktionsprozesses aber nicht immer in das Modell integriert, wodurch sie für das Modell verlorengehen und somit später auch nicht mehr zur Verfügung stehen können. Es wird nunmehr vorgeschlagen, dieses Wissen in das Modell zu integrieren oder sogar die Struktur des Modells auf dieses Wissen aufzubauen.

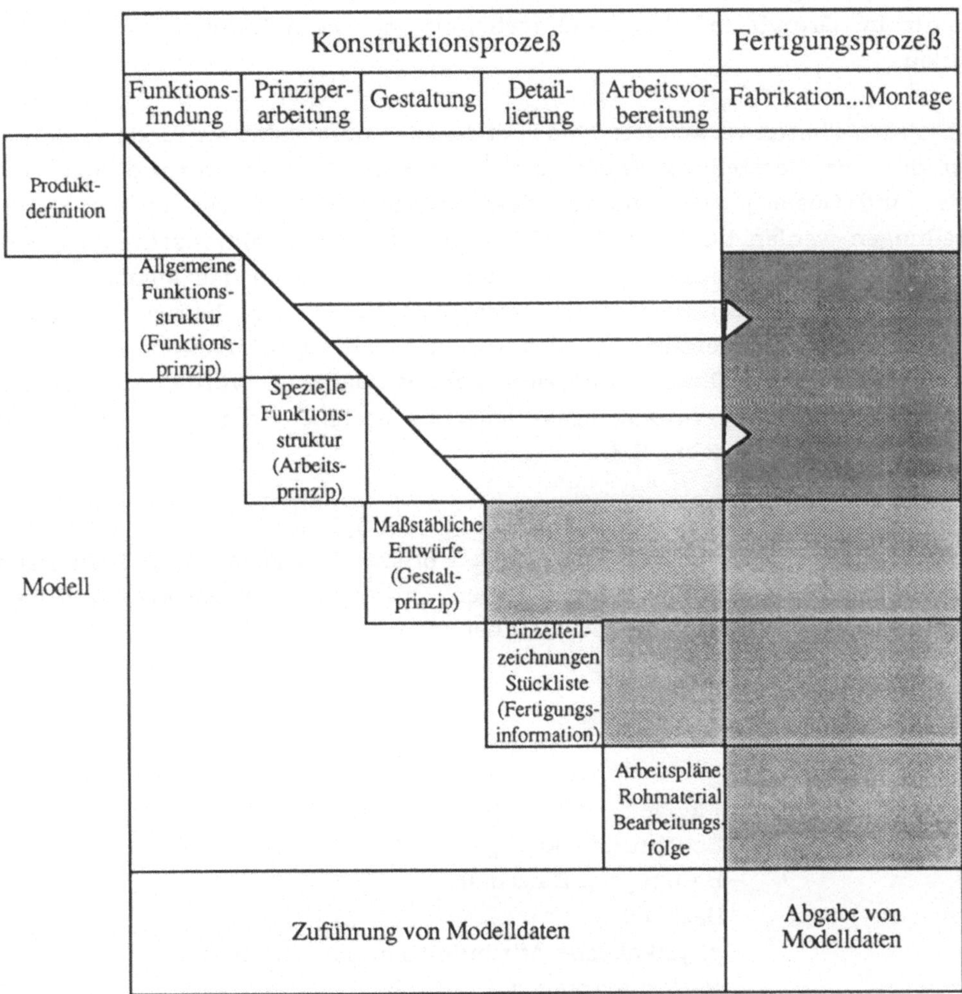

Bild 2.17: Integrierte Produktmodellbildung im Konstruktions- und Fertigungsprozeß

Konkret bedeutet dies, daß die in der Prinziperarbeitung gewonnenen Strukturen mit in das Modell übernommen werden. Die Kanten dieses Graphen werden später durch die Wirkflächen ersetzt. Nach der Gestaltung ist aber der funktionale Sinn dieser Wirkflächen verlorengegangen und kann nur mit Hilfe von Expertenwissen wiedergewonnen werden. Bei der Montage werden die Teile aber gerade an diesen Wirkflächen zum Kontakt gebracht. Daher ist es für die Fügeoperation wichtig, welche Funktion diese Wirkfläche hat, da durch sie auf wichtige Parameter zur Steuerung des Fügevorgangs geschlossen werden kann. CAD-Systeme ermöglichen bis heute im Grunde lediglich eine recheninterne Darstellung der räumlichen Definition.

Das in diesen Phasen verwendete Modell stellt zwar immer das am Ende erwartete Objekt dar, die Darstellung ändert sich aber vom Funktionsprinzip über das Arbeits- und Gestaltprinzip bis zur Fertigungsinformation. Die beiden ersten Darstellungen werden bis heute nur innerhalb der Konstruktionsabteilung verwendet. Die höheren Forderungen von Montagesystemen an das Modell können nun durch Übernahme dieser beiden Darstellungen teilweise befriedigt werden. Diese könnten in die bereits zum Teil vorhandenen Hierarchien der geometrischen Elemente eines Objekts integriert werden. Dadurch würden sich Strukturen, wie sie für Bildverarbeitungssysteme als geeignet erkannt worden sind, verwirklichen lassen (Abschn. 2.3.2).

Auf die konkreten Forderungen einer Montageablaufplanung bezogen müssen in einem Montageplan eine Reihe von speziellen produktbezogenen Modellbildungen vorhanden sein /Moritzen 87/. Dieses Wissen wird in einem **Produktmodell** dargestellt. Es sieht vom prinzipiellen Aufbau her wie folgt aus:

Produkt: - Name

Komponente:

- Menge
- Bedeutung (aktiv, passiv)
- Baugruppe, Einzelteil
- Basisteil
- physikalische Attribute (Gewicht, Material Verformbarkeit, Belastbarkeit)

Geometrie:

- CAD - Modell (Volumen, Fläche)
- Toleranzen
- Fügeflächen, Fügeflächenmatrix
- Greifpunkte
- Restriktionen (Größe, Volumen, Fläche)

Fügeoperation:

- Greifpunkt, Greiffläche
- Bauteilkategorie (z.B. Verbindungsteil, Spannteil)
- Eigenschaften
- Einflußfaktoren
- Restriktionen (Vor- und Nachbedingungen)

Funktion:

- technische Funktion
- Montagefunktion
- Restriktion (funktionsbedingt, prozeßbedingt)

Struktur:

- Verzweigung zu höheren und niedrigeren Ebenen
- Topologische Relationen zu anderen Komponenten

Sensorik:

- Sensorspezifische Darstellung
- Erkennungsmerkmale
- Operationsmerkmale
- Meßvorschriften
- Weltmodellaktualisierung
- Unsicherheiten

Variationskonstruktion:

- Ausstattung
- Parameter

Zur Montageplanung gehört jedoch auch das Wissen über produktunabhängige Vorgänge. Die Strukturierung dieser Wissensinhalte wird ein **Produktionsmodell** genannt. Es wird analog zum Produktmodell aufgebaut.

Produktionsmodell: Name

Montageroboter:

- Art
- Bewegungsraum
- Präzision

:

:

Werkzeuge:

- Funktion (z.B. Schrauben)
- Art (z.B. Schraubenschlüssel)
- Gewicht

:

:

Handhabungsoperationen:

- Zuführen
- Positionieren
- Fixieren
- Teilbaugruppe fügen
- Puffern

:

:

Prüfoperationen:

- Vorhandensein
- richtige Lage
- Güte des Zusammenbaus

Das Produkt und das Produktionsmodell stellen die Summation des Montagewissens dar. Der Erwerb dieses Wissens und die exakte Strukturierung der entsprechenden Wissensbasis werden wir in Abschnitt 2.5 kennenlernen.

Dieses Montagewissen ist im Sinne der aufgabenorientierten Roboterprogrammierung als Weltmodell zu bezeichnen (Abschn. 1.6.3.2). Das Aufgabenmodell muß die Montageaufgaben spezifizieren. Dies erfolgt bei APOM insbesondere durch Montage-, UND/ODER-, und Vorrang-Graphen (Abschn. 2.4)

Ein Montagegraph beschreibt den statischen Aufbau eines Objektes. Der Vorranggraph definiert den dynamischen (zeitlichen) Ablauf eines Montagevorganges. Beide Graphen können durch die Wissensinhalte des Produkt- und Produktionsmodelles attributiert werden. Die Schwerpunkte dieser Attributierung sind wie folgt: der Montagegraph stützt sich stärker auf das Produktmodell. Der Vorranggraph (und der UND/ODER-Graph) benutzen mehr die Eintragungen des Produktionsmodelles.

In beiden Modellen sind überall Eintragungen über die Restriktionen vorhanden, die bei den entsprechenden Operationen oder der Werkzeugauswahl etc. zu erfüllen sind. Die Berücksichtigung dieser Bedingungen ist typisch für unseren Ansatz. Diese Bedingungen werden sowohl beim Aufbau des Montagegraphen als auch bei der Bestimmung der optimalen Montagefolge extensiv benutzt (Abschn. 2.6).

Der in Abschnitt 1.8 angesprochene Übergang von einem Grobplan (Planskelett) zu einem Feinplan erfolgt bei APOM durch die Orientierung der Graphenabstraktionsstufe an der Produkthierarchie und an der Zwischenbaugruppenhierarchie, die z.B. bei Pufferoperationen entsteht. Diese Verschiedenartigkeit der Abstraktionsstufen von Montage- und Vorranggraphen ist begleitet durch eine entsprechende Ebeneneinteilung des Produkt- und Produktionsmodelles.

2.3.1.3 Struktur der APOM - Montageablaufplanung

Das APOM - System setzt sich, wie bereits erwähnt, aus einer Wissens-, einer Planungs- und einer Kritikkomponente zusammen (Bild 2.18).

Die Wissenserwerbskomponente wird interaktiv von dem Benutzer betrieben. Die Wissensbasis ist so strukturiert, daß sie das Wissen sowohl über das Produktmodell als auch das produktionsabhängige Wissen aufnehmen kann (Abschn. 2.6). Sofern dieses Wissen nicht in einer globalen CIM-Datenbasis vorhanden ist, muß es vorläufig noch von dem Benutzer eingegeben werden. Der Anschluß an ein konventionelles 3D - CAD System (ROMULUS) wird gegenwärtig durchgeführt.

Die Bedingungen, die aufgrund der in der Wissenserwerbskomponente gespeicherten Wissensinhalte erzeugt worden sind, benutzt die Plankomponente, um Montage und Vorranggraphen zu generieren. Eine typische Restriktion, die z.B. bei Montagegraphen zu beachten ist, ist die geometrisch und funktional bedingte Vorgänger/Nachfolger-Relation.

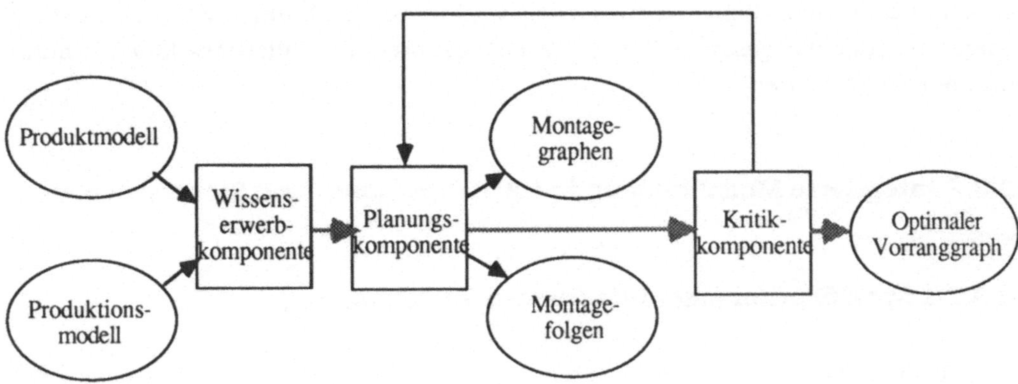

Bild 2.18: APOM- Blockdiagramm

Noch stärker als die Planungskomponente arbeitet die Kritikkomponente mit Bedingungen. Bild 2.19 verdeutlicht den Kriterienkatalog, der zur Bestimmung eines optimalen Vorranggraphen benutzt wird. Bestandteil dieser "Kritik" ist auch die Bewertung der Montagegerechtheit, etwa durch Bewertungszahlen. Wir werden auf diesen Punkt in Abschnitt 2.3.4 zu sprechen kommen.

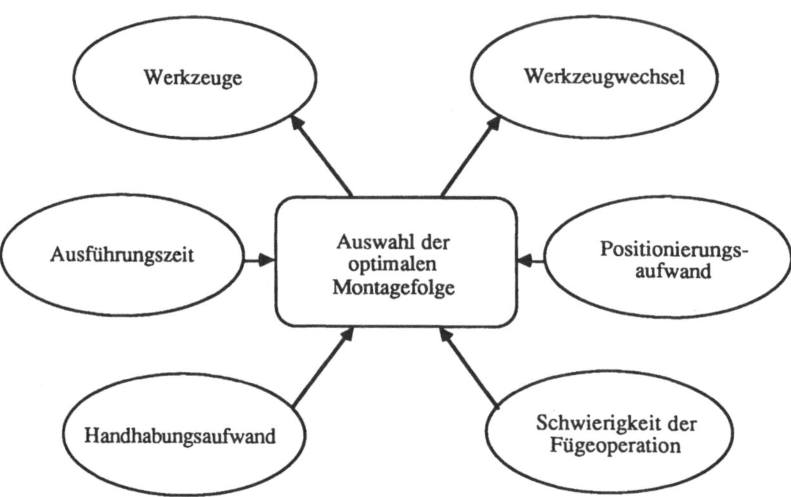

Bild 2.19: Kriterien zur Ermittlung des optimalen Vorranggraphen

Das Resultat von APOM ist eine Menge von Montage- und Vorranggraphen, die in verschiedenartigen Abstraktionsebenen der Produktionshierarchie definiert werden können. Die Attributierung der Kanten in diesen Graphen beziehen sich auf die bereits angesprochenen Attribute wie Fügerichtung, Hilfsoperation, Werkzeug etc. und läßt sich ebenso hierarchisch verfeinern. So kann etwa nur die Fügeoperation oder die gesamte Skala der dazugehörenden Hilfsoperationen ermittelt und angezeigt werden.

2.3.2 Integrierte Modellbildung in CAD - Systemen und Sichtsystemen

2.3.2.1 Spezifikation einer integrierten Modellbildung

Gegenwärtig existierende Sichtsysteme modellieren ausschließlich geometrische Objekteigenschaften. Diese Systeme sind somit konzipiert, um den zu Sichtsystemen inversen Vorgang durchzuführen (Bild 2.20).

Bei CAD - Systemen existiert das Modell im Kopf des Designers, er braucht es nicht mehr zu erkennen. Es geht lediglich um graphische Darstellungen der internen Modellwelt des Designers. Bei den Problemen der Bildverarbeitung ist das Modell wie auch die Instanz eines Modells nicht bekannt und muß erst verifiziert werden. Dies gilt insbesondere für das modellgesteuerte so wie das wissensbasierte Sehen, bei dem zielorientiert vorgegangen wird.

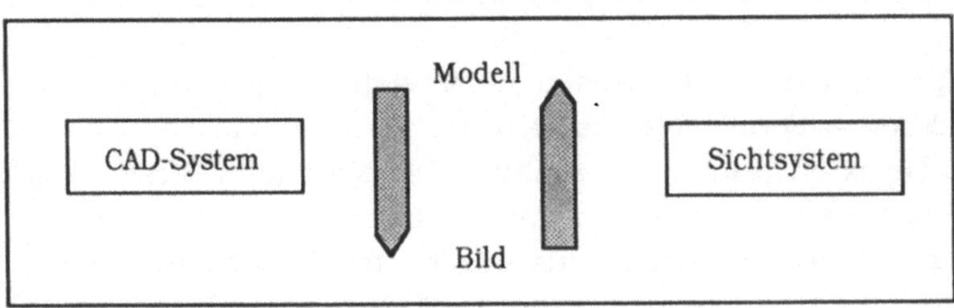

Bild 2.20: Inverse Zielrichtung von CAD- Sichtsystemen

Die Bildverarbeitung wird allgemein in einen ikonischen und einen symbolischen Bereich unterteilt. Die symbolische Bildverarbeitung wird vorwiegend auf den Ansätzen der KI aufgebaut. Trotz der immer noch anhaltenden Betonung der ikonischen Bildvearbeitung kommt der symbolischen Bildverarbeitung die besondere Bedeutung zu. Dieser Forderung trägt die Modellierung in CAD - Systemen aber noch keinerlei Rechnung. Aus diesem Grund muß eine Verschmelzung der beiden Teilbereiche bei der geometrischen Modellierung beziehungsweise bei der ikonischen Bildverarbeitung ansetzen.

Damit eine einheitliche Modellbildung möglich wird, sehen wir im einzelnen die Notwendigkeit, an den beiden Disziplinen die folgenden Änderungen anbringen zu müssen:

1) Es muß die Möglichkeit gegeben werden, geometrische Modelle nach der gewünschten Abstraktionsstufe aufzubauen. In der Bildanalyse sind dies die Bild- und Szenenbereichshinweise. Sie könnten als Maß für die "Körnigkeit" der gewünschten Darstellung genommen werden. In herkömmlichen CAD-Systemen muß der Benutzer diese Abstraktionsstufe selbst aufbauen. Ein weiteres Maß für den Grad der Detaillierung liegt im Planungs- und Entwurfskonzept selbst. Von der Anforderungsliste bis hin zum Detailplan sind unterschiedlich genaue Objektangaben notwendig.

2) Typische Merkmale, die in der Bildverarbeitung notwendig sind, wie etwa Kanten, Krümmungen, Abstände, sollten parametergesteuert angebbar sein. Dies hat zur Folge, daß CAD-Systeme auch merkmalsbezogene Darstellungen von Objekten ermöglichen sollten und nicht nur interne Darstellungen etwa durch Punkte, Geraden und Flächen angeben, ohne allgemeine abstrakte Beschreibungen über die Topologie des Objektes zu enthalten. Diese Merkmale könnten dann direkt aus CAD-Darstellungen entnommen und in Sichtsystemen für die modellgesteuerte Suche eingesetzt werden.

3) Aufgrund der im technischen Bereich weitgehend gültigen Beziehung Funktion = Form bietet es sich an, die merkmalsbedingten Darstellungen von Objekten primär am funktionalen Verhalten dieser Objekte zu orientieren. Dies hätte auch den Vorteil, daß die Dateien für diese Objekte leichter zu strukturieren sind als durch die üblichen Relationen wie Klassifikation, Aggregation usw. Diese funktionale Beschreibung wird zwar während der Entwurfsphase vom Menschen benutzt (eine Laugenpumpe z.B. hat gerade dieses Aussehen, weil sie für eine bestimmte Funktion in einer bestimmten Umgebung geschaffen wurde), doch nirgendwo im Rechner festgehalten.

4) Auf den geometrischen CAD-Modellen aufbauend sollten für die symbolische Bildverarbeitung bereits beim Entwurf abstrakte Modellbildungen, zum Beispiel in Form von Frames oder semantischen Netzen, existieren. Sauber definierte Schnittstellen zwischen diesen Darstellungen (Topologie, Bewegungsabläufe) und den verschiedenen geometrischen Detaillierungsgraden sollten möglich sein.

5) Aufbau von generischen Modellen und nicht nur von einzelnen Instanzen, wie es in CAD-Systemen heute noch üblich ist. Diese generischen Modelle müssen in Form von symbolischen Einschränkungen, die die Variationen in der Struktur, in der Größe und in der *"Beweglichkeit"* einer ganzen Objektklasse festhalten, festgelegt werden. Solche Aufgaben erlauben die Implementierung allgemeiner Verifikationsverfahren, die eine geometrische Inferenzbildung zulassen.

6) Das Lernen von einzelnen Objekten zum Zweck der geometrischen Inferenz sollte CAD-unterstützt ablaufen. Legt man etwa dem Lernen die Funktion/Form-Relation zugrunde, so können die ersten funktionalen Beschreibungen von Merkmalen mit Hilfe von CAD-Modellen aufgebaut werden. Auch die Merkmalsuche in einzelnen realen Objekten kann mit Hilfe von allgemeinen geometrischen Verhaltensbeschreibungen durchgeführt werden.

7) Neben der geometrischen Inferenz sollte auch noch ein Lernmodus, der auf der funktionalen Inferenz aufbaut, möglich sein. Kenntnisse, wozu beispielsweise ein Schraubenzieher und eine Schraube dienen, können dazu benutzt werden, um starke Einschränkungen über die Art des Objektes abzuleiten. CAD-Modelle könnten bei der Verifikation beziehungsweise der Falsifikation solcher kausalen Schlüsse als geometrische Merkmalsträger von funktionalen Verhaltensangaben auftreten. So könnten diese geometrischen Darstellungen etwa für die Visualisierung eines Schraubenziehers oder eines Schraubenschlitzes bei der Bildung einer Inferenzkette herangezogen werden.

2.3.2.2 Robotersehen mit dreidimensionalen CAD-Modellen

Zur Montageablaufplanung gehört auch die Erzeugung eines Sensorplanes. Die allgemeinen Aufgaben eines Sensorplanes wurden in Abschnitt 1.8.3 erläutert. Hier wird von dem globalen Multisensoraspekt nur der Einsatz von Kameras betrachtet.

Die Vorteile, ein dreidimensionales, konventionelles CAD-Modell für das Robotersehen einzusetzen, liegen in den folgenden Punkten:

- Eindeutige geometrische Beschreibung und Vermaßung
- Reduktion des Suchaufwandes und des Speicherplatzes, da beliebige Teilansichten automatisch generiert werden können.

Ein CAD-Modell ist jedoch nicht kameratauglich, daher muß es für den Sichtsystemeinsatz erst mehrmals transformiert werden. Diese Transformation erfolgt in zwei Stufen /Levi 87/. In der Lernphase werden die wesentlichen Datenstrukturen zur visuellen Objektbeschreibung (Objektrahmen) und zur Bildinterpretation (Sichtbarkeitsbaum) erzeugt. In der darauffolgenden Sichtphase wird die Erkennung ikonischer Merkmale durchgeführt. Die Merkmale, die in diesem Zusammenhang extrahiert werden, beziehen sich auf solche Charakteristika, die für die Operation relevant sind. Solche Schlüsselmerkmale nennen wir *Operationsmerkmale.* Die zugehörigen Oberflächen sind die Operationsflächen.

Die Grundidee, die sich hinter diesem Verfahren verbirgt, ist diejenige, daß das dreidimensionale Sehen auf der Basis eines dreidimensionalen CAD Modelles durch die konsequente Verwendung verschiedener Objektansichten - ähnlich wie beim Konstruktionsvorgang - erfolgen kann. Wir beginnen mit der Draufsicht. Ist das gewünschte Schlüsselmerkmal aus dieser Sicht nicht zu erkennen, so werden die Vorderansicht und/oder die Seitenansicht zur Bildinterpretation mit herangezogen. Alle diese drei Sehrichtungen sind auf ein raumfestes x,y,z -Koordinationssystem (Montagetisch, orthographischer Projektion) bezogen. Zur Bestimmung der Orientierung werden die Vorder- und Seitenansichten (in der x,y - Ebene) in weitere 10^0 Intervalle verfeinert.

A Lernphase

Eingesetzt wird der dreidimensionale CAD-Modellierer ROMOLUS, der auf einer Micro-Vax installiert ist. Er liefert als Ausgabe eine Liste von Kanten, Eckpunkten und Flächen. In einer Reihe von Zwischenschritten wird hieraus dann automatisch ein sogenannter Objektrahmen erzeugt. Er enthält neben den deklarativen Objektbeschreibungen auch die Prozeduren, um die Attribute dieser Beschreibungen zu berechnen. Die wesentlichen Fächer (slots) dieses Rahmens (frame) definieren die folgenden Objektgrößen:

1) Topologische Beziehungen zwischen Kanten, Ecken und Flächen.
2) Stabile Position.
3) Sichtbare Operationsflächen und -merkmale.
4) Begrenzungskanten in der Draufsicht (einschließlich interner Kanten, Überlappungen von Flächen).
5) Operationsfläche (Kompaktheit, konsekutive Längenverhältnisse, etc.)
6) Operationsmerkmale (Bohrung etc.).

Die andere wesentliche Datenstruktur, die in der Lernphase (allerdings vom Benutzer) aufgebaut wird, ist der *Sichtbarkeitsbaum*. Er setzt sich aus zwei Teilen zusammen: der erste Teil dient der Klassifizierung des Aspektes (z.B. stabile Lage), unter dem ein Objekt von oben zu sehen ist, während der zweite Teil der Angabe der Orientierung des Objektes dient. Jeder einzelne von oben erkennbare Aspekt Ai eines Objektes bildet die Wurzel dieses Teilbaumes. Alle Aspekte zusammen bilden den Gesamtbaum. Alle nachfolgenden Knoten enthalten die Regeln, nach denen die Orientierungen der Objekte, vorwiegend unter der Zuhilfenahme von Seiten- oder Vorderansichten, bestimmt werden können.

Die prinzipielle Abarbeitung des Sichtbarkeitsbaumes unterscheidet die drei folgenden Fälle:

1) Operationsfläche bzw. Operationsmerkmal (Schlüsselmerkmal) sind von oben sichtbar.
2) Schlüsselmerkmale sind in der Vorder- und/oder Seitenansicht zu finden.
3) Schlüsselmerkmale sind nicht sichtbar. In diesem Fall liegt das Schlüsselmerkmal auf dem Montagetisch.

Analog zum Sichtbarkeitsbaum wird in dieser Phase auch ein sogenannter *Meßbaum* erzeugt. Enthält der erstere Baum Interpretationsregeln, so setzt sich der zweite Baum aus Meßregeln zusammen. Diese Regeln definieren, was genau bei der Überwachung der Montageoperationen durch die linke bzw. die rechte Handkamera zu beobachten ist.

B Sichtphase

Die Strategie zur Identifikation eines Operationsmerkmals und zur Bestimmung der Orientierung dieses Merkmales enthält der Sichtbarkeitsbaum. Die Information, die zur Verifikation des Bedingungsteiles bzw. des Aktionsteiles der entsprechenden Regeln notwendig ist, steht im Objektrahmen. Zur Erkennung der im Objektrahmen angegebenen Werkstückparameter werden gegebenenfalls nicht nur die drei vorbestimmten Kamerapositionen ausgenutzt, sondern es werden durch die Regeln im Sichtbarkeitsbaum bedingt auch Kamerarotationen z.B. um 45^0 vorgeschlagen, um das Operationsmerkmal exakter detektieren zu können. Im Zusammenhang mit den Meßbäumen bedeutet dies etwa, daß zur Bestimmung eines Lochdurchmessers die Kamera orthogonal zur Operationsoberfläche geführt wird. Nach anschließender Kamerafokusierung kann dann der Lochdurchmesser bestimmt werden.

Es hat sich gezeigt, daß dreidimensionale CAD-Modelle nach einer Reihe von automatischen Transformationsschritten in geeignete geometrische Sichtmodelle überführt werden können. Diese Sichtmodelle liefern nicht nur die charakteristischen Merkmale, sondern auch die perspektivischen Verzerrungen dieser Merkmale aus beliebigen Sichtrichtungen. Diese perspektivischen Merkmalsveränderungen und die drei raumfesten x,y,z-Sichtweisen liefern das Konzept dieses Ansatzes für das dreidimensionale Sehen.

Die Interpretation dieser Kamerabilder kann rein regelbasiert durchgeführt werden. Die dabei verwendeten Kontrollstrukturen (Sichtbarkeitsbaum, Meßbaum) lassen sich gut einfügen in ein Blackboardkonzept. Die Kontrollstrukturen werden als Wissensquellen implementiert und die von diesen Wissensquellen erzeugten Interpretationsdaten werden in das Blackboard eingetragen. Aufgrund dieser Eintragungen können dann andere Wissensquellen (z.B. Kamerarotation, umgreifen, da das Orientierungsmerkmal verdeckt ist, etc.) angestoßen werden.

Die regelbasierte Steuerung des Bildinterpretationsprozesses ist charakteristisch für die Abkehr von der rein prozeduralen Bildverarbeitung. Es wird nicht versucht, die Bilddaten konstant zu verbessern, sondern erst wenn die Regeln nicht mehr "greifen", werden exakte analytische Verfahren eingesetzt. Die Kamera wird zuerst orthogonal z.B. zu einem Loch gebracht und danach wird mit analytischen Verfahren der Lochdurchmesser bestimmt.

Dieses zuvor beschriebene Verfahren aus CAD- Modellen "Sichtmodelle" zu erzeugen, wird an APOM angeschlossen werden, um in Zukunft nicht nur die Planungsphase, sondern auch die sensorgesteuerte Ausführungsüberwachung von Montagerobotern durchführen zu können.

2.3.3 Bewertung des Entwurfs auf Montagegerechtheit

Ein Produkt ist montagegerecht konstruiert, wenn die Montage eines Produktes mit minimalem Aufwand an Zeit, Kosten, Mitteln und Arbeit möglich ist /Boothroyd 83/. Vor der Erstellung des endgültigen optimalen Vorranggraphen wird in APOM ein Bewertungsverfahren eingesetzt, das Kennzahlen für die Montagegüte erzeugt. Die Konstruktionskriterien, die die robotergerechte Montage beeinflussen, zeigt Bild 2.21.

Diese Kriterien lassen sich in die drei folgenden Klassen einteilen:

a) montagegerechte Abgrenzung der Baugruppen
b) minimale Anzahl von Montageoperationen
c) möglichst einfache Montageoperationen.

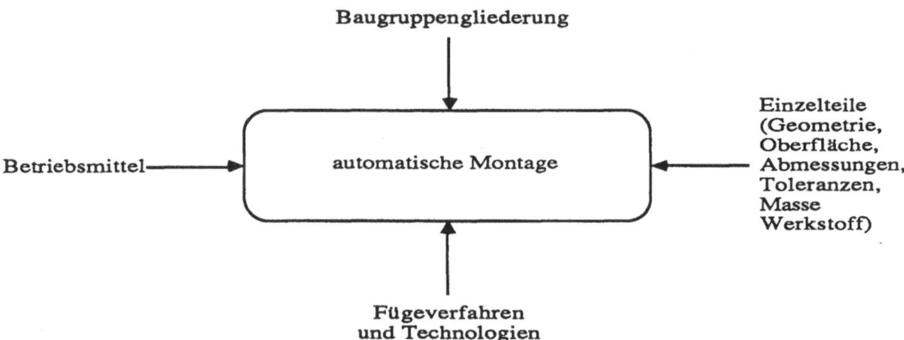

Bild 2.21: Kriterien für Montagegerechtheit

Als Montageoperationen werden umfassend das Fügen, das Handhaben (Hilfsoperationen) und das Prüfen bezeichnet /Krieg 83/. Die Füge- und Handhabungsoperationen sind Bestandteil des Montageplaners. Die Prüfoperationen gehören nach unserem Verständnis zum Sensorplan und werden als Meßregeln in den Meßbäumen festgehalten (Abschn. 2.3.1.2).

Die Kriterien für die Prüfung der montagegerechten Abgrenzung der Baugruppen sind:

- Zahl der Fügeflächen, die eine Baugruppe mit einer anderen Baugruppe gemeinsam hat.
- Existenz der Basisbaugruppe, die Träger möglichst aller anderen Baugruppen ist.

Die Anforderungen der minimalen Anzahl von Montageoperationen läßt sich anhand der folgenden Kriterien prüfen:

- Beurteilung der eingesetzten Verbindungsverfahren nach ihrem Teilebedarf (Reduzierung der Montageoperationen),
- Ermittlung der minimal notwendigen Anzahl an Bauelementen,
- Beurteilung einer Montagefolge nach der Anzahl erforderlicher Richtungen, aus denen gefügt werden muß.

Die Kriterien zur Prüfung der Verwendung möglichst einfacher Montageoperationen sind:

- Beurteilung des Basisteils einer jeden Baugruppe auf Erfüllung der Basisteileigenschaft,
- Beurteilung der Montagefolge auf günstige Fügerichtungen (geradlinig, vertikal von oben oder horizontal),
- Beurteilung der Bauelemente auf automatische Zuführbarkeit,
- Beurteilung der Bauelemente auf Handhabbarkeit,
- Beurteilung der eingesetzten Fügeverfahren nach ihrem Teilebedarf (Vereinfachung der Montageteiloperation),
- Beurteilung der eingesetzten Technologien nach ihrem Aufwand.

Das Bewertungsverfahren von /Gairola 86/ arbeitet in zwei Schritten:

1) Analyse und Bewertung der Bauelemente. Ermittelt werden Kennzahlen für die Komplexität der erforderlichen Montageoperationen (ohne Prüfoperationen) für Bauelemente.

2) Analyse und Bewertung der Baugruppen. Zu einer Baugruppe werden mehrere Kennzahlen ermittelt (Komplexität, Unabhängigkeit, Fügefreundlichkeit, Fügerichtung).

Vergleicht man dieses Bewertungsverfahren mit den eingangs aufgestellten Kriterien, so ergeben sich für dieses Verfahren die folgenden Kritikpunkte. Die Bewertung der Einzelteile (1. Schritt) ist sehr subjektiv (gut, mittel, schlecht) und nicht exakt genug. Bei der Bewertung der Baugruppen (2. Schritt) bleibt z.B. die Reihenfolge, in der die Fügeoperationen auszuführen sind, unberücksichtigt.

Das Bewertungsverfahren, das bei APOM eingesetzt wird, stützt sich auf Ansätze der Firmen Siemens /Hardeck 86/ und Hitachi (Assembly Evaluation Method). Dieses Verfahren kennt zwei Bewertungsindizes: Schwierigkeitsgrad der Montageoperationen (Grundeliminierungspunktzahl, Basiskoeffizient) und geschätzte Montagekosten.

Dieses Verfahren sollte allerdings noch weiter entwickelt werden, da es eine Reihe von wichtigen Kriterien noch außer Acht läßt. Kritikpunkte an diesem Verfahren sind:

- zu geringe Differenzierung zwischen verschiedenen Fügeoperationen.
- Die Einhaltung der Basisteileeigenschaften wird nicht überprüft.
- Keine Überprüfung der montagegerechten Gliederung eines Produktes in Baugruppen.
- Die Handhabungsoperationen werden nicht bewertet.

Der Ansatz der Firma Siemens wurde dennoch demjenigen von Gairola vorgezogen, da er erlaubt, die Montagerechtheit rechnerisch zu ermitteln und die Montagereihenfolge als Basis der Beurteilung verwendet.

2.4 Darstellung von Fügeoperationen und Montagefolgen

Planungsmodelle zur Spezifikation von Montagevorgängen müssen **vollständig** und **redundanzarm** sein. Geeignete Modelle hierfür sind die Fügeflächenmatrix, der Montagegraph, der Vorranggraph und der speziell von APOM benutzte UND/ODER-Graph.

Das exemplarische Montageobjekt, das von uns während dieser Arbeit stets wieder verwendet wird, ist die Laugenpumpe einer Waschmaschine. Sie setzt sich aus den folgenden verschiedenen 12 Einzelstücken zusammen: Grundplatte, Stator, Rotor,

Lagerbügel, Pumpengehäuse, Pumpenrad, Lüfterrad, Schraube, Lagerbügel, Kalottenlager, Klemmbrille und Filzring. Bild 2.22 zeigt ein CAD-Diagramm von 10 Einzelteilen (es fehlen Pumpengehäuse und Pumpenrad) dieser Laugenpumpe.

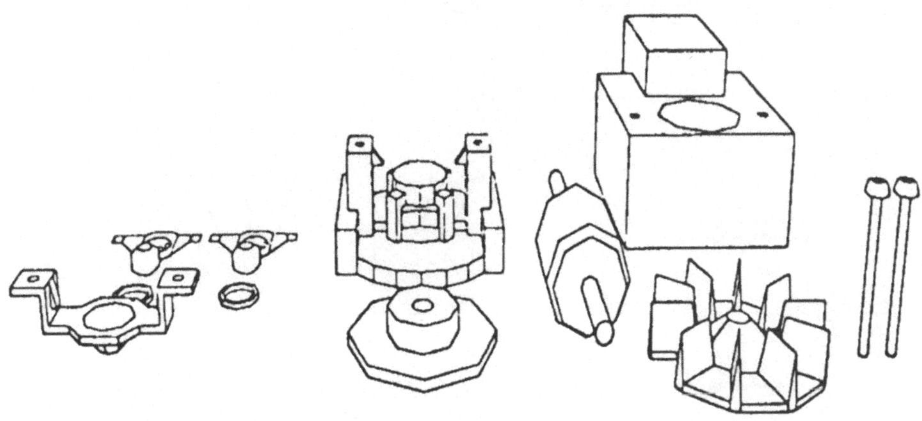

Bild 2.22: CAD-Bild einer durch einen Roboter zu montierenden Laugenpumpe

2.4.1 Qualitative Fügeflächenmatrix

Die Fügeflächen sind diejenigen Flächen der Bauteile, die im montierten Zustand in gegenseitigem Kontakt stehen (Bild 2.23).

Die *binäre Fügeflächenmatrix* beschreibt die quantitative Kontaktstruktur, d.h. welches Teil Kontakt mit einem anderen hat. Für den Montageablauf kann sie zur Suche nach Baugruppen benutzt werden. Diese sind in der Regel dadurch gekennzeichnet, daß die Teile miteinander mehr Kontaktflächen als nach außen besitzen, was in der Belegung der Matrix ausgedrückt wird. Außerdem können aus ihr die für die Montage eines Bauteils unmittelbar wichtigen Kontaktbauteile bestimmt werden.

Eine **qualitative Fügeflächenmatrix** enthält ebenfalls die Fügeflächenbeziehungen; sie ist aber um die genaue Beschreibung der Fügeflächen erweitert worden. Diese Beschreibung ist entweder direkt oder über Verweise auf das CAD-Modell zu erhalten. Fügeflächen werden in der Regel gesondert bearbeitet. Dadurch müssen sie im Modell gesondert gestaltet und bezeichnet werden, wodurch die Möglichkeit der Kennzeichnung entsteht.

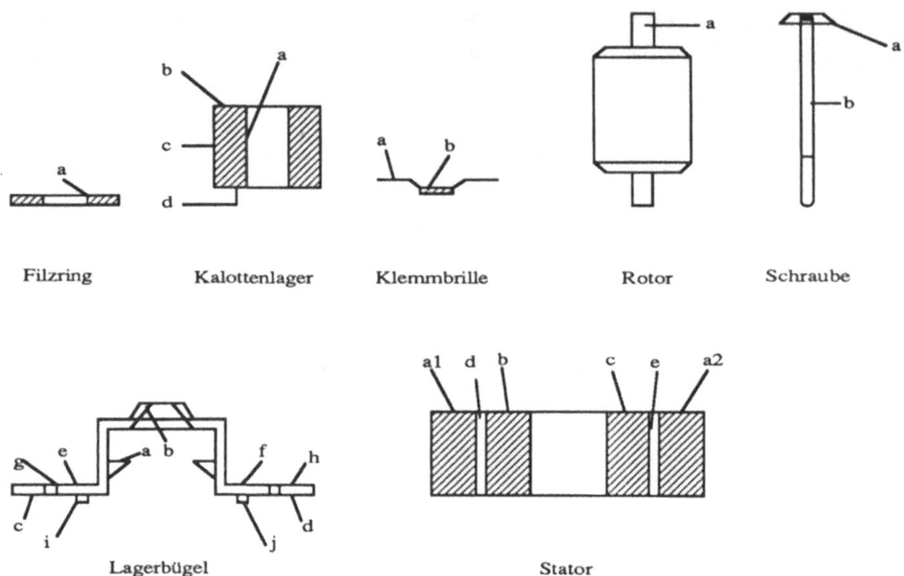

Bild 2.23: Fügeflächen der Einzelteile einer Laugenpumpe

Bild 2.24 zeigt die zu montierenden Einzelteile der Baugruppe Lagerbügel.

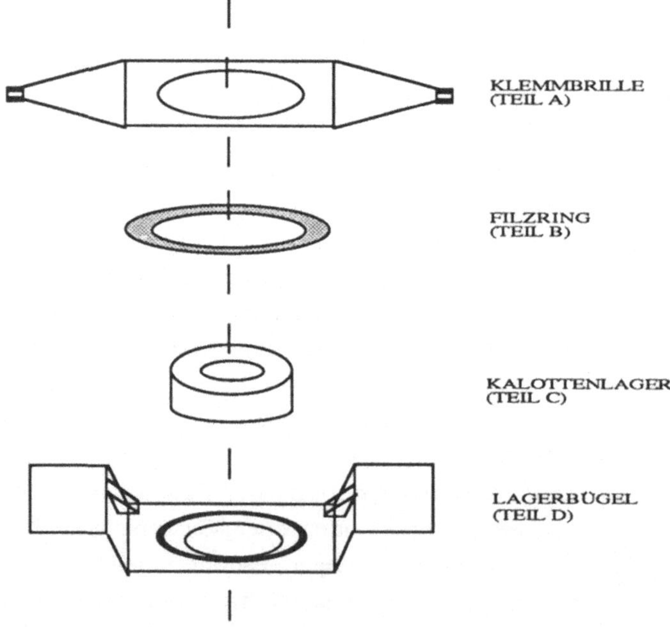

Bild 2.24: Einzelteile der Baugruppe Lagerbügel der Laugenpumpe

Bild 2.25 zeigt die zugehörige qualitative Fügeflächenmatrix. Die Teile, die mit durchgehenden Balken gekennzeichnet sind, geben die Teile und Fügeflächen innerhalb der Baugruppe an. In einem Kästchen sind die Bezeichnungen der Fügeflächen der Einzelteile jeweils durch einen waagerechten Strich getrennt. Die Teile, die mit der Baugruppe Lagerbügel in Fügekontakt stehen, sind mit unterbrochenen Balken gekennzeichnet.

2.4.2 Montagegraph

Ein **Montagegraph** ist ein gerichteter Graph, dessen Knoten und Kanten attributiert sein können. Die Knoten werden durch die zu montierenden Objekte definiert. Die Kanten werden durch die Fügeoperationen festgelegt und zeigen vom aktiven Teil (wird bewegt während der Montage) zum passiven Teil hin (wird z.B. fixiert).

Die Knoten können durch die Inhalte der qualitativen Fügematerix, durch die restlichen Freiheitsgrade, durch Montagebedingungen, durch Toleranzen, Verformbarkeit, Belastbarkeit und durch technologische Zusatzinformationen etc. attributiert werden. Die Kantenattribute können durch die Angabe weiterer spezieller Fügeparameter und durch die Operation zur Handhabung und zum Prüfen definiert werden.

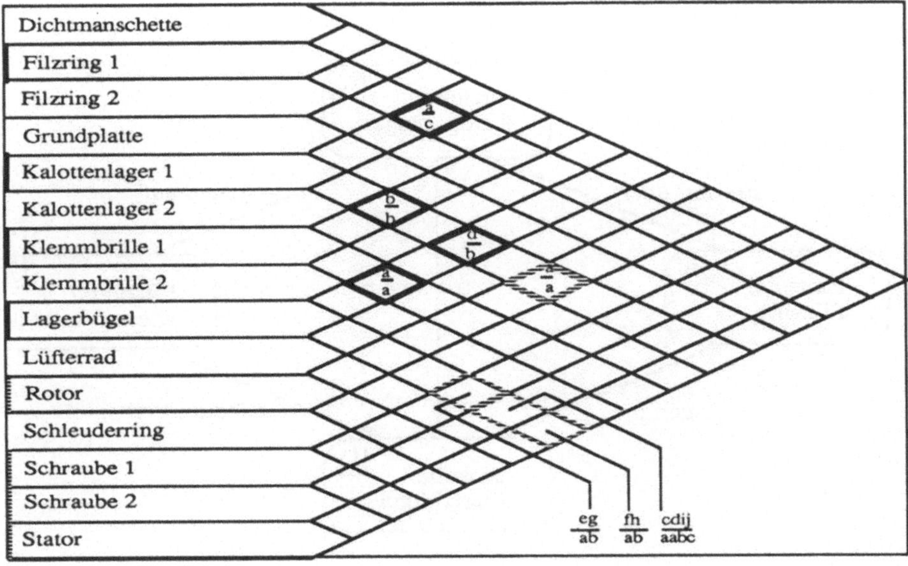

Bild 2.25: Qualitative Fügeflächenmatrix für die Baugruppe Lagerbügel

Montagegraphen können bei APOM in jedem gewünschten Attributsumfang und auf jeder Stufe der Produkthierarchie (z.B. Baugruppe, Einzelteile) erzeugt werden (Bild 2.26).

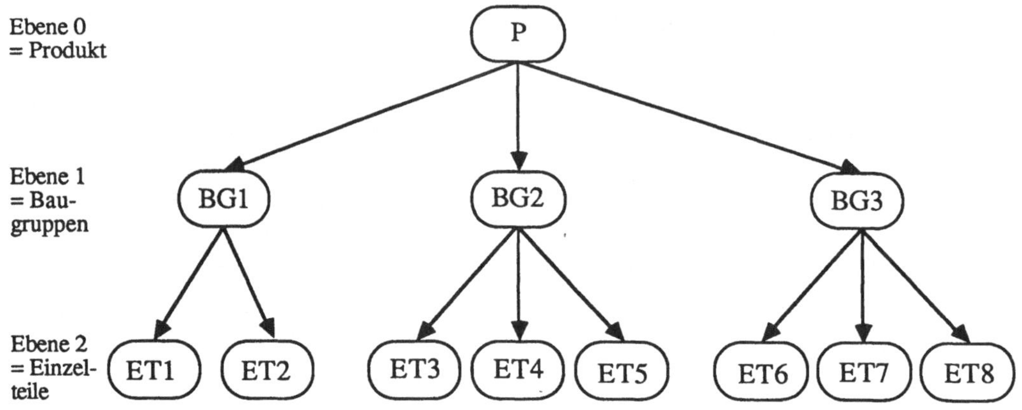

Bild 2.26: Produkthierarchie aus drei Ebenen. P = Produkt, BG = Baugruppe, ET = Einzelteil

Bild 2.27 zeigt einen Montagegraph auf der Einzelteilebene für den Zusammenbau eines Lagerbügels gemäß Bild 2.24.

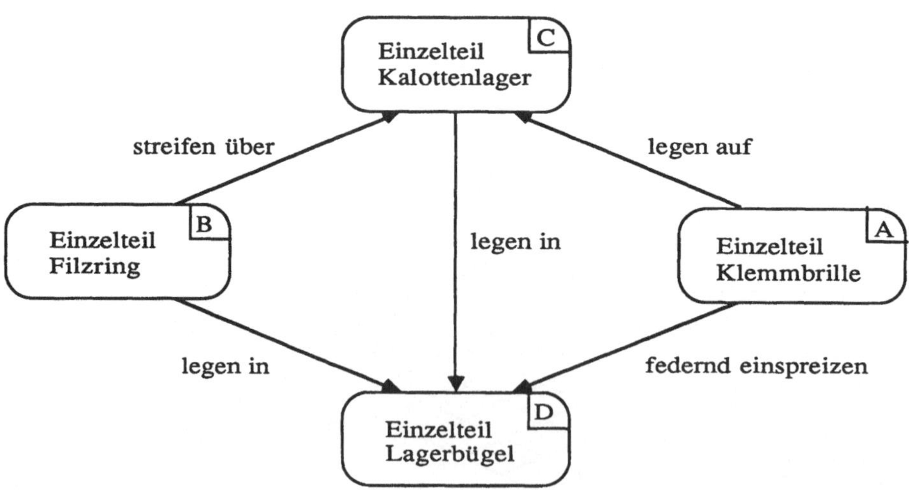

Bild 2.27: Montagegraph zur Baugruppe Lagerbügel

Die einzige Reihenfolgerestriktion, die bei der Baugruppe "Lagerbügel" existiert, lautet: *"füge Klemmbrille als letztes Teil"*. Diese Bedingung kann dem Knoten "Einzelteil Klemmbrille" als Attribut beigefügt werden. Ebenso wie dieses Attribut sind auch alle weiteren Knoten- und Kantenattributierungen nicht in Bild 2.27 eingezeichnet worden.

2.4.3 Montagefolgendiagramm

Ein **Montagefolgendiagramm** entsteht aus dem Montagegraphen, wenn die Fügeoperationen zeitlich geordnet werden und wenn berücksichtigt wird, daß eine Fügeoperation andere Fügeoperationen automatisch nach sich zieht. Es besteht aus einer Folge von attributierten Knoten und gerichteten Kanten. Ein Knoten repräsentiert eine Fügeoperation zwischen zwei Objekten. Er kann attributiert werden mit den Werkzeugen, mit Operationen zum Handhaben, etc. Die Kanten definieren eine Vorgänger/Nachfolger-Relation.

Ein Montagefolgendiagramm stellt eine mögliche Montagefolge dar (Bild 2.28).

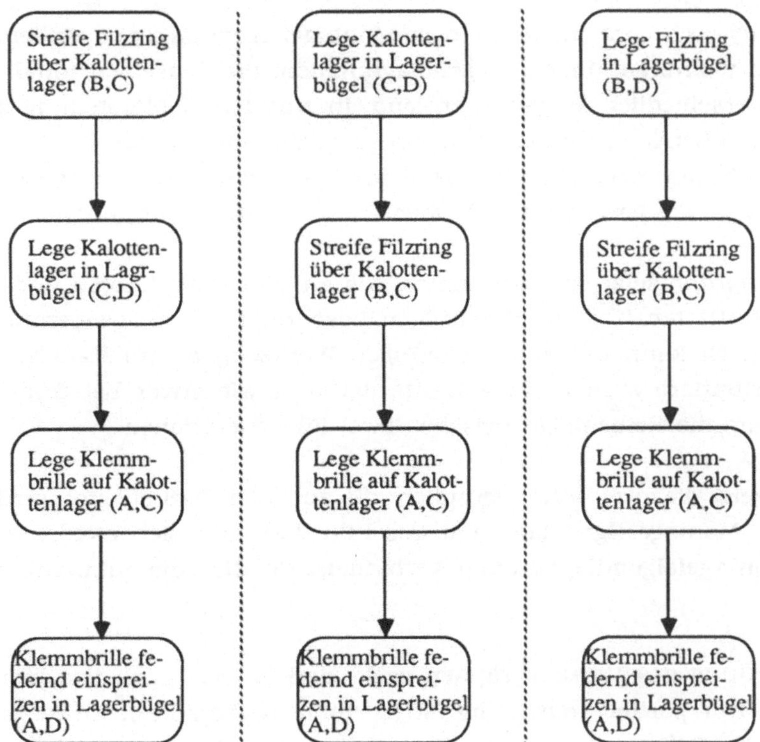

Bild 2.28: Drei mögliche Montagefolgendiagramme zur Baugruppe Lagerbügel

Im Vergleich zum Montagegraph von Bild 2.27 fehlen diejenigen Fügeoperationen, die notwendigerweise durch die vorangehenden Fügeoperationen mit ausgeführt wurden. So ist im linken Montagefolgendiagramm die Fügeoperation "Lege Filzring in Lagerbügel" nicht aufgeführt, da sie automatisch mit der Fügeoperation "Lege Kalottenlager in Lagerbügel" zusammenfällt. Dieses automatische Zusammenfallen von Fügeoperationen stellt zusätzliches Wissen dar, mit denen die Operationen zu attributieren sind.

Beurteilt man ein Montagefolgendiagramm anhand der eingangs zitierten Modellkriterien, so ergeben sich die folgenden Aussagen:

- das Montagefolgendiagramm ist vollständig bezüglich der korrekten Wiedergabe der Reihenfolge von Montageoperationen
- das Montagefolgendiagramm ist stark redundant
- das Montagefolgendiagramm liefert eine übersichtliche Darstellung.

2.4.4 Vorranggraph

Ein Vorranggraph entsteht aus einem Montagefolgendiagramm, indem diejenigen Knoten von mehreren Montagefolgendiagrammen, die denselben Inhalt haben und zeitlich unterschiedlich auszuführen sind, in eine Paralleldarstellung der betroffenen Knoten überführt werden. Ein Vorranggraph beschreibt somit eine Teilordnung der Fügeoperationen, die aus dem Zusammenlegen mehrerer Montagefolgendiagramme, die jeweils für sich vollständig geordnet sind, entstehen.

Ein *Vorranggraph* setzt sich zusammen aus attributierten Knoten und gerichteten, nicht attributierten Kanten. Ein Knoten beschreibt eine Fügeoperation zwischen zwei Teilen. Er kann mit den zugehörigen Werkzeugen und Handhabungsoperationen attributiert werden. Eine Kante definiert wie zuvor bei dem Montagefolgendiagramm die Reihenfolge zwischen zwei Fügeoperationen.

Bild 2.29 zeigt die zwei Vorranggraphen, die aus Bild 2.28 erzeugt werden können. Das rechte Montagefolgendiagramm aus Bild 2.28 läßt sich nicht mit den ersten beiden Montagefolgendiagrammen verbinden, da die Knoteninhalte verschieden sind.

Die Beurteilung des Vorranggraphen zeigt, daß er, wie auch das Montagefolgendiagramm, nur partiell vollständig ist (korrekte Reihenfolge). Er ist unvollständig bezüglich der Differenzierung von Situationen, bei der zwar dieselbe Anfangsbedingung entsteht, doch verschieden viele Teile betroffen sind. Ein Beispiel hierfür zeigt der linke Vorranggraph in Bild 2.29. Die Tätigkeiten "Streife Filzring über Kalottenlager" und "Lege Kalottenlager in Lagerbügel" können laut Vorranggraph in beliebiger Reihenfolge ausgeführt werden. Streift man aber zuerst den Filzring über das Kalottenlager, dann ist beim Legen des Kalottenlagers in den Lagerbügel nicht nur das Kalottenlager, sondern auch die Teilbaugruppe aus Kalottenlager und Filzring betroffen. In der umgekehrten Ausführungsreihenfolge betrifft die Fügeoperation dagegen nur das Kalottenlager. Zwischen diesen beiden Situationen differenziert der Vorranggraph nicht.

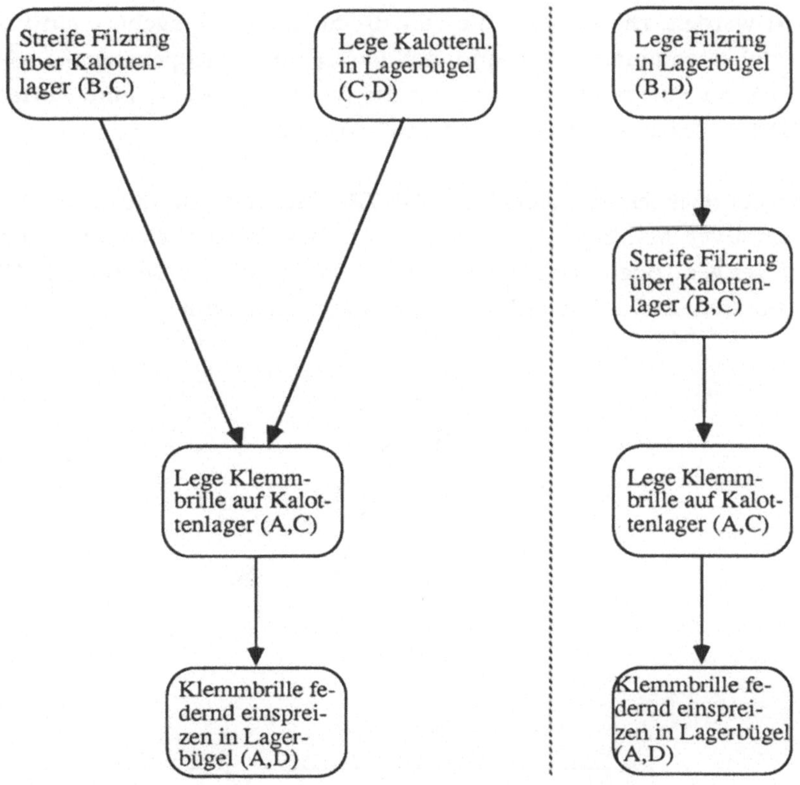

Bild 2.29: Zwei Vorranggraphen für die Baugruppe Lagerbügel

Daher eignet er sich nicht für die Auswahl der optimalen Folge aus einer Menge von Montagefolgen. Eine Differenzierung zwischen solchen Situationen ist erforderlich, da der Schwierigkeitsgrad der Situationen und dadurch auch der Aufwand für die Montagefolgen, zu denen die Situationen gehören, unterschiedlich groß sein kann. Genau diese Unterschiede sind für die Auswahl der optimalen Montagefolge ausschlaggebend.

Eine Darstellung im Vorranggraphen ist nicht redundanzfrei, wie wiederum Bild 2.29 zeigt. Die drei Montagefolgen zur Baugruppe Lagerbügel sind nur mittels zweier Graphen mit sich wiederholenden Knoten darstellbar, da nicht in jedem Fall zu allen Montagefolgen eine einzige Teilordnung existiert, in die sie eingebettet werden können.

2.4.5 UND/ODER-Graphen

Ein UND/ODER- Graph besteht aus Knoten und gerichteten Kanten. Beide können attributiert werden. Die Kanten, die von einem Knoten ausgehen, sind zu Gruppen (Hyperkante) zusammengefaßt und definieren die Fügeoperationen. Jede Hyperkante (UND) zu einem Knoten kann dazu benutzt werden, eine Zerlegungsalternative (ODER) dieses Knotens zu beschreiben (Bild 2.30) .

Im Montagebereich eignen sich UND/ODER- Graphen für die Darstellung sämtlicher alternativer Montagefolgen. Diese Graphen lassen sich aus den Montagegraphen erzeugen. Beginnend bei den Einzelteilen, die die Blätter des UND/ODER-Graphen darstellen, werden Teilbaugruppen etc. aufgebaut.

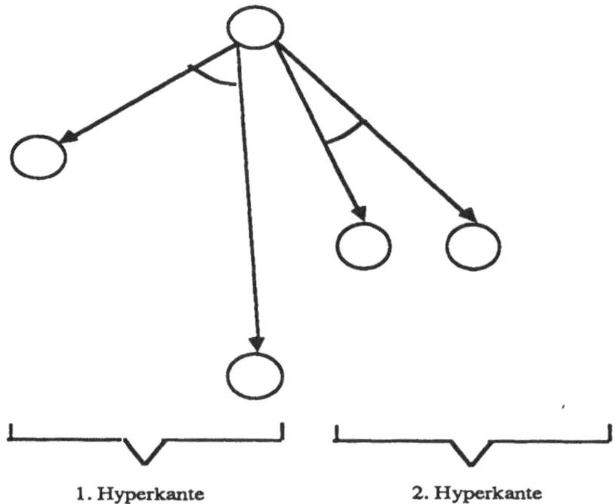

Bild 2.30: Knoten eines UND/ODER- Graphen mit zwei Hyperkanten. Eine Hyperkante (UND) wird durch einen Bogen (◡) gekennzeichnet.

In Bild 2.31 ist der UND/ODER- Graph zur Baugruppe Lagerbügel dargestellt. Er enthält sämtliche Montagefolgen und ist von unten nach oben zu lesen. Eine genaue Interpretationshilfe erfolgt bei dem einfacheren Lösungsbaum, der in Bild 2.32 dargestellt wird.

Die Beschriftung hat folgende Bedeutung (Hyperkante 1 als Beispiel): "Legen auf (Klemmbrille, Kalottenlager), federnd einspreizen (Klemmbrille, Lagerbügel)" ist gleichbedeutend mit "Klemmbrille" (1. angegebenes Teil = aktives Teil) auf Kalottenlager (2. angegebenes Teil = passives Teil) legen und anschließend (das Komma zwischen den beiden Fügeoperationen steht für "und anschließend" oder "und gleichzeitig") Klemmbrille in Lagerbügel federnd einspreizen". Ist mit der ersten Fügeoperation eine weitere Fügeoperation automatisch verbunden, so wird sie bei der Hyperkante mit angegeben (z.B. federnd einspreizen bei Hyperkante 1). Der Graph unterscheidet dabei, welche Fügeoperationen und Teile durch die unmittelbare Fügeoperation mittelbar an dieser Operation teilnehmen.

Der Wurzelknoten (Knoten 1) stellt die Baugruppe Lagerbügel dar, bestehend aus den untereinander gefügten Einzelteilen Lagerbügel, Kalottenlager, Filzring und Klemmbrille. Vom Knoten 1 geht genau eine Hyperkante (Hyperkante 1) aus, da die Baugruppe Lagerbügel im letzten Schritt nur gemäß einer Alternative montiert werden kann, nämlich aus der Teilbaugruppe Lagerbügel & Filzring & Kalottenlager und dem Einzelteil Klemmbrille durch Legen der Klemmbrille auf das Kalottenlager und Befestigen der Klemmbrille am Lagerbügel. Der Grund liegt in der vorgegebenen Restriktion "Füge Klemmbrille als letztes Teil".

Ein Lösungsbaum zu einem Knoten N eines Graphen ist ein Teilgraph des UND/ODER-Graphen mit maximal einer Hyperkante pro Knoten. Er wird rekursiv definiert.

In Bild 2.31 gab es drei Lösungsbäume. Sie entsprechen den drei Montagefolgendiagrammen von Bild 2.28. Der Lösungsbaum, der dem linken Montagefolgendiagramm entspricht, ist in Bild 2.32 abgebildet.

Die zugehörige Montagefolge lautet:

> "Streife Einzelteil Filzring (Knoten 7) über Einzelteil Kalottenlager (Knoten 8) (entspricht Hyperkante 5). Dabei entsteht Teilbaugruppe Knoten 3. Dann lege das Kalottenlager (Teil des Knotens 3) in das Einzelteil Lagerbügel (Knoten 6) und gleichzeitig lege den Filzring (Teil des Knotens 3) in das Einzelteil Lagerbügel (Knoten 6), (entspricht Hyperkante 2). Dabei entsteht Teilbaugruppe Knoten 2. Abschließend lege das Einzelteil Klemmbrille (Knoten 5) auf das Kalottenlager (Teil des Knotens 2) und anschließend Einzelteil Klemmbrille (Knoten 5) im Einzelteil Lagerbügel federnd einspreizen (Teil des Knoten 2);

(entspricht Hyperkante 1). Dabei entsteht die Baugruppe Lagerbügel (Knoten 1)."

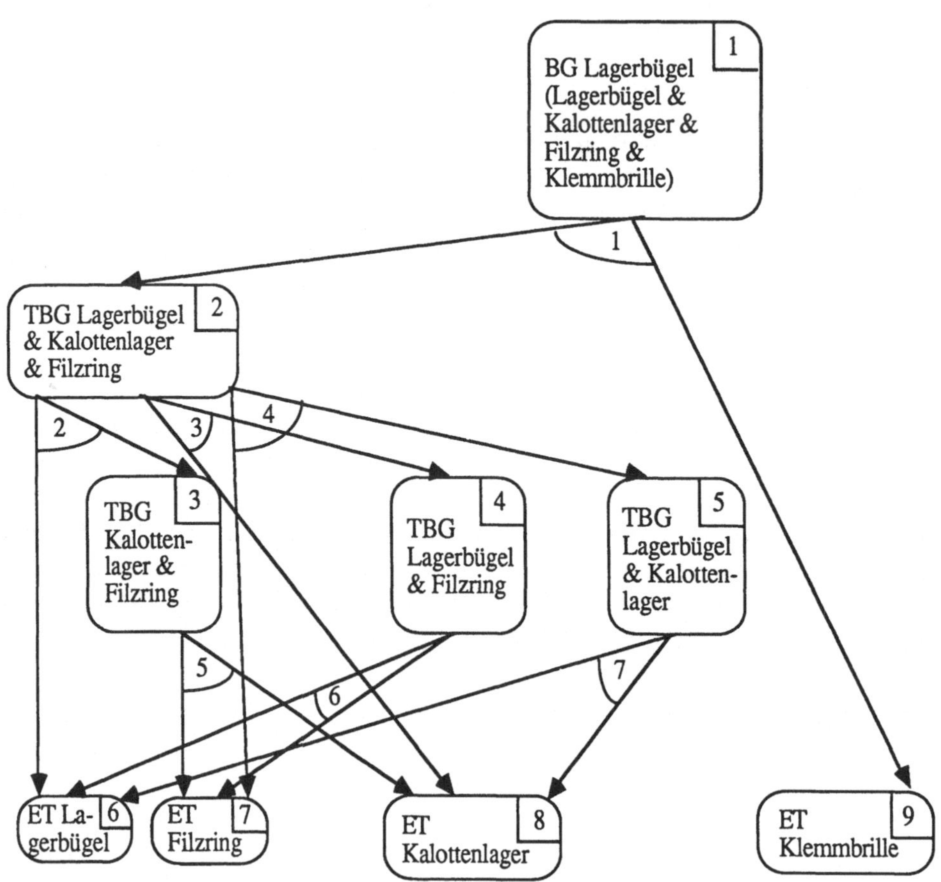

Hyperkanten

1: legen auf (Klemmbrille, Kalottenlager), federnd einspreizen (Klemmbrille, Lagerbügel)
2: legen in (Kalottenlager, Lagerbügel), legen in (Filzring, Lagerbügel)
3: streifen über (Filzring, Kalottenlager), legen in (Kalottenlager, Lagerbügel)
4: streifen über (Filzring, Kalottenlager), legen in (Filzring, Lagerbügel)
5: streifen über (Filzring, Kalottenlager)
6: legen in (Filzring, Lagerbügel)
7: legen in (Kalottenlager, Lagerbügel)

Bild 2.31: UND/ODER- Graph für die Baugruppe Lagerbügel

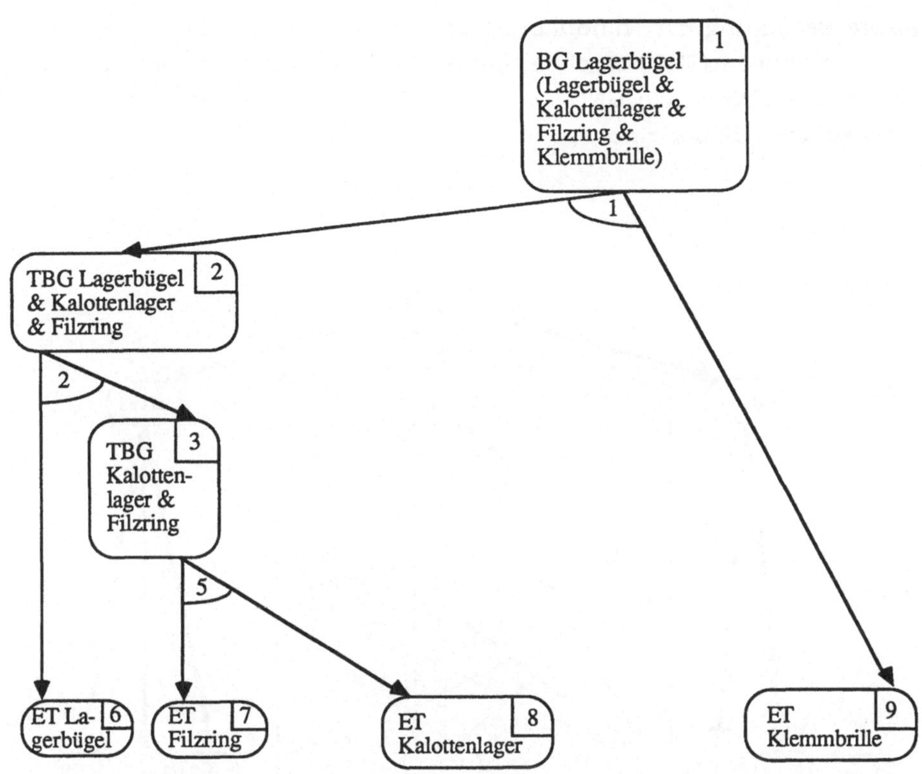

Bild 2.32: Ein Lösungsbaum aus dem UND/ODER-Graphen zur Baugruppe Lagerbügel

Der dargestellte Lösungsbaum ist der Teilgraph des UND/ODER-Graphen aus Bild 2.31, in dem Knoten 2 nach der Montagealternative zu Hyperkante 2 montiert wird. Dadurch entfallen für den dargestellten Lösungsbaum die Knoten 4 und 5, die nur über die Hyperkanten 3 und 4 erreichbar sind.

Theoretisch könnte ein Knoten des UND/ODER-Graphen aus beliebig vielen Teilbaugruppen montiert werden, in der Regel sind jedoch an einer Fügeoperation genau 2 Teile, die zu einer Teilbaugruppe gehören, beteiligt. Operationen an nur einem Teil wie Fixieren oder Positionieren werden zusammen mit den Fügeoperationen in die Attributierung einer Hyperkante mit einer Folge von Montageteiloperationen, die auszuführen sind, um zwei Teilbaugruppen zu montieren, integriert. Daher wurde in der Definition des Graphen vereinbart, daß eine Hyperkante stets auf genau zwei Teilbaugruppen zeigt.

Die explizite Beachtung der Handhabungsoperationen hat zur Folge, daß sich dadurch Teilbaugruppen (TBG) ergeben, die in der Produkthierarchie nicht vorhanden sind. In Bild 2.33 ist ein UND/ODER-Graph in die Produkthierarchie von Bild 2.26 eingebettet. Er bildet eine eigene Hierarchie.

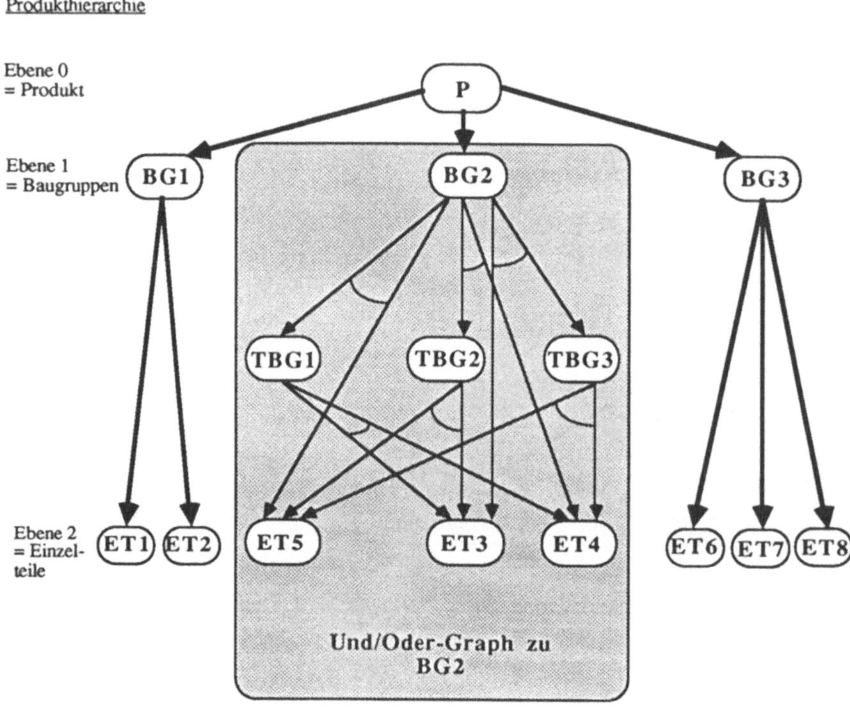

Bild 2.33: Einbettung des UND/ODER - Graphen zur Baugruppe BG_{ij} mit Ebene i = 1 und Baugruppe j = 2 in die Produkthierarchie aus Bild 2.26 (P = Produkt, BG = Baugruppe, TBG = Teilbaugruppe, ET = Einzelteil)

Zur Baugruppe BG2 gehören drei Hyperkanten, d.h. BG2 läßt sich auf drei Arten montieren, aus TBG1 und ET5, aus TBG2 und ET4 sowie aus TBG3 und ET3. TBG1, TBG2 und TBG3 sind jeweils auf eine Art aus je zwei Einzelteilen montierbar.

Der UND/ODER- Graph ist vollständiger als das Montagefolgendiagramm und der Vorranggraph. Er ist redundanzfrei, da jede nur denkbare Teilbaugruppe einer Baugruppe maximal nur ein Mal in diesem Graphen vorkommt /de Mello 86/. Er ist jedoch nicht so übersichtlich, wie ein Vorranggraph.

2.4.6 Modellvergleich für Montagefolgen

Der Vorranggraph und das Montagefolgendiagramm sind beide gleichwertig in ihrer partiellen Vollständigkeit. Der Vorranggraph ist dem Montagefolgendiagramm aber vorzuziehen, da er im Vergleich zu diesem Diagramm eine geringere Redundanz aufweist. Der Vorranggraph ist übersichtlicher als der UND/ODER-Graph, da letzterer bei n Bestandteilen (n≥4) bereits so groß wird, daß er kaum vollständig in einem Bild dargestellt werden kann.

Der Vorranggraph ist für die Auswahl der optimalen Montagefolge ungeeignet, da er Montagesituationen, in denen zwar die gleiche Fügeoperation angewandt wird, die an der Fügeoperation mittelbar beteiligten Teile aber verschieden sind, als gleich schwierig darstellt, obwohl ihr Schwierigkeitsgrad von den neben den Fügepartnern mittelbar beteiligten Teilen abhängig sein kann. Im UND/ODER-Graphen ist dagegen die Berücksichtigung der an einer Fügeoperation mittelbar und unmittelbar beteiligten Teile möglich.

Der UND/ODER- Graph ist aufgrund der größeren Differenzierung zwischen Montagesituationen für die Darstellung der Montagefolgen während der Ermittlung der optimalen Montagefolge besser geeignet als der Vorranggraph.

2.5 Aufbau der Wissenserwerbskomponente

2.5.1 Konzeption der Wissensverarbeitung

Das Montagewissen setzt sich aus dem Produkt- und dem Produktionsmodell zusammen. Dieses Wissen wird in einer Wissensbasis abgespeichert. Der Erwerb der entsprechenden Wissensinhalte durch eine Wissenserwerbskomponente wurde in die fünf Bereiche DEMONTAGE, GEOMETRIE, MONTAGEOPERATION, WERKZEUGE und OBJEKT eingeteilt (Bild 2.3.4). Es wird auf jeder Ebene der Produkthierarchie (Produkt, Baugruppe, Einzelteil) in allen fünf Bereichen Wissen erworben. Der Sensorikteil des Produktionsmodells ist noch nicht an die Wissenserwerbskomponente angeschlossen. Auf die weitere Beschreibung des Wissensblocks OBJEKT verzichten wir im folgenden, da er nur teilweise implementiert ist.

Diese funktionale Aufteilung der Wissenserwerbsblöcke entspricht mehr dem üblichen "Ingenieurzugang". Sie dient letztlich aber dazu, die Wissensinhalte des Produkt- und Produktionsmodelles von Abschn. 2.3.1.2 zu füllen. Die Wissenserwerbskomponente wird in zwei Phasen durchlaufen. Der erste Durchlauf dient dazu, den Montagegraphen zu erzeugen. Er wird durch den Planer mit Hilfe von Regeln erzeugt. Im zweiten Durchlauf wird dasjenige Wissen aufgebaut, mit dessen Hilfe wiederum der Planer einen UND/ODER- Graphen erzeugen kann. Die Kritikkomponente greift diesen UND/ODER-Graphen auf und erzeugt daraus die optimale Montagefolge, die durch einen Vorranggraphen dargestellt wird. Als Eingabe für die Erzeugung eines UND/ODER-Graphen dient ein voll attributierter Montagegraph.

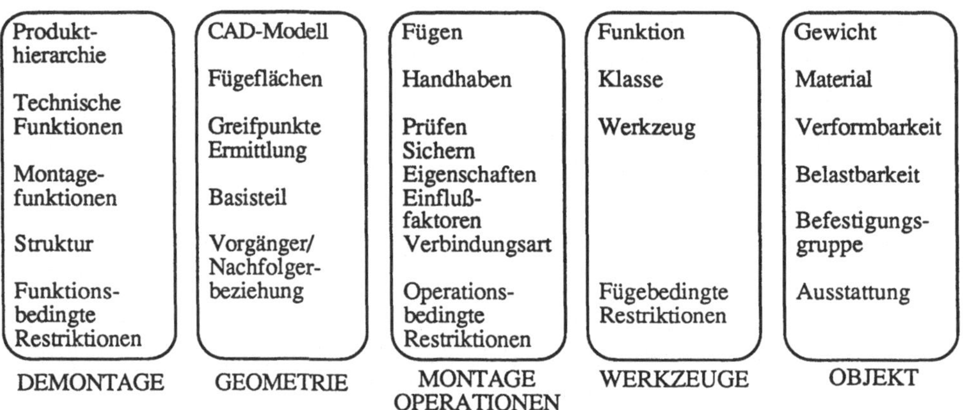

Bild 2.34: Die fünf Funktionsblöcke der Wissenserwerbskomponente

Im ersten Durchlauf werden die Blöcke DEMONTAGE, GEOMETRIE und der "Fügeaspekt" der MASCHINENOPERATION bearbeitet. Der zweite Durchlauf beginnt bei dem Block MONTAGEOPERATIONEN und der Verfeinerung der Attributierung der Fügeoperationen und endet bei dem Block OBJEKT. Typisch für die Wirkungsweise der Planungs- und der Kritikkomponente ist ihre Fähigkeit (a) aus bestimmten Attributen des Produktes und der Produktumgebung gewisse Bedingungen abzuleiten und (b) aus den während der Wissenserwerbsphase eingegebenen oder zuvor abgeleiteten Restriktionen neue, eigene Bedingungen zu erarbeiten (Bedingungsausbreitung). Beispiele zu Punkt (a) sind die Basisteilauswahl aufgrund der Kontaktflächen und der Geometrie eines Produktteiles und die Ableitung der Verbindungsart (z.B. schrauben) aufgrund des Materials (z.B. Metall) und der Bauteilkategorie (z.B. Verbindungsteil). Ein Beispiel zu Punkt (b) ist die Ermittlung einer korrekten (durchführbaren) Montagefolge aufgrund der Restriktion der Vorgänger/Nachfolger-Beziehungen und der Restriktionen der Fügebeziehungen des Montagegraphen. Einzelheiten zum Planer sind in Abschnitt 2.6 und zu dem Kritiker in Abschnitt 2.7 zu finden. Weitere allgemeine Ausführungen zur Struktur und Wirkungsweise von Wissenserwerbskomponenten sind in Abschnitt 3.4 zu finden.

2.5.2 Demontagesimulation

Durch die Demontage des kompletten Produktes in seine Baugruppen, Einzelteile und Verbindungsteile (wie Schrauben, Muttern, Nieten) wird eine Produkthierarchie erzeugt. Dieser Vorgang wird in naher Zukunft durch ein CAD-System unterstützt. Im einzelnen geschieht die Demontage so, daß (mit graphischer Unterstützung) jeder Demontageschritt des Anwenders analysiert wird. Hierdurch wird die Produktebene, der das Teilprodukt gehört, automatisch erzeugt und das Teilprodukt wird attributiert, ob es frei, eine Baugruppe oder ähnliches ist. Die Verbindungsteile werden nicht gesondert als Objekte in die Hierarchie eingeführt, sondern werden den entsprechenden Fügeoperationen bzw. den zu verbindenden Teilen als benötigtes Arbeitsmaterial zugeordnet.

Für die Laugenpumpe hat die Demontageoperation "Lüfterrad abziehen" die Konsequenz, daß das Lüfterrad frei ist und es ist ein Einzelteil. Die Demontageoperationen werden so lange durchgeführt, bis das "Restprodukt" nur aus Einzelteilen besteht. Bild 2.35 zeigt die Produktteile, die nach dem ersten Zerlegungsschritt der Laugenpumpe entstanden sind.

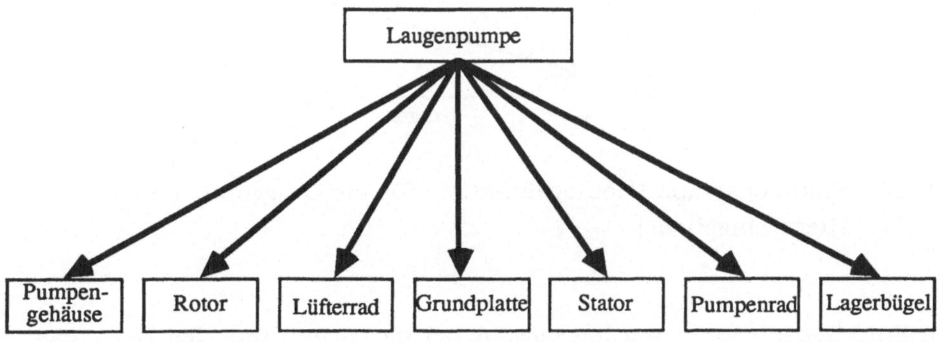

Bild 2.35: Baugruppen der Laugenpumpe (1. Demontageschritt, 1. Hierarchie ebene)

Als zusätzliches Ergebnis dieser Demontage erhält man die strukturellen Zusammenhänge der einzelnen Baugruppen untereinander sowie auch die konstruktiven Zusammenhalte der Einzelteile einer Baugruppe.

Die Fügeoperationen der Montage des Produktes sind meistens die inversen Operationen der Demontageoperation. Es gibt jedoch Ausnahmen dieser Regel. In manchen Fällen läuft die Montage anders ab, als die Demontage. Dies tritt zum Beispiel auf, wenn bei der Montage eine Feder mit gespannt werden muß. Um solche Fälle auch zu berücksichtigen, muß nach der Demontage nochmals die Montage simuliert werden.

Bei der Simulation der Demontage wird gleichzeitig die technische Funktion und die Montagefunktion der einzelnen Teile angegeben /Levi 84/. Sie werden zur Attributierung der Kanten des Montagegraphs benutzt. Bild 2.36 zeigt die Umsetzung der Montagefunktion in den entsprechenden Funktionsgraphen.

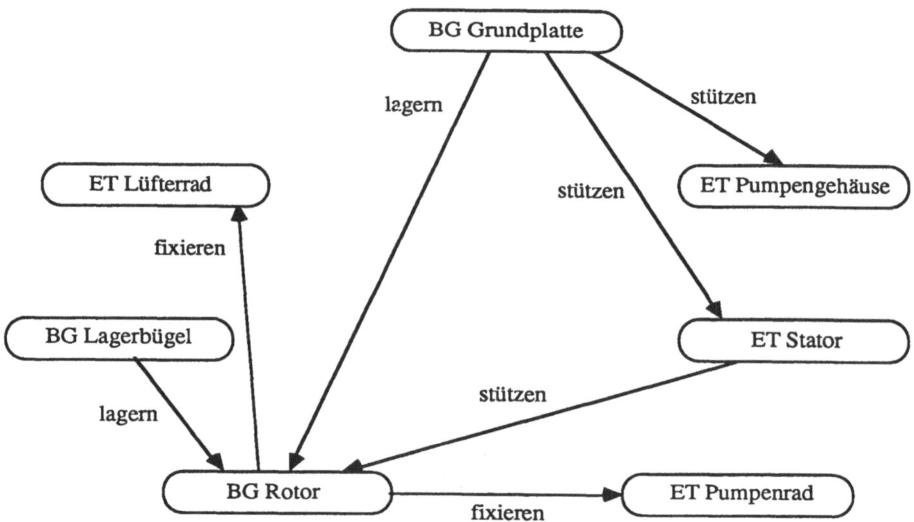

Bild 2.36: Funktionsgraph (Montagefunktion) für die Laugenpumpe (1. Hierarchieebene)

Diese Funktionsattribute werden sowohl bei der Ermittlung des Basisteils einer Baugruppe als auch bei der Ermittlung der Vorgänger/Nachfolger-Beziehung von Produktteilen in einer Ebene verwendet.

Das Ergebnis der Demontagesimulation ist somit eine Definition von Hierarchieebenen und eine topologische Strukturbeschreibung auf jeder dieser Ebenen der Produktionshierarchie. Die Darstellung dieses Ergebnisses kann im Prinzip bereits mit Hilfe von Montagegraphen erfolgen. Diese Montagegraphen sind in der Struktur identisch zu den Topologiegraphen. Sie sind allerdings minimal attributiert und nicht gerichtet. Die Erweiterung der Attributierung der Knoten und Kanten dieser Montagegraphen erfolgt in den nachfolgenden Blöcken des Wissenserwerbs. Die Richtungsfestlegung der Kanten erfolgt im Geometrieblock.

2.5.3 Geometrie

Die Bedeutung der geometrischen Aspekte für den Montagevorgang ist offensichtlich und wird daher in den Arbeiten von /Schütz 80/ und /Löw 84/ als Grundlage benutzt. Eingegeben werden in dieser Phase des Wissenserwerbes neben der Verwendung eines dreidimensionalen CAD Drahtmodelles die Fügeflächen, die Kontaktart (Punkt, Linie, Fläche), die Verbindungsart (z.B. schrauben, auflegen) und die Kennzeichnung eines Teiles als passiv oder als aktives Element. Hierbei wird selbstverständlich auch die Fügeflächenmatrix erzeugt. Sie attributiert die Knoten des Montagegraphen. Die möglichen Greifpunkte werden aus dem CAD-Modell generiert. Der Greifpunkt bezüglich einer Fügeoperation wird durch den Benutzer explizit ausgewählt.

Diese Geometrieeingaben werden vom Planer zusammen mit der Funktionsbeschreibung des Produktes (Abschn. 2.5.2) benutzt, um das Basisteil und die Vorgänger/Nachfolger-Relationen zu erzeugen (Abschn. 2.6.1) .

2.5.4 Montageoperationen

In diesem Teilabschnitt des Wissenserwerbs werden zuerst die Fügeoperationen des Montagegraphen weiter attributiert. Hierzu zählt vor allem die Berücksichtigung von Fügeoperationen mit mehr als zwei Objekten (Zwischenoperationen) und die Beachtung von Fügeoperationen, die bei vertauschtem aktivem und passivem Teil das gleiche Ergebnis liefern. Dieser "Informationsausbau" schließt im Grunde den Wissensaufbau für den Montagegraphen ab (1. Durchlauf). Danach kann der Planer den endgültigen Montagegraphen erzeugen.

Alle weiteren Attributierungen (2. Durchlauf) dienen dazu, den UND/ODER-Graphen aufzubauen. Wir haben die Attributierung mit Handhabungsoperationen und Werkzeugen in diesen Graphen und nicht in den Montagegraphen gesteckt, da die Erzeugung von korrekten (Planer) und optimalen Montagefolgen (Kritiker) nur mit Hilfe dieser Wissensrepräsentation durchgeführt werden kann.

Im zweiten Durchlauf dieses Wissensblocks werden vor allem die zu den Fügeoperationen gehörenden Handhabungsoperationen angegeben.

Die Auswahl einer Folge von Handhabungsoperationen zu einer Fügeoperation und die Auswahl von weiteren Teiloperationen zu einer Handhabungsoperation unterliegt bestimmten Regeln und ist somit produktunabhängig (Bild 2.37).

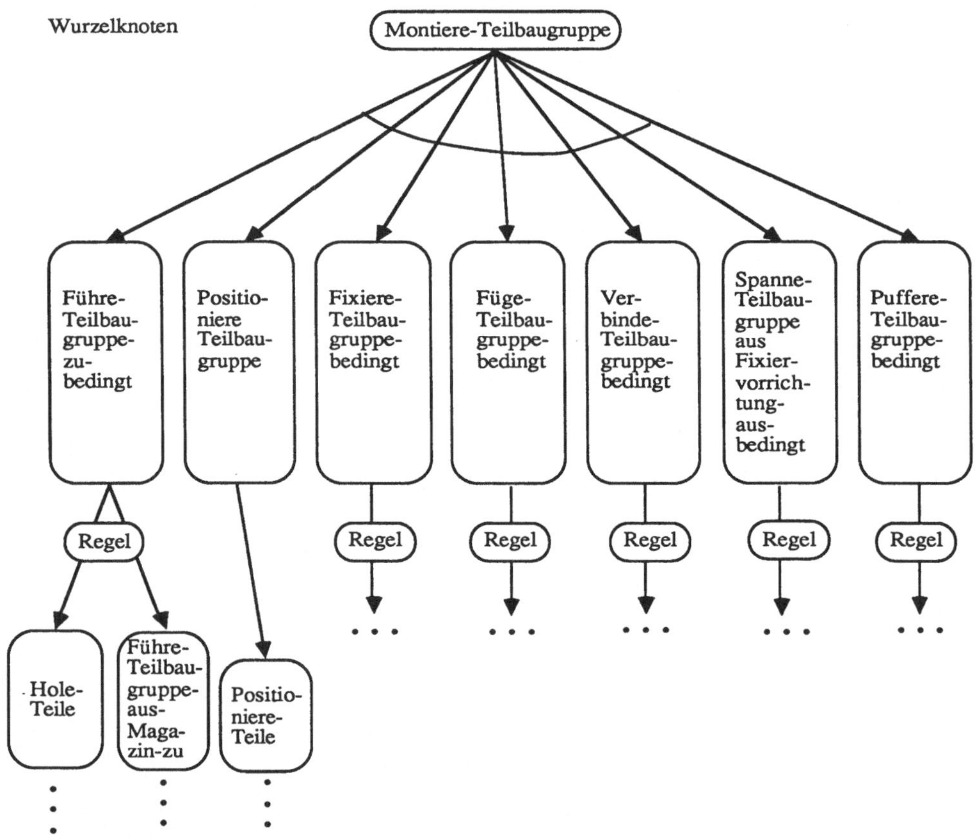

Bild 2.37: Handhabungshierarchie zur Beschreibung von Operationen. Der Zusatz "bedingt" bedeutet, daß diese Teiloperation im Verlauf der weiteren Verfeinerung der Knoten auch entfallen kann

Für die Beschreibung sämtlicher Montageoperationen wird ein UND/ODER-Graph, bestehend aus Knoten, gerichteten Kanten und aus Zustandsvariablen ausgewählt. Er wird während dieser Wissenserwerbsphase aufgebaut. Die Knoten repräsentieren Montageoperationen. Die erste Hierarchieebene dieser Knoten ist verundet, d.h. sie gibt die maximale Anzahl der zu einer speziellen Montageaufgabe gehörenden Montageoperationen wieder. Für eine spezielle Montageaufgabe müssen jedoch nicht alle verundeten Knoten (Operationen) durchlaufen werden.

Die Knoten werden mit den Eigenschaften einer Montageoperation (Schwierigkeitsgrad, Zeitbedarf, Werkzeugklasse, Drehmoment, Kraft), den Einflußfaktoren (z.B. Elastizität) und den Vor- und Nachbedingungen attributiert. Diese Vor- und Nachbedingungen werden als Regeln der Form **wenn...dann...** definiert.

Die Kanten werden mit Auswahlregeln attributiert (Oder-Teil der Graphen). In dem Bedingungsteil dieser Regeln treten Zustandsvariablen auf. Sie umfassen Angaben zu den Teilbaugruppen, zu aktiven und passiven Teilen, etc.

Zuführen, Fixieren, Fügen, Ausspannen, Puffern etc. werden während der Montage nur bedingt benötigt. Die Auswahlregeln hierfür liegen fest, ab und von wo zugeführt wird. So lautet z.B. die Zuführregel wie folgt:

Wenn Ort = "Puffer",
        dann Teiloperation: = "Hole Teile",
    sonst **wenn** Ort = "Magazin",
        dann Teileoperation: = "Führe Teilbaugruppe aus Magazin zu",-
    sonst **wenn** Ort = "Fügeort",
        dann Teiloperation: = "Leere Operation"

Diese Montageoperationshierarchie wird wie die nachfolgende Werkzeughierarchie zum größten Teil (vor allem die Regeln) vom System aufgebaut. Der Benutzer gibt nur detaillierte Attribute wie z.B. Eigenschaften und Einflußfaktoren ein.

2.5.5 Werkzeuge

Analog zur produktunabhängigen Darstellung von Montageoperationen im vorigen Teilabschnitt wird auch für die Werkzeuge eine solche Darstellung gewählt (Bild 2.38).

Die Knoten repräsentieren die Werkzeugklassen und die Werkzeuge. Sie werden attributiert mit den Eigenschaften des Werkzeuges (Gewicht, Geometrie etc.). Die Hyperkanten sind mit Regeln (Zustandsvariable im Bedingungsteil) attributiert. Mehrere Kanten zu einem Knoten definieren Alternativen. So lautet die erste Regel, die zwischen den Klassen Werkzeuge, Zuführeinrichtungen und Fixiervorrichtungen auswählt, wie folgt:

Wenn Operationstyp = "Zuführen-automatisch"
dann Aktuelles Werkzeug: = "Zuführeinrichtung",
sonst **wenn** Operationstyp = "fixieren",
dann Aktuelles Werkzeug: = "Fixiervorrichtung",
sonst **wenn** Operationstyp ungleich "unbelegt"
dann Aktuelles Werkzeug: = "Werkzeug".

Falls sich eine Werkzeugklasse aus mehreren Werkzeugen zusammensetzt, die gleichermaßen für die Ausführung einer Teiloperation geeignet sind, dann gehen von dem Knoten, der zur Werkzeugklasse gehört, mehrere Kanten aus, die zu einer Hyperkante (UND) zusammengefaßt werden. In diesem Fall werden einer Teiloperation alle Werkzeuge in deren zugehörigen Knoten die Hyperkante endet, zugeordnet. Bild 2.38 enthät kein Beispiel hierfür.

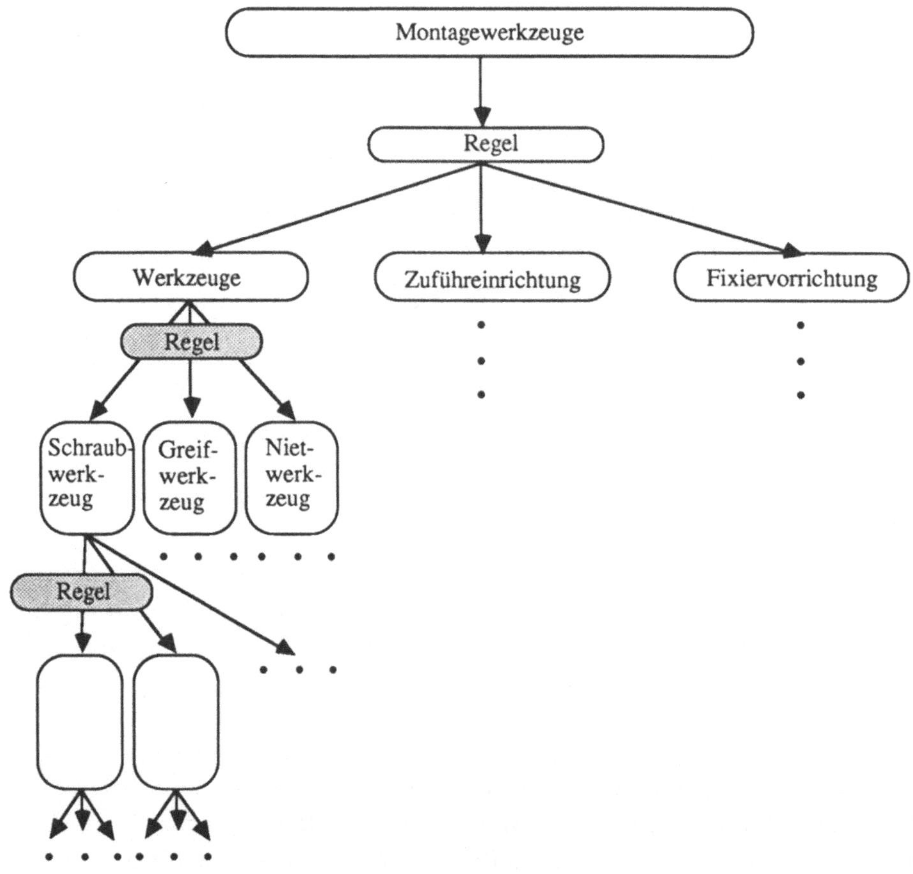

Bild 2.38: UND/ODER-Graph zur Beschreibung der Werkzeuge

2.5.6 Struktur der Wissensbasis

Die Wissensbasis wird gefüllt durch das Weltmodell in Form des Produkt- und Produktionsmodelles und durch das Aufgabenmodell. Das Aufgabenmodell definiert die Montagepläne durch die attributierte Montage-, UND/ODER- und Vorrang-Graphen. Diese Datenstrukturen sind alle im Sinne der objektorientierten Programmierung /Stoyan 83/ als Rahmen angelegt. Sie enthalten das gesamte Wissen, das während der Wissenserwerbsphase gesammelt und aufgebaut wurde. Jeder dieser Rahmen ist mit sämtlichen Hierarchieebenen verzeigert und zeigt für jede Ebene den gleichen Aufbau (Bild 2.39).

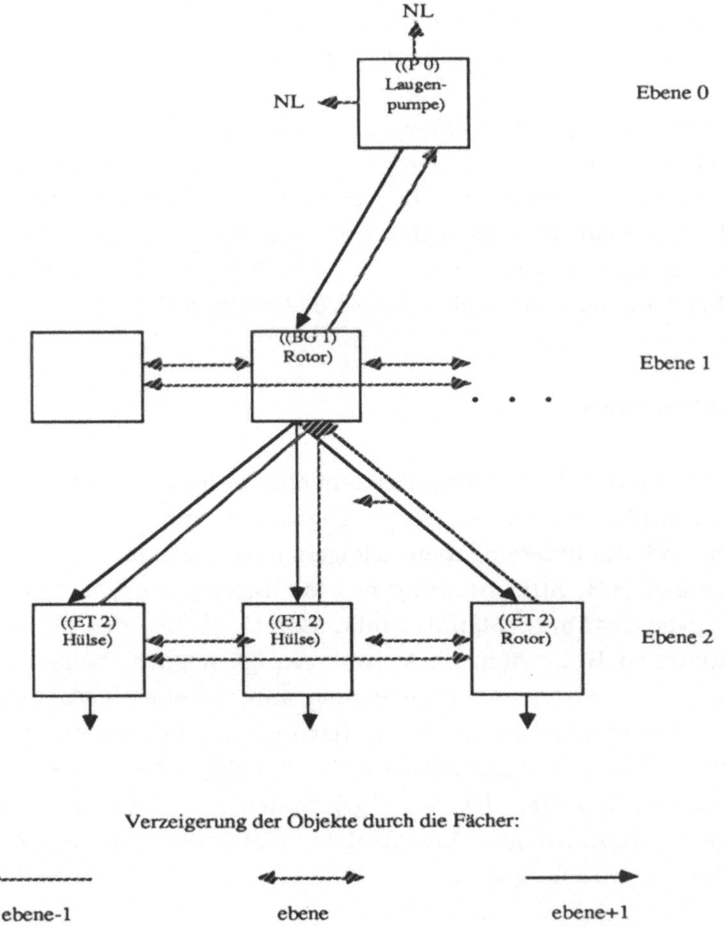

Bild 2.39: Verzeigerung der Rahmen (Objektdarstellungen) in den Hierarchieebenen

Nach diesem gewählten Muster der Verzeigerung ist ein schnelles Durchlaufen der gesamten Hierarchie eines Objekttyps, der sofortige Zugriff auf bestimmte Objektinhalte (Fächer) und die Änderung der Attributierungen leicht möglich. Zusätzlich ist es möglich, die Fächer einzelner Netze z.B. durch die spezielle Kantenattributierungen *ist Bestandteil von* und *bilden Baugruppe* zu speziellen semantischen Netzen auszubauen.

Das Produktmodell enthält vor allem die Objekte (Teilrahmen): *Produkt, Demontage* und *Fügeoperationen (Abschn. 2.3.1.2)*. Das Produktionsmodell setzt sich im wesentlichen aus den Objekten *Handhabungsoperationen, Werkzeuge, Montagegraph, UND/ODER-Graph und Vorranggraph* zusammen.

All diese Objekte der Wissensbasis sind unter Zuhilfenahme des Flavor-Konzeptes von Symbolics /Symbolics 85/ bzw. dem Klassenkonzept von KEE auf einer Symbolics 3670 Maschine unter Benutzung der Sprache COMMON LISP implementiert worden. Die Verwendung dieser mächtigen Werkzeuge hat den Vorteil, daß alle Techniken der objektorientierten Programmierung wie Klassen, Instanzen, Nachrichten, Methoden und Vererbungen zur Verfügung stehen und durch eine ausgefeilte Fenstertechnik unterstützt werden (Abschn. 3.2). Eine ausführliche Beschreibung sämtlicher genannter Objekttypen des Welt- und Aufgabenmodells ist bei /Greulich 86/ und /Haubelt 87/ zu finden.

2.5.7 Dialogführung

Die Dialogführung der Wissenserwerbskomponente ist menüorientiert und benutzt die Fenstertechnik, wie sie von KEE angeboten wird. Die Darstellungen von Ergebnissen und Benutzereingaben erfolgen teils graphisch (z.B. Montagegraph) und teils textuell (z.B. Attributierung des Montagegraphen) in Bildschirmfenstern durch die zuvor erwähnte Menütechnik. So ist es bei der Manipulation eines Montagegraphen (z.B. zusätzliche Attributierung) möglich, beliebige Aspekte auszuwählen und sie in Form von entsprechend aufgearbeiteten Montagegraphen (z.B. verschiedene Hierarchieebenen, Attributierung mit Fügeflächen) auf dem Bildschirm darzustellen. Die Dialogführung für den Zugriff während der Bearbeitung eines bestimmten Aspektes des Montagegraphen zeigt Bild 2.40. Es werden die Daten mit den entsprechenden Eingabedaten aufgerufen und ein Zugang zum gewünschten Wissen wird aufgebaut.

Die Dialogführung für den produktunabhängigen Wissenserwerb bezieht sich vor allem auf die Beschreibung der Handhabungsoperationen (Abschn. 2.6.2.4) und der wichtigsten hierfür notwendigen Werkzeuge (Abschn. 2.6.2.5). Die Steuerung des

Benutzerdialoges für die Auswahl der optimalen Montagefolge (Abschn. 2.7.1) zeigt Bild 2.41.

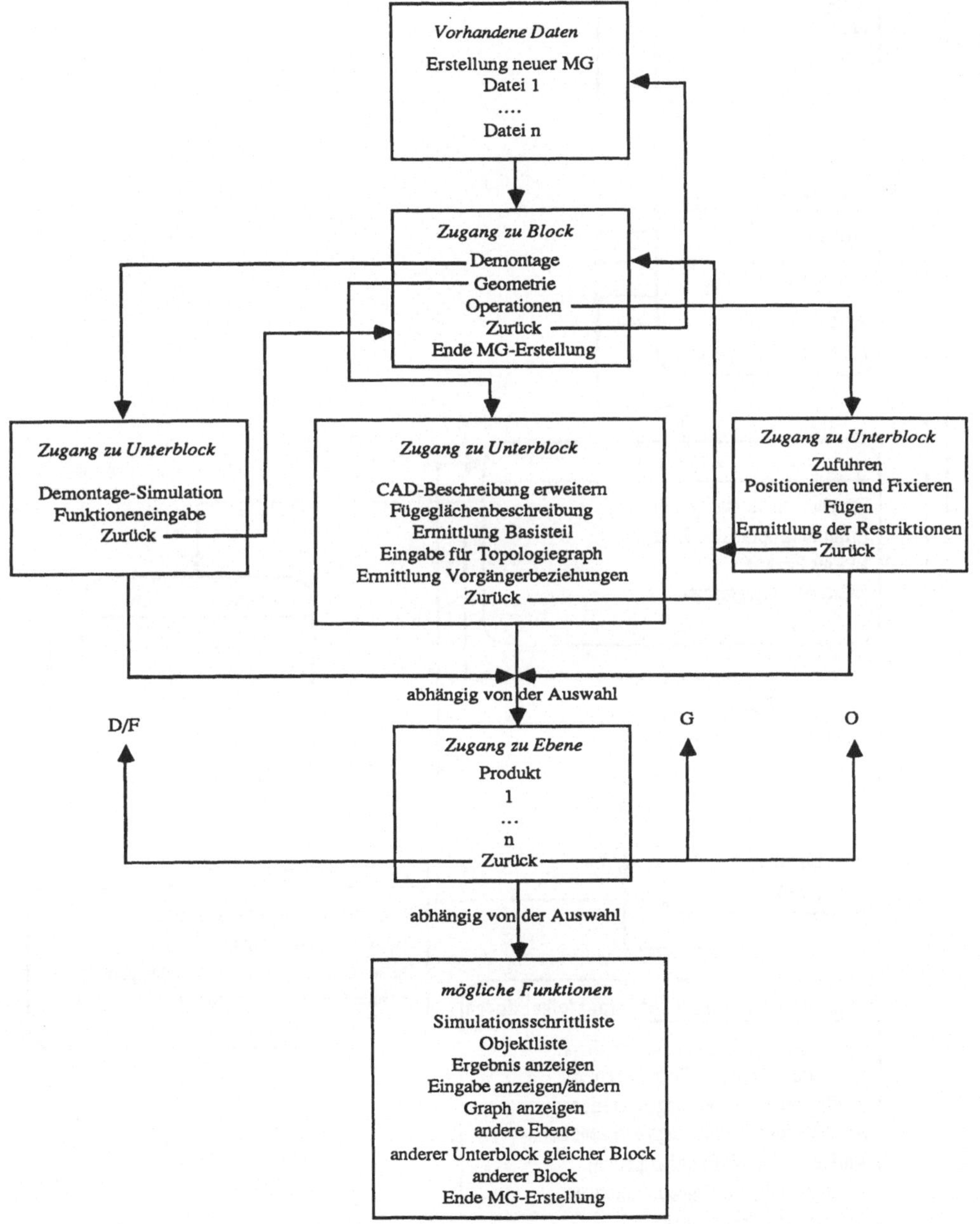

Bild 2.40: Dialogführung für den Zugriff auf beliebige Aspekte des Montage graphen (MG). D/F=Demontage/Funktion, G=Geometrie, O=Operation

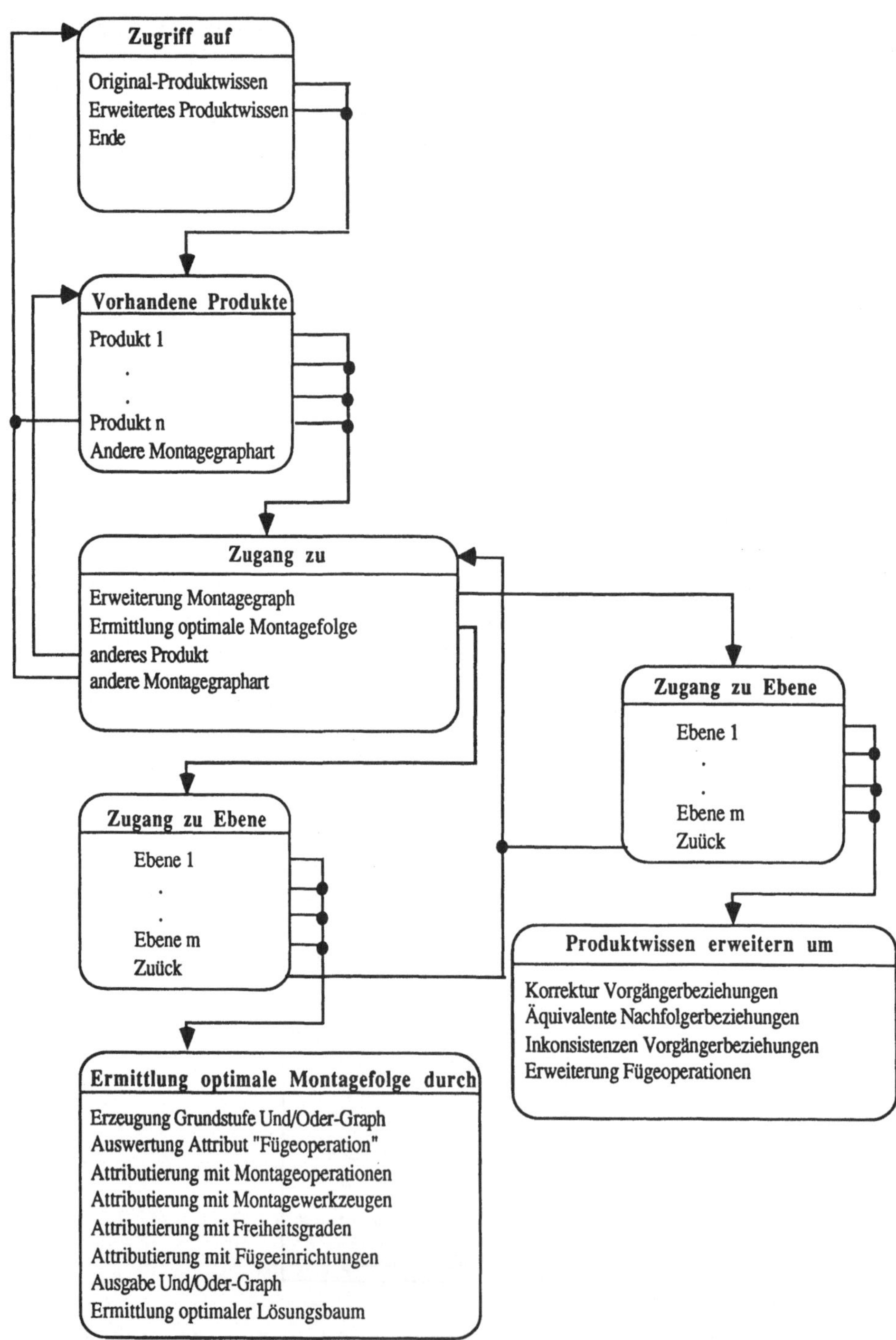

Bild 2.41: Dialogführung für die Auswahl der optimalen Montagefolge

2.6 Planungskomponente

Die Planungskomponente hat die Aufgabe, die gesamte erworbene Information der Wissensbasis auszunutzen, um korrekte Montagegraphen und UND/ODER-Graphen zu erzeugen.

2.6.1 Erzeugung des Montagegraphen

Aus den Attributierungen des Wissens des Blockes GEOMETRIE (Abschn. 2.5.3) und dem Funktionsgraph Block DEMONTAGE, (Abschn. 2.5.2) wird das Basisteil ermittelt. Ausgangspunkt hierfür sind die fünf Kriterien von /Löw 84/:

(1) große Anzahl gemeinsamer Fügeflächen mit anderen Einzelteilen,
(2) möglichst viele Fügekombinationen ohne Vorgängerbeziehungen,
(3) geeignete Spann- und Auflagenflächen,
(4) nur horizontale oder vertikale Fügebewegungen,
(5) kein Wenden der teilmontierten Baugruppen.

Zusätzlich wird das Kriterium verwendet, daß Basisteile von Baugruppen oftmals besondere Montagefunktionen wie Stützen oder Fixieren übernehmen.

Die paarweisen Vorgänger/Nachfolger-Relationen werden von dem Planer durch die Anwendung der folgenden Regeln erzeugt:

- das Basisteil einer Baugruppe wird stets als erstes Teil der Baugruppe montiert,
- Teile, die von anderen Teilen räumlich umfaßt werden, sind vor diesen zu fügen,
- Teile, die von anderen Teilen fixiert werden, sind vor diesen zu fügen.

Danach werden Widersprüche in den geometrisch bedingten Vorgänger/Nachfolger-Relationen gesucht. Eine solche Relation ist inkorrekt, falls Teil A unmittelbar (direkt) oder mittelbar (indirekt) über weitere Teile Fügevorgänger von Teil B und umgekehrt ist. Um diese Widersprüche formal entdecken zu können, wird für jedes Teil A seine transitive Hülle T_A definiert:

$$T_A = \{\text{Direkter und indirekter Fügenachfolger von A}\}.$$

Diese Hülle setzt sich somit aus sämtlichen Fügenachfolgern des Teiles A zusammen.

Die Widersprüche in den geometrischen Vorgängerbeziehungen der Bestandteile einer Baugruppe werden nach folgender Regel bestimmt (A, B seien Bestandteile der Baugruppe):

Wenn B in Hülle T_A und A in Hülle T_B, **dann** ist A *inkonsistent* zu B.

Ist das Basisteil ermittelt und sind die Vorgänger/Nachfolger-Beziehungen widerspruchsfrei, so wird der endgültige korrekte Montagegraph erzeugt.

2.6.2. Bestimmung der korrekten Montagefolge

2.6.2.1 Allgemeine Vorgehensweise

Wie bereits erwähnt wurde, bietet die Darstellung eines Montageplanes durch UND/ODER-Graphen die Möglichkeit, alle Aspekte der Montageablaufplanung als Attribute schrittweise in eine identische Grundstruktur einzuführen. Diese schrittweise Attributierung muß aber so sein, daß aus der Menge aller theoretisch möglichen Montagereihenfolgen nur die ausgewählt werden, die nicht an den Restriktionen des Arbeitsraumes, der Werkzeuge etc. scheitern. Solche Montagefolgen bezeichnen wir als **korrekte** Montagefolgen. Eingabegrößen für die Ermittlung der korrekten Montagefolge ist das Produktwissen, die Modellierung der Operationen und Werkzeuge und der attributierte Montagegraph.

Ein maximaler UND/ODER-Graph enthält sämtliche Montagefolgen. Setzt sich eine Baugruppe aus n Teilelementen zusammen, so besteht dieser Graph aus $2^n - 1$ Knoten (Potenzmenge - leere Menge). Die Anzahl dieser Knoten wird durch Restriktionen, die in Form von Regeln definiert sind, reduziert. Für jede Baugruppe wird folgendes Verfahren zur Erzeugung des UND/ODER-Graphen, der die korrekten Montagefolgen repräsentiert, eingesetzt:

- Erzeugung und Attributierung der Knoten.
- Erzeugung und Attributierung der Hyperkanten.
- Auswertung der Restriktionsregeln unter Verwendung der Knoten und Hyperkante.

Die Restriktionen, die für die Ermittlung der korrekten Montagefolgen herangezogen werden, sind in Übersichtsform in Bild 2.42 angegeben.

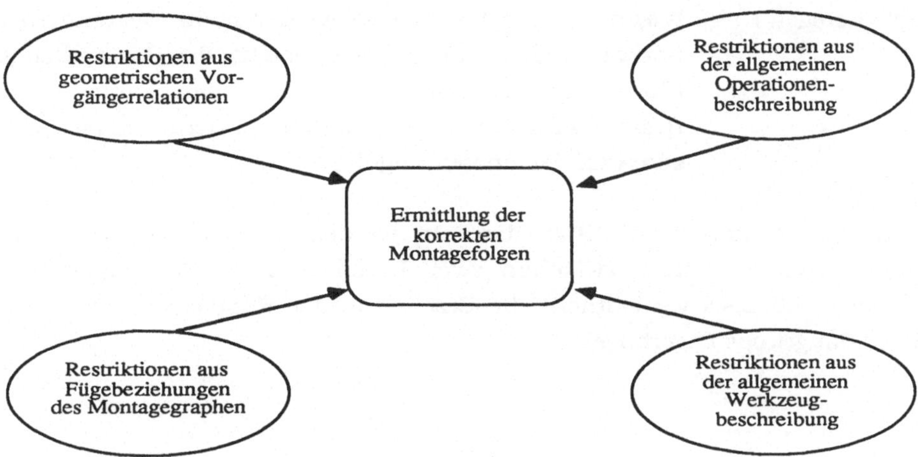

Bild 2.42: Restriktionen für die Bestimmung der korrekten Montagefolge

Als Beispiel für die Ermittlung der korrekten Montagefolge aus den theoretisch denkbaren Montagefolgen wird wiederum die Baugruppe Lagerbügel aus Bild 2.24 mit dem Montagegraphen aus Bild 2.27 verwendet. Das Einzelteil Lagerbügel ist das Basisteil der Baugruppe. Daraus lassen sich nach der Regel "*Basisteil vor jedem anderen Teil der Baugruppe fügen*" (Abschn. 2.6.1) folgende geometrische Vorgänger/Nachfolger-Relationen für die Baugruppe ableiten:

- ET Lagerbügel **vor** ET Kalottenlager
- ET Lagerbügel **vor** ET Filzring
- ET Lagerbügel **vor** ET Klemmbrille.

2.6.2.2 Gültigkeitsregeln

Eine Grundstufe des UND/ODER-Graphen besteht aus denjenigen Knoten, die den folgenden Anforderungen genügen:

- korrekte Vorgänger/Nachfolger-Relation
- Zusammenhalt der Knoten über die Fügebeziehung des Montagegraphen.

Von den Blattknoten (Einzelteile) ausgehend werden nur die **gültigen** Knoten erzeugt. Zur Erzeugung dieser Knoten werden vier **Gültigkeitsregeln** benutzt. Die erste dieser Regeln sieht wie folgt aus:

Gültigkeitsregel 1: **Wenn** der Knoten aus zwei oder mehr Bestandteilen der übergeordneten Baugruppen besteht, der Bestandteil A zum Knoten gehört und A geometrischer Nachfolger eines Bestandteiles B ist, **dann** muß auch B zum Knoten gehören, **sonst** ist der Knoten ungültig.

Für die Auswertung der Gültigkeitsregeln werden die geometrischen Vorgänger/Nachfolger-Relationen zwischen zwei Teilen und der Montagegraph herangezogen. Bild 2.43 verdeutlicht die Erzeugung der Knoten wiederum am Beispiel der Baugruppe Lagerbügel.

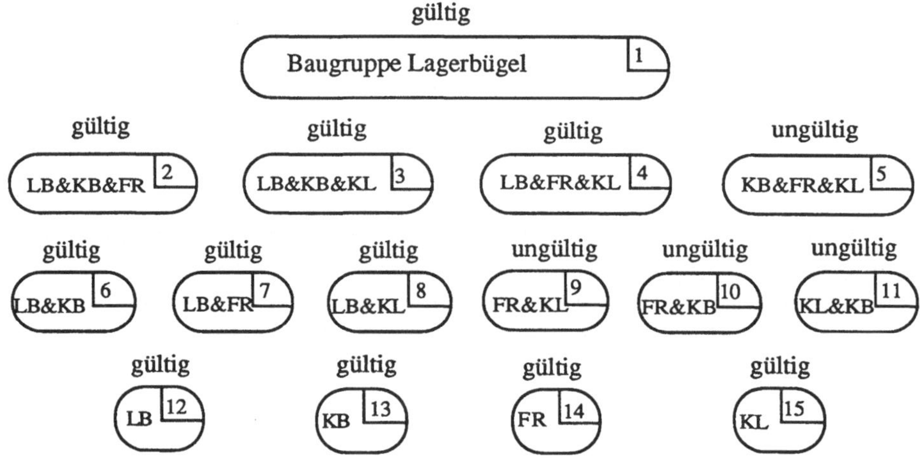

Bild 2.43: Erzeugte und auf Gültigkeit überprüfte Knoten des UND/ODER-Graphen zur Baugruppe Lagerbügel, (LB = Einzelteil Lagerbügel, KB = Einzelteil Klemmbrille, KL = Einzelteil Kalottenlager, FR = Einzelteil Filzring)

Der Knoten 5 ist ungültig. Er verletzt die Gültigkeitsregel 1, weil ET Lagerbügel, der Vorgänger zu den drei anderen Bestandteilen des Knotens ist, nicht zum Knoten gehört. Aus dem gleichen Grunde sind die Knoten 9, 10 und 11 ungültig. Eine Teilbaugruppe aus zwei oder mehr Bestandteilen der Baugruppe ist also aufgrund der Ableitungsregel "Basisteil vor jedem anderen Teil fügen" stets nur dann gültig, wenn sie das Basisteil enthält.

Im nächsten Schritt werden die Hyperkanten beim Wurzelknoten beginnend aufgebaut. Nicht **erreichbare** Knoten sind Knoten, die nicht zur Montage der

Baugruppe, die dem Wurzelknoten des Graphen entspricht, führen. Bild 2.44 enthält einen nicht errreichbaren Knoten.

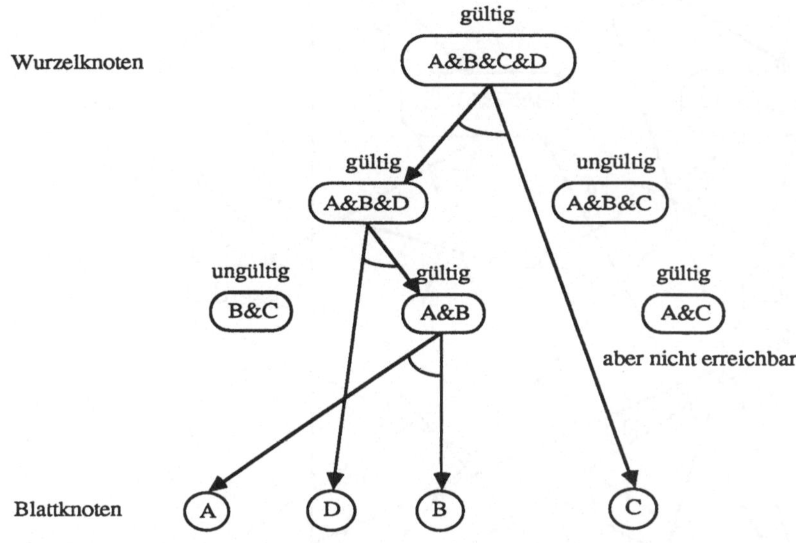

Bild 2.44: UND/ODER-Graph mit gültigen, ungültigen und nicht erreichbaren Knoten

Die Knoten zu den Teilbaugruppen A & B und A & C seien gültig, der Knoten A & B & C sei ungültig und der Knoten A & C nur über den Knoten A & B & C erreichbar, dann ist A & C vom Wurzelknoten nicht erreichbar und wird entfernt. Bild 2.45 zeigt die Verzeigerung der gültigen und erreichbaren Knoten von Bild 2.43.

Die bisherigen Teilschritte erzeugen eine Grundstufe des UND/ODER-Graphen: die Knoten sind nicht attributiert und die Hyperkanten sind mit fortlaufenden Nummern versehen und nur durch Fügeoperationen attributiert.

2.6.2.3 Attributierung mit der Zugänglichkeit

Für jede erzeugte Hyperkante werden zuerst die Fügeflächen auf Zugänglichkeit überprüft. Benutzt werden hierfür die qualitative Fügeflächenmatrix und die Geometriedaten der Bauteile. Es wird geprüft, ob eine Fügeoperation nicht durchführbar ist, weil die entsprechenden Kontaktflächen durch vorangegangene Fügeoperationen unzugänglich gemacht worden sind.

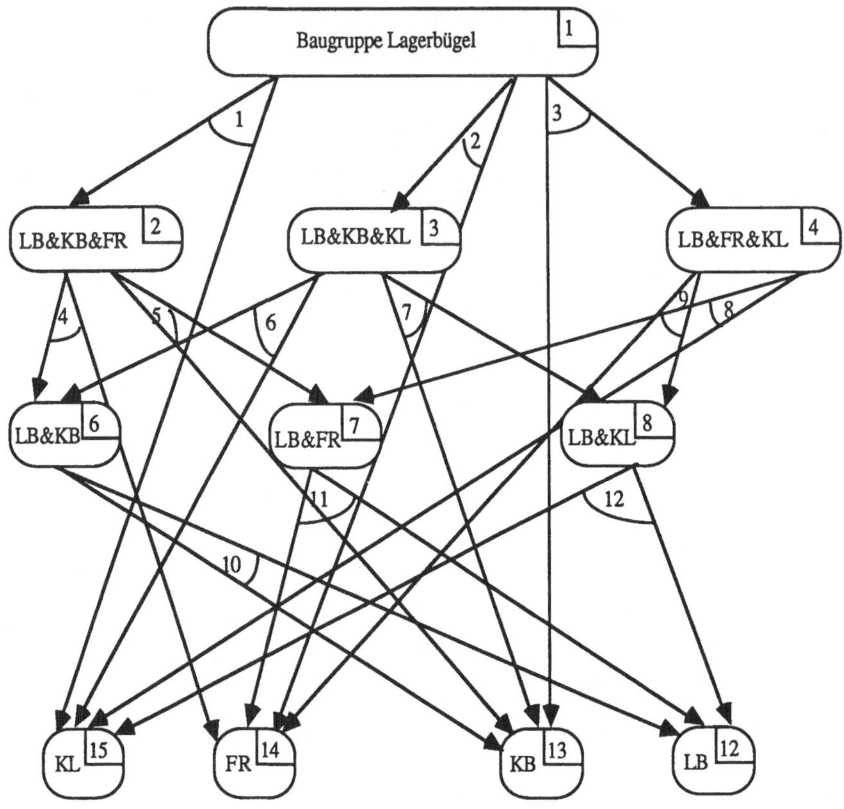

Hyperkanten

1: legen in (Kalottenlager, Lagerbügel), streifen über (Filzring, Kalottenlager), legen auf (Klemmbrille, Kalottenlager)
2: streifen über (Filzring, Kalottenlager), legen in (Filzring, Lagerbügel)
3: legen auf (Klemmbrille, Kalottenlager), federnd einspreizen (Klemmbrille, Lagerbügel)
4: legen in (Filzring, Lagerbügel)
5: federnd einspreizen (Klemmbrille, Lagerbügel)
6: legen auf (Klemmbrille, Kalottenlager), legen in (Kalottenlager, Lagerbügel)
7: legen auf (Klemmbrille, Kalottenlager), federnd einspreizen (Klemmbrille, Lagerbügel)
8: legen in (Kalottenlager, Lagerbügel), streifen über (Filzring, Kalottenlager)
9: streifen über (Filzring, Kalottenlager), legen in (Filzring, Lagerbügel)
10: federnd einspreizen (Klemmbrille, Lagerbügel)
11: legen in (Filzring, Lagerbügel)
12: legen in (Kalottenlager, Lagerbügel)

Bild 2.45: Gültige und erreichbare Knoten und Hyperkanten des UND/ODER-Graphen zur Baugruppe Lagerbügel (Abkürzungen siehe Bild 2.43)

Für die Baugruppe Lagerbügel gilt, daß die Fügeflächen am Einzelteil Lagerbügel nicht mehr für die Fügeoperation mit dem Kalottenlager und dem Filzring zugänglich sind, falls die Klemmbrille bereits zuvor federnd in den Lagerbügel eingespreizt wurde. Daraus läßt sich die Bedingung ableiten, daß die Klemmbrille als letztes Teil der Baugruppe zu fügen ist.

Bild 2.46 entsteht daher aus dem UND/ODER-Graphen aus Bild 2.43, in dem die beiden folgenden geometrischen Vorgänger/Nachfolger-Relationen zusätzlich durch das System abgeleitet werden:

1. ET Filzring **vor** ET Klemmbrille
2. ET Kalottenlager **vor** ET Klemmbrille.

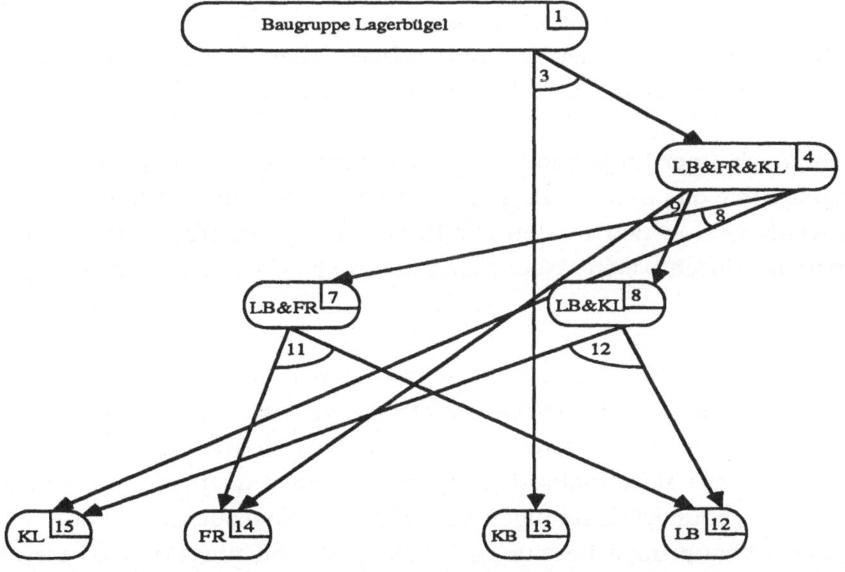

Hyperkanten

3: legen auf (Klemmbrille, Kalottenlager), federnd einspreizen (Klemmbrille, Lagerbügel)
8: legen in (Kalottenlager, Lagerbügel), streifen über (Filzring, Kalottenlager)
9: streifen über (Filzring, Kalottenlager), legen in (Filzring, Lagerbügel)
11: legen in (Filzring, Lagerbügel)
12: legen in (Kalottenlager, Lagerbügel)

Bild 2.46: Erzeugte gültige Knoten und Hyperkanten des UND/ODER-Graphen zur Baugruppe Lagerbügel nach Auswertung zweier weiterer geometrischer Vorgänger-/Nachfolger-Relationen (Abkürzungen siehe Bild 2.43)

Dadurch werden die Knoten 2, 3 und 6 des Graphen aus Bild 2.45 ungültig. Sie sind in Bild 2.46 nicht mehr dargestellt. Knoten 2 aus Bild 2.43 verletzt die Gültigkeitsregel 1, da die Klemmbrille, die Fügenachfolger des Kalottenlagers ist, bereits zum Knoten 2 gehört, das Kalottenlager dagegen nicht. Entsprechendes gilt für die Knoten 3 und 6 aus Bild 2.45.

2.6.2.4 Attributierung mit den Handhabungsoperationen

In diesem Schritt wird die Attributierung der Hyperkanten durch die zur Fügeoperation gehörenden zusätzlichen Handhabungsoperationen durchgeführt.

Für jede Hyperkante wird wie folgt vorgegangen:

1. Vorbelegung der Zustandsvariablen mit aktiven und passiven Teilen, den Teilbaugruppen, zu denen die Teile gehören, den Fügeoperationen und den Orten, an denen sich die Teilbaugruppen befinden.

2. Suche nach einer Folge von Handhabungsoperationen aus dem UND/ODER-Graphen, die das aktive bzw. passive Element enthalten. Hierbei werden alle Auswahlregeln in den Knoten der Handhabungshierarchie ausgewertet und bestimmt, durch welche Nachfolgerknoten ein Knoten ersetzt werden muß.

Nach Abschluß dieser Attributierung ist bekannt, welche Handhabungsoperationen im allgemeinen Fall mit einer speziellen Fügeoperation zu verknüpfen sind, d.h. es wird überprüft, welche begleitenden Handhabungsoperationen einer Fügeoperation notwendig bzw. nicht notwendig sind. Es wurde aber noch nicht überprüft, ob aufgrund der Umgebungsbedingungen eine Handhabungsoperation *überflüssig* ist (weil z.B. die Teilbaugruppe bereits positioniert ist und nicht erst in die richtige Lage versetzt werden muß) oder nicht *durchführbar* ist, weil die Vorbedingung nicht erfüllt ist. Die Überprüfung nach Überflüssigkeit und Durchführbarkeit kann zur Reduktion der Kantenanzahl führen.

Der Test auf die Einhaltung der Vorbedingungen erfolgt längs einer Hyperkante. Die Instanzvariablen in den Vorbedingungen können die Werte "wahr" oder "falsch" annehmen. Ergibt die Auswertung einer Vorbedingung einer Handhabungsoperation den Wahrheitswert "falsch", dann wird die gesamte Hyperkante, zu der diese Hilfsoperation gehört, gelöscht. Ist die Vorbedingung erfüllt, so wird die zu dieser Handhabungsoperation gehörende Nachbedingung ausgewertet. Diese Auswertung erzeugt neue Ausgangswerte für die Zustandsvariablen der Vorbedingungen der nächsten Handhabungsoperation innerhalb ermittelter Sequenzen von notwendigen Operationen. Danach wird analog verfahren.

In Bild 2.47 ist der Graph von Bild 2.46 und die Hyperkante 3 mit der Sequenz der notwendigen und durchführbaren Handhabungsoperation attributiert worden. Die Auswertung des Attributes "Handhabungsoperation" führte in diesem Fall zu keiner Reduktion der Hyperkanten des UND/ODER-Graphen.

2.6.2.5 Attributierung mit den Montagewerkzeugen

In diesem Teilschritt wird die Attributierung der Hyperkanten durch die Werkzeugauswahl fortgesetzt. Jeder Teiloperation in der im vorigen Schritt definierten vollständigen Sequenz von Montagewerkzeugen wird ein passendes Werkzeug zugewiesen. Das Verfahren ist analog zu dem von Abschn. 2.6.2.4. Es basiert auf der Werkzeughierarchie von Abschnitt 2.5.5.

Bild 2.48 zeigt die zusätzliche Attributierung des Bildes 2.47 mit Montagewerkzeugen.

2.7 Kritikkomponente

Die Planungskomponente erzeugte korrekte, durchführbare und mit geeigneten Werkzeugen versehene Montageoperationen. Die Kritikkomponente erzeugt hieraus mit Hilfe eines Suchverfahrens eine optimale Montagefolge.

2.7.1 Optimale Montagefolgen

Ein UND/ODER-Graph spannt, wie bereits ausgeführt wurde, den gesamten Lösungsraum an möglichen *Montagefolgen* auf. Wir nennen eine Montagefolge optimal, wenn sie die folgenden Kriterien optimal erfüllt (vergl. Bild 2.19):

Werkzeuge, Werkzeugwechsel, Ausführungszeit, Positionierungsaufwand, Handhabungsaufwand und *Schwierigkeit der Fügeoperation.*

Die Beurteilung nach diesen Kriterien setzt sich zum Teil wiederum aus mehreren Aspekten (Bedingungsverknüpfungen) zusammen. Beispielsweise wird die Abschätzung, wie schwierig ein Fügevorgang ist, durch den allgemeinen Schwierigkeitsgrad der Fügeoperation, der Fügerichtung, der Freiheitsgrade, der an der

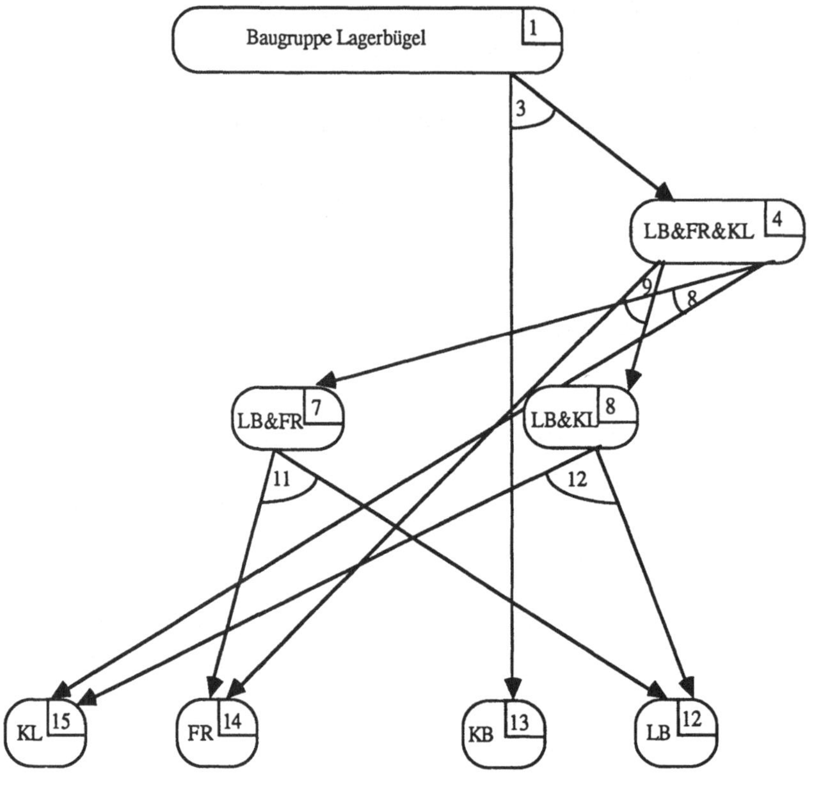

Hyperkante 3:

Fügeoperationen:
legen auf (Klemmbrille, Kalottenlager), federnd einspreizen (Klemmbrille, Lagerbügel)

Handhabungsoperationen:

1) Führe Teilbaugruppe Knoten 4 aus Puffer zu
2) Positioniere Teilbaugruppe Knoten 4
3) Fixiere Teilbaugruppe Knoten 13 aus Magazin zu
5) Positioniere Teilbaugruppe Knoten 13
6) Lege aktives Teil Klemmbrille auf passives Teil Kalottenlager
und federnd einspreizen aktives Teil Klemmbrille in passives Teil Lagerbügel
7) Spanne Teilbaugruppe Knoten 4 aus Fixiervorrichtung aus
8) Puffere Teilbaugruppe Knoten 1

Bild 2.47: Mit Handhabungsoperationen attributierte Hyperkante 3 des UND/ODER-Graphen aus Bild 2.46 zur Baugruppe Lagerbügel (Abkürzungen s. Bild 2.43)

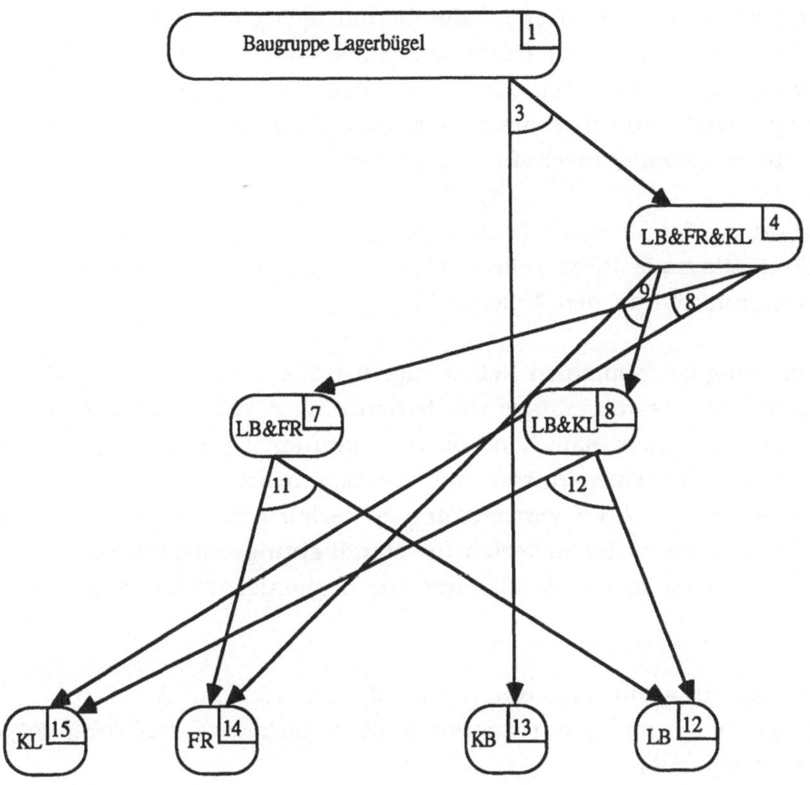

Hyperkante 3:

Fügeoperationen:
legen auf (Klemmbrille, Kalottenlager), federnd einspreizen (Klemmbrille, Lagerbügel)

Handhabungsoperationen:	**Montagewerkzeuge:**
1) Führe Teilbaugruppe Knoten 4 aus Puffer zu	Greifer
2) Positioniere Teilbaugruppe Knoten 4	Greifer
3) Fixiere Teilbaugruppe Knoten 13 aus Magazin zu	Fixiervorrichtung
5) Positioniere Teilbaugruppe Knoten 13	Greifer
6) Lege aktives Teil Klemmbrille auf passives Teil Kalottenlager und f. einspreizen aktives Teil Klemmbrille in passives Teil Lagerbügel	Greifer
7) Spanne Teilbaugruppe Knoten 4 aus Fixiervorrichtung aus	Greifer
8) Puffere Teilbaugruppe Knoten 1	Greifer

Bild 2.48: Mit Montageoperationen und -werkzeugen attributierter UND/ODER-Graph aus Bild 2.46 zur Baugruppe Lagerbügel (Abkürzungen siehe Bild 2.43)

Operation beteiligten Teilbaugruppen, der bereits gefügten Teile sowie der erforderlichen Positionieroperationen bestimmt. Falls das Basisteil am Fügevorgang beteiligt ist, wird Fügen von unten oder das Wenden der Teilbaugruppe, zu der das Basisteil gehört, als technisch besonders aufwendig eingestuft, da solche Operationen gegen die Basisteileigenschaften verstoßen.

Der Handhabungsaufwand einer Teilbaugruppe bestimmt sich aus der Art bzw. Anzahl der Freiheitsgrade ihrer Teile zueinander und der Zugänglichkeit zu den definierten Greifpunkten an den Teilen.

Für die Bestimmung der optimalen Reihenfolge für das Gesamtprodukt ist auch die ebenenübergreifende Gesamtmontage von Bedeutung. APOM kann in seiner gegenwärtigen Ausbaustufe nicht sämtliche oben genannten Optimierungskriterien befriedigen. Es liefert aber einen Ansatz, wie dieses schrittweise eingebracht werden kann. Die im Abschnitt 2.3.3 verwendeten Kriterien auf Montagerechtheit sind allerdings bereits in Form der Kriterien für Handhabungsaufwand und Schwierigkeit der Fügeoperation in die Ermittlung der optimalen Reihenfolge mit eingeflossen.

Wir beschränken uns im folgenden auf die zusätzliche Attributierung des UND/ODER- Graphen mit Freiheitsgraden (Schwierigkeitsgrad) und Fügerichtungen (Handhabungsaufwand).

2.7.2 Zusätzliche Attributierung mit Freiheitsgraden und Fügerichtungen

Bei der Attributierung mit den nach der Fügeoperation verbleibenden Freiheitsgraden werden die Knotenattribute vermehrt. Diese Angabe legt fest, wieviel translatorische und rotatorische Freiheitsgrade der gefügten Teile im Verhältnis zueinander noch vorhanden sind. Informationsquellen hierfür sind die Hierarchie von Handhabungsoperationen und die geometrischen Aspekte. Eine automatische Attributierung mit Freiheitsgraden ist in APOM noch nicht möglich. Diese Attributierung muß vom Benutzer eingegeben werden.

Die Attributierung einer Hyperkante mit der Fügerichtung hängt vor allem von den geometrischen Beschreibungen der Bestandteile und des Fügeortes ab. Neben diesen räumlichen Faktoren spielen bei der Bestimmung der Fügerichtungen die folgenden Faktoren eine Rolle:

- Prioritäten zwischen alternativen Fügerichtungen

- Zahl der Freiheitsgrade der an der Fügeoperation beteiligten Teilbaugruppen
- Basisteil als passives Teil der Fügeoperation
- Ausschluß von Fügerichtungen für eine bestimmte Fügeoperation.

Aufgrund dieser vielen aufgezählten Einflußfaktoren wird auch die Attributierung mit Fügerichtungen nicht automatisch durchgeführt.

2.7.3 Suche der optimalen Reihenfolge

Die Suche nach der optimalen Montagefolge erfolgt ebenfalls im UND/ODER-Graphen. Sie entspricht der Problemlösung, einen optimalen Lösungsbaum im gesamten Graphen zu finden. Die Bewertung jeder Hyperkante erfolgt durch die in Abschnitt 2.7.1 genannten Kriterien.

Für die Berechnung des Aufwandes für eine Hyperkante bezüglich der Kriterien "Anzahl notwendiger Werkzeuge" und "Ausführungszeit" wird die Summe aus den Werkzeugen bzw. Zeiten für die Teilschritte der zur Hyperkante gehörenden Montageoperation gebildet. Der Aufwand für eine Hyperkante bezüglich des Kriteriums "Schwierigkeit des Fügevorgangs" errechnet sich aus den zur Hyperkante gehörigen Positionier- und Fügeschritten.

Der Aufwand für einen *Lösungsbaum*, dessen Wurzelknoten der Knoten N sei, ist rekursiv definiert durch folgende Festlegung:

- er ist gleich 0, falls N gleichzeitig Blattknoten ist, sonst
- berechnet er sich aus der Summe des Aufwandes für die vom Knoten ausgehende Hyperkante und des Aufwandes für einen Lösungsbaum zu den beiden Knoten, in denen diese Hyperkante endet.

Bei komplexeren Baugruppen wird der heuristische Algorithmus AO* eingesetzt /Pearl 85/. Im Unterschied zu dem zuvor erwähnten deterministischen Verfahren wird der Aufwand für einen Lösungsbaum und nicht für sämtliche Lösungsbäume berechnet.

2.7.4 Erzeugung des Vorranggraphen

In diesem Teilschritt geht es darum, aus dem zuvor gefundenen optimalen Lösungsbaum einen Vorranggraphen abzuleiten.

Ein Lösungsbaum kann eine oder mehrere Montagefolgen haben. Er enthält mehrere Folgen, wenn er mindestens eine Hyperkante hat, die zwei "echte" Teilbaugruppen (Teilbaugruppe setzt sich aus mehr als einem Bestandteil der Baugruppe) aufweist. Bild 2.49 zeigt ein Beispiel für diesen Fall.

Wenn der optimale Lösungsbaum genau eine Montagefolge hat, dann ist der gesuchte Vorranggraph mit dieser einen Montagefolge identisch. Der Vorranggraph wird aus dem optimalen Lösungsbaum abgeleitet, indem der Lösungsbaum von unten nach oben gelesen wird und jeweils eine Hyperkante des UND/ODER-Graphen zusammen mit den Knoten, in denen sie endet, einen einzelnen Knoten des Vorranggraphen bildet. Die Attributierung der Hyperkante mit Montageoperationen und - werkzeugen wird in die Attributierung des Knotens des Vorranggraphen übernommen. Wenn aus dem optimalen Lösungsbaum mehr als eine Montagefolge ableitbar ist, dann entspricht der Vorranggraph demjenigen Graphen, der aus Bild 2.49 abgeleitet werden kann (Bild 2.50).

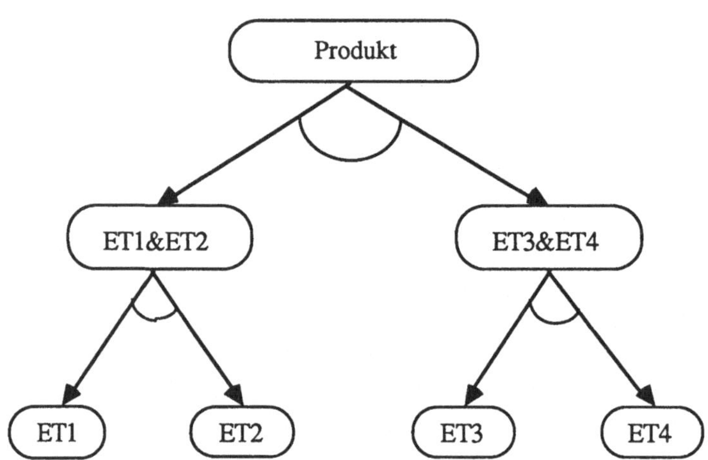

Bild 2.49: Zwei Montagefolgen in einem Lösungsbaum. Das Gesamtprodukt besteht aus zwei Einzelteilen (ET)

Die Reihenfolge der Fügeoperationen zwischen ET1 und ET2 bzw. zwischen ET3 und ET4 ist beliebig. Daher sind die Knoten zu Füge "ET1 und ET2" und zu "Füge ET3 mit ET4" parallel in Bild 2.50 angeordnet. Beide Fügevorgänge müssen beendet sein, bevor die Endmontage vorgenommen wird. In Abschnitt 2.9 werden wir an Hand eines konkreten Beispiels noch einmal auf den Vorranggraphen zu sprechen kommen.

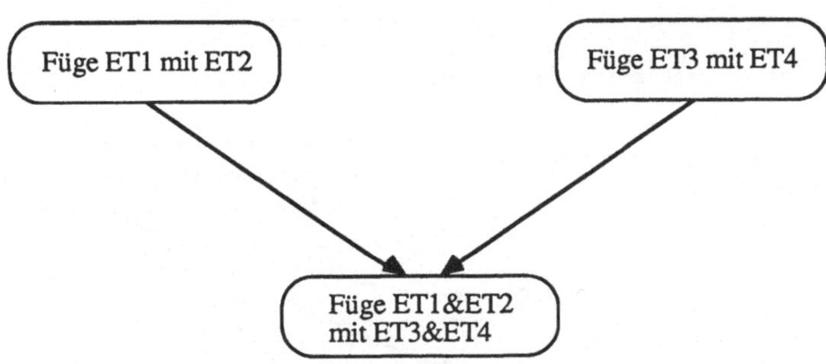

Bild 2.50: Vorranggraph zum UND/ODER-Graphen aus Bild 2.49

2.8 Implementierungsdetails am Beispiel der Laugenpumpe

Wie bereits in Abschnitt 2.5.6 erwähnt wurde, ist APOM primär auf einer Symbolics 3670 Maschine implementiert. Verwendet wird die Sprache COMMON - LISP und die Expertensystemschale KEE. Das CAD-System ROMULUS ist auf einer Mikro-Vax installiert. Beide Maschinen sind über ein Ethernet-Kabel (DECNET-Protokoll) miteinander gekoppelt. Spezielle CAD-Routinen sind in PASCAL geschrieben. Das CAD-System wird gegenwärtig vor allem an die Demontagesimulation angekoppelt.

Der Erwerb des produktabhängigen Wissens und die Transformation dieses Wissens in Fügematrizen, in Vorgänger/Nachfolger-Relationen, in Funktionsgraphen, in Montagegraphen etc. haben wir bereits in Abschnitt 2.5 ausführlich beschrieben. Hier wollen wir uns auf den produktunabhängigen Wissenserwerb für Handhabungsoperationen und die Bestimmung der optimalen Montagefolge (Vorranggraph) konzentrieren. Bild 2.51 zeigt in Analogie zu Bild 2.39 einen Ausschnitt aus der Verfeinerung des Wurzelknotens der Handhabungsoperationen.

Bild 2.53 zeigt den Vorranggraphen für die optimale Montage der Baugruppe Lagerbügel (Hierarchieebene 2).

Gezeigt wird nur das Kriterium Handhabungsaufwand. Für die anderen drei Kriterien ist dieser Vorranggraph identisch. Berücksichtigt wurden die Optimierungskriterien Anzahl der Werkzeuge, Ausführungszeit, Handhabungsaufwand und die Schwierigkeit der Fügeoperationen. Von den in Bild 2.29 gezeigten zwei Vorranggraphen wurde der rechte als optimal ermittelt. Dies entspricht der Folge (B,D), (B,C), (A,C) und (A,D) in diesem Bild. Die Operation (A,C) und (A,D) sind miteinander verknüpft und werden daher als eine Operation (federnd einspreizen) in Bild 2.53 angezeigt.

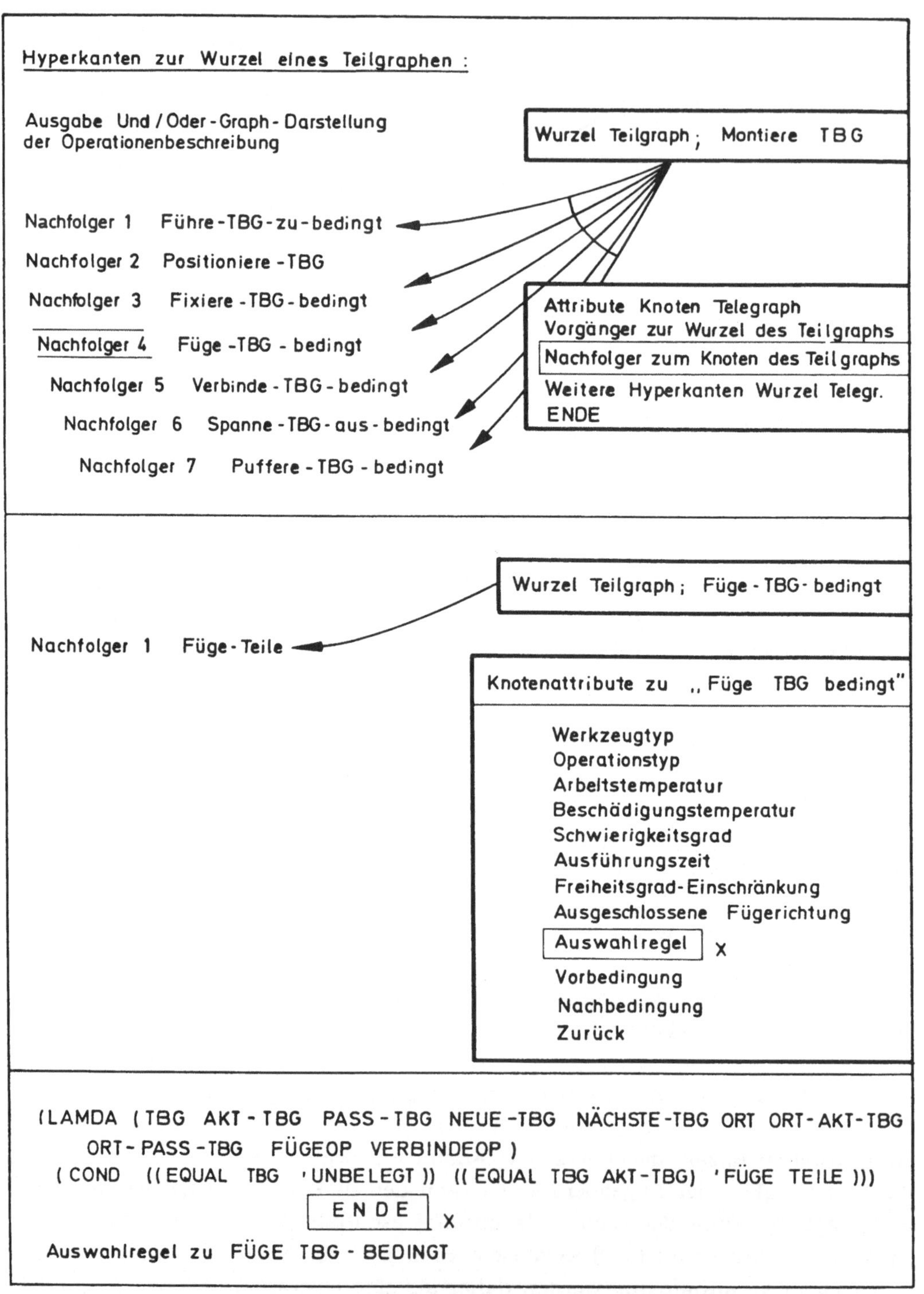

Bild 2.51: Ausschnitt aus der Beschreibung von Handhabungsoperationen, (TBG =

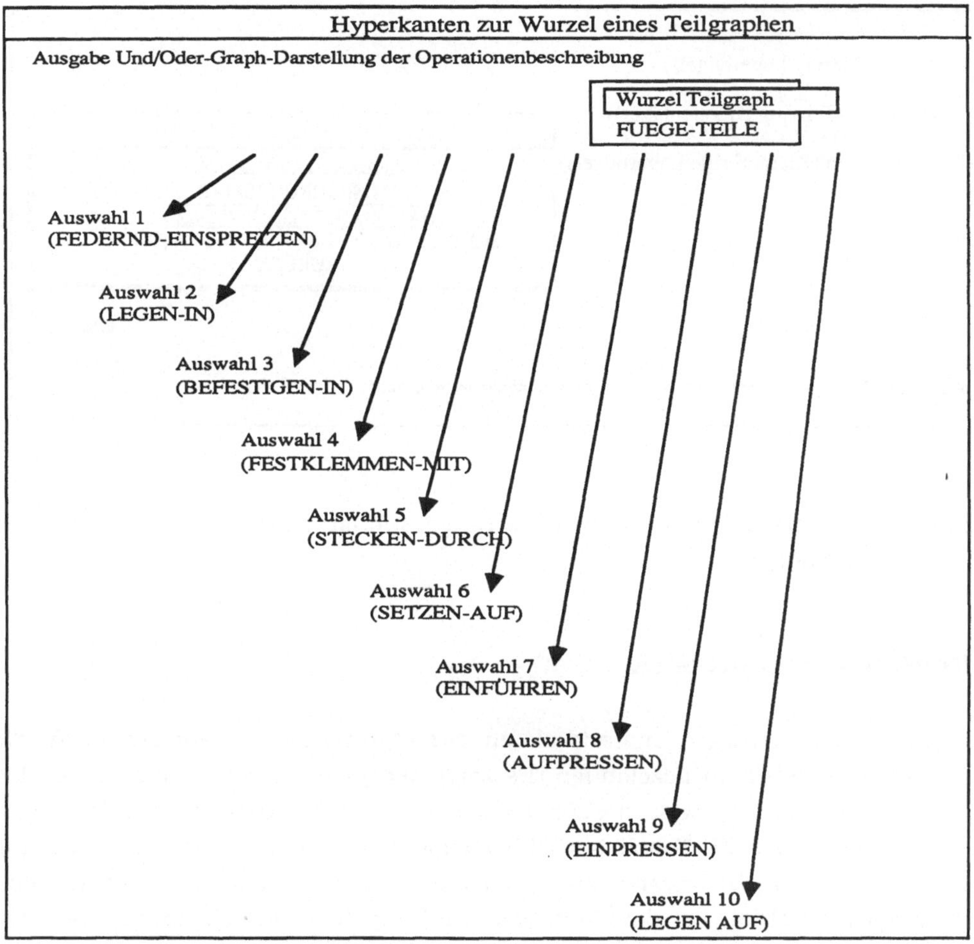

Hyperkanten zur Wurzel eines Teilgraphen

Ausgabe Und/Oder-Graph-Darstellung der Operationenbeschreibung

Wurzel Teilgraph
FUEGE-TEILE

Auswahl 1
(FEDERND-EINSPREIZEN)

Auswahl 2
(LEGEN-IN)

Auswahl 3
(BEFESTIGEN-IN)

Auswahl 4
(FESTKLEMMEN-MIT)

Auswahl 5
(STECKEN-DURCH)

Auswahl 6
(SETZEN-AUF)

Auswahl 7
(EINFÜHREN)

Auswahl 8
(AUFPRESSEN)

Auswahl 9
(EINPRESSEN)

Auswahl 10
(LEGEN AUF)

```
(LAMBDA (TBG AKT-TBG PASS-TBG NEUE-TBG NÄCHSTE-TBG ORT ORT-AKT-TBG
        ORT-PASS-TBG FÜGEOP VERBINDEOP)
 (COND ((EQUAL FÜGEOP 'UNBELEGT) 'FÜGE-TEILE)
       ((EQUAL FÜGEOP 'F.-EINSPREIZEN) 'FEDERND-EINSPREIZEN)
       ((EQUAL FÜGEOP 'EINLEGEN) 'LEGEN-IN)
       ((EQUAL FÜGEOP 'BEFESTIGEN-IN) 'BEFESTIGEN-IN)
       ((EQUAL FÜGEOP 'FESTKLEMMEN-MIT) 'FESTKLEMMEN-MIT)
       ((EQUAL FÜGEOP 'STECKEN-DURCH) 'STECKEN-DURCH)
       ((EQUAL FÜGEOP 'AUFSETZEN) 'SETZEN-AUF)
       ((EQUAL FÜGEOP 'EINFÜHREN) 'EINFÜHREN)
       ((EQUAL FÜGEOP 'AUFPRESSEN) 'AUFPRESSEN)
       ((EQUAL FÜGEOP 'EINPRESSEN) ÈINPRESSEN
       ((EQUAL FÜGEOP 'AUFLEGEN) 'LEGEN-AUF)
       ((EQUAL FÜGEOP 'SCHRAUBEN) 'SCHRAUBEN
       ((EQUAL FÜGEOP 'ÜBERSTÜLPEN) 'STÜLPEN-ÜBER)
       ((EQUAL FÜGEOP 'ÜBERSTREIFEN) 'STREIFEN-ÜBER)))
```

ENDE

Auswahlregel zu Fügeteile

Bild 2.52: Mögliche Zuordnung von Handhabungsoperationen zu einer Fügeoperation

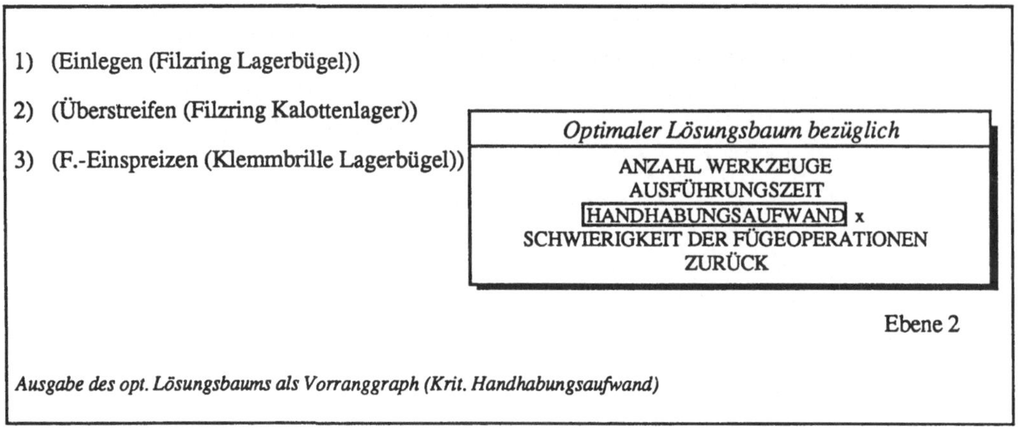

1) (Einlegen (Filzring Lagerbügel))

2) (Überstreifen (Filzring Kalottenlager))

3) (F.-Einspreizen (Klemmbrille Lagerbügel))

Optimaler Lösungsbaum bezüglich
ANZAHL WERKZEUGE AUSFÜHRUNGSZEIT HANDHABUNGSAUFWAND x SCHWIERIGKEIT DER FÜGEOPERATIONEN ZURÜCK

Ebene 2

Ausgabe des opt. Lösungsbaums als Vorranggraph (Krit. Handhabungsaufwand)

Bild 2.53: Optimaler Lösungsbaum in Vorranggraphdarstellung für die Baugruppe Lagerbügel

2.9 Ergebnisse und Ausblick

APOM ist in seinem jetzigen Zustand als ein prototypisches Expertensystem für die Montageablaufplanung zu bezeichnen. Es zeigt den prinzipiellen Weg auf, wie das ingenieurübliche Montagewissen schrittweise in Repräsentationen überführt werden kann, die in der KI üblich sind (Wissenserwerbskomponente). Die Planung selbst wird als ein nicht linearer, hierarchischer Vorgang (Abstraktionsebene, Planungsebene) betrachtet, bei dem Betriebsmittel zugeteilt werden können und bei dem auftretende Konflikte erkannt und gelöst werden können. Hierfür wird durch den systematischen Einsatz von UND/ODER-Graphen ein vollständiger Problemraum aufgebaut. Der Aufbau eines solchen vollständigen Problemraumes ist weder mit Hilfe der rein situationsbasierten Planungssysteme (Abschn. 1.5) noch mit klassischen Optimierungsverfahren zu erreichen. Hier liefert die Technik der Expertensysteme einen neuen Ansatz. Die exakte Bahn- und Greifplanung (Abschn. 1.6.3) ist nicht Bestandteil von APOM. Montagepläne für stationäre Roboter werden in Form von Graphen generiert und bilden die Ausgabe von APOM. Diese Ausgabe muß in einem weiteren Schritt in eine reale, explizite Robotersprache überführt werden.

Bild 2.54 zeigt den blockartigen Aufbau eines vollständigen Montageplanungssystems.

Die Teile Wissenserwerb, Wissensbasis, Planer und Kritiker sind ihrer prinzipiellen Struktur nach bereits vorhanden. Im Detail müssen alle diese Funktionsblöcke nach und nach erweitert werden. Ebenso wird die bisherige Anzahl von Regeln (ca. 100) erhöht.

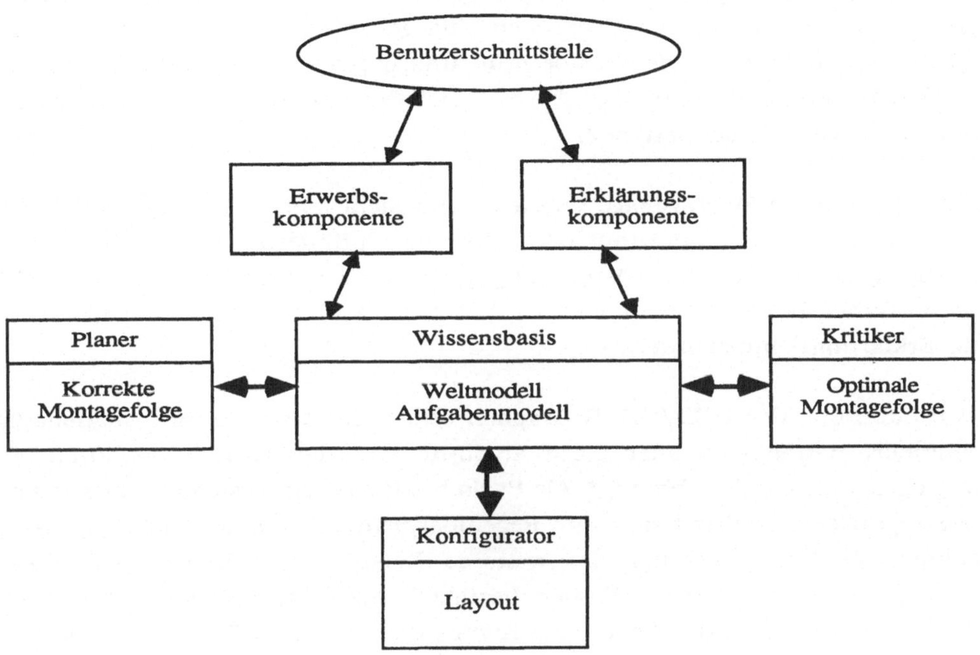

Bild 2.54: Komponenten eines vollständigen Planungssystems

Die Konfigurationskomponente sowie eine Erklärungskomponente fehlen gegenwärtig noch. Doch es wird daran gearbeitet, ein Konfigurationsexpertensystem (ebenfalls mit Hilfe von KEE) zu entwickeln, welches in APOM integriert werden soll. Dieses Expertensystem hat bislang etwa 250 Regeln und ist allerdings neben dem Anschluß an dasselbe CAD-System wie APOM nur mit einer interaktiven Benutzerschnittstelle ausgestattet. Eine direkte Eingabe von Montage- und Vorranggraphen ist noch nicht möglich.

Die bisherige Konzeption von APOM zeigt ganz deutlich, welche wissensbasierten Werkzeuge und neuen KI-Techniken für den generellen Einsatz von aufgabenorientierten - bisher noch teilautomatischen - Planungssystemen für Montageroboter vorangetrieben werden müssen.

Der Benutzer von APOM besitzt viele Freiheiten bei der Eingabe, wodurch die Korrektheit des Systems entscheidend von der Qualität der Benutzereingaben beeinflußt wird. Falsche und unvollständige Angaben zum Produkt sind von Seiten des Benutzers prinzipiell möglich. Da innerhalb der Wissenserwerbskomponente aus den Benutzerangaben weiteres Wissen abgeleitet wird, kann dieses ebenfalls falsch und unvollständig sein. Daher wäre es wünschenswert, daß die Wissenserwerbskomponente z.B. die Konsistenz neu eingegebener Attribute mit den in der Wissensbasis bereits vorhandenen überprüft und gegebenenfalls diese Widersprüche aufdeckt (Konflikterkennung, Abschn. 1.5.6) oder sogar selbst korrigiert (Nichtmonotonie, /Mc Dermott 80/).

Warum eine optimale Montagefolge gerade so und nicht anders ausgefallen ist, und mit welcher exakten Gewichtung jedes einzelne Optimierungskriterium in den Suchvorgang einer optimalen Lösung eingegangen ist, kann APOM bislang nicht erklären. Daher benötigt es neben der Wissenserwerbskomponente auch eine eigene Erklärungskomponente.

Die Attributierung des UND/ODER-Graphen erfolgt schrittweise und unabhängig voneinander. Häufig sind aber diese Attribute und die dadurch verbundenen Bedingungen voneinander abhängig. Als Basis hierfür ist ein systematischer Ansatz zur Bedingungsausbreitung und zur Regelüberprüfung (wie bei der Wissenserwerbskomponente) notwendig. Ein weiteres Beispiel von APOM möge diese Notwendigkeit, Aussagen bzw. Fakten bezüglich der Verträglichkeit mit Regelsätzen zu überprüfen, verdeutlichen. Die Knoten des UND/ODER-Graphen (Abschn. 2.6.2.2.) wurden durch die Bedingungsabfragen von Gültigkeitsregeln erzeugt. Was hierfür notwendig ist, ist ein allgemeiner Mechanismus, der bei jedem neu erzeugten Knoten dieser Graphen diese Abfragen automatisch durchführt und Knoten, die mit diesen Regeln nicht konsistent sind, eliminiert. Ansätze hierfür liefern die TMS bzw. die ATMS Systeme /de Kleer 86/. Sie werden von uns aus der Sicht der Meinungswartung betrachtet.

Wir haben gesehen, daß eine interne flexible Architektur von autonomen Robotern vorteilhaft mit dem Blackboard-Konzept realisiert wird. Dieses Konzept hat darüberhinaus den Vorteil, daß es auch für einen ganzen Verband von mobilen Robotern eingesetzt werden kann. Daher sollte bereits jetzt untersucht werden, ob ein Verband von stationären oder mobilen Robotern mit den Techniken des verteilten Planens etwa zur Kooperation veranlaßt werden kann. Dies bedeutet, daß der Ansatz von APOM, der für einen autonomen, stationären Montageroboter entwickelt worden ist, ausgedehnt werden muß auf die Planerzeugung für mehrere Montageroboter, die sich ihre Montageteile im Lager holen und zu einem Montageort bringen, an dem sie dann die Endmontage durchführen.

Die Zeit wird in APOM nur indirekt durch die UND/ODER-Graphen bzw. Vorranggraphen und durch die Dauer von Operationen eingeführt. Eine systematische Möglichkeit, die Zeit zu erfassen und mit ihrer Hilfe Schlüsse zu ziehen, wird im Rahmen der temporalen Logik versucht.

Da in APOM bislang die expliziten Montagebewegungen fehlen, ist zu untersuchen, inwieweit die Autonomie eines Roboters z.B. im Rahmen eines Blackboardsystems eingesetzt werden kann, diese Bewegungen z.T. induktiv zu lernen.

Der Vorteil des Einsatzes von Expertensystemschalen für die Planung von Montagerobotern wird bereits durch APOM z.B. durch die Wissenserwerbskomponente und den Aufbau der Wissensbasis verdeutlicht. Was allerdings generell noch zu untersuchen wäre, inwieweit einzelne Schalen etwa für die Bedingungsausbreitung, für die Konflikterzeugung bzw. -auflösung, für die temporale Logik und für nicht streng hierarchische Roboterplanungen wie etwa das opportunistische Planen mit Blackboardsystemen durch vorhandene Expertensystemschalen unterstützt werden.

Dieser gesamte auf die Weiterentwicklung ausgerichtete Fragenkatalog bildet den Grundstein für den dritten und letzten Teil dieser Arbeit.

Teil 3: WISSENSBASIERTE WERKZEUGE UND TECHNIKEN ZUR ERZEUGUNG VON PLÄNEN

3.1 Einleitung

Die Resultate, die im letzten Jahrzehnt bei der Entwicklung von Expertensystemen erzielt worden sind, sind gegenwärtig zum großen Teil in Form von Expertensystemschalen vorhanden und käuflich erhältlich. Diese Schalen können mit Vorteil bei dem Aufbau von Planungssystemen, von Wissenserwerbskomponenten und von Erklärungskomponten verwendet werden. Das Blackboardkonzept eignet sich nicht nur zur internen Strukturierung von einem bzw. von mehreren autonomen Robotern, sondern auch für reagierendes und opportunistisches Planen (Abschn. 1.5.1). Mittlerweile gibt es an Instituten die ersten Ansätze, entsprechende Blackboardschalen zu entwickeln.

Neben diesen wissensbasierten Werkzeugen sind aber auch bestimmte KI-Techniken für die Planung von Roboteraufgaben von Bedeutung. Zur Sprache kommen in diesem Zusammenhang vor allem die Meinungswartung (Truth Maintenance) und die temporale Logik. Die Erfolge, Roboter ihre Aufgaben selbst lernen zu lassen (3. Robotergeneration, Abschn. 1.2.3), sind bislang nur bescheiden. Es können nur einfache Umgebungskarten (mobile Roboter) und elementare Montagebewegungen erlernt werden. Wir greifen ein Beispiel des letzteren Falles auf.

Die bisher beschriebenen Planungstechniken bezogen sich stets auf einen Roboter. Es ist aber bereits jetzt abzusehen, daß sich in Fertigungshallen ganze Verbände von stationären und mobilen Robotern die Aufgabe gemeinsam teilen werden. Auch im alltäglichen Verkehrssystem werden zusehends autonome Fahrzeuge und Leitsysteme an Bedeutung gewinnen (z.B. PROMETHEUS). Das "Planungsfundament" für diese komplizierten Mechanismen ist noch nicht errichtet. Das Schlüsselwort ist hier **verteiltes Planen**. Es definiert zahlreiche Spezifikationen von neuen KI-Techniken und ist neben der Fortentwicklung von aufgabenorientierten Planungssystemen für einzelne Roboter als die Herausforderung an zukünftige Planungsaktivitäten zu sehen. Aus diesem Grunde beenden wir diese Arbeit mit einer ausführlichen Beschreibung (Ausblick) dieses neuen Forschungsschwerpunktes.

3.2 Expertensystemschalen und ihre Eignung zur Planung

3.2.1 Vergleich von Expertensystemschalen

Expertensystemschalen werden aus erfolgreichen vollständigen Expertensystemen erzeugt, indem die speziellen Wissensinhalte entfernt werden und die anderen allgemeinen Komponenten für den Aufbau, die Erklärung und die Manipulation von Wissen (Inferenzmaschine) beibehalten werden. Eine Expertensystemschale ist somit ein Expertensystem, dessen Wissensbasis leer ist.

Tabelle 3.1 verdeutlicht in etwa (ohne Gewähr für Vollständigkeit) das gegenwärtig existierende Angebot von käuflichen Expertensystemschalen, sowie die zugehörigen Zielmaschinen.

Expertensystemschalen	MAC	PC	WS	VAX	IBM	LISP	Andere
1 st Class		x					
Superfile ACLS		x					x
Acquaint (Daisy)		x					
Analyzer plus		x					
APES		x		x			x
Arity ESDP		x					
ART			x			x	
BABYLON						x	
BB1			x			x	
Class		x	x	x	x		
Cognit IF			x	x	x		
Crystal		x					
Deja Vu		x					
Dexpert		x	x	x	x		x
Duck			x	x		x	
Envisage				x			
ERS		x					
ESE (ESDE & ESCE)					x		

Expertensystemschalen	MAC	PC	WS	VAX	IBM	LISP	Andere
ESP adviser		x		x			x
ESP Frame Engine		x					
Expertfacts	x						
Experkit	x	x					
Exper OPS5	x	x					
Expert 2		x					
Expert 4		x					
Experteach		x					
Expertease		x					x
Expertedge (TESS)		x					
Exsyx		x					
Extran-7		x	x	x	x		x
Golem		x					
Guru		x		x			
Humble		x					x
In ate	x			x		x	
IKE						x	
Inference manager (AL/X)		x					
Insight I, II, III		x		x			
Intelligence Compiler		x					
Intelligence Service		x		x			
Iroise				x			x
K. 1					x		
KDS		x					
KEE			x			x	
KES		x	x	x			
KIP	x	x	x	x		x	x
KISS		x					
Knowledge Craft (SRL+)				x		x	
Knowledge Workbench			x				
Knowol		x					
L'expert		x					
M.1		x					
Macexpert	x						
MP-LRO & LE Lisp			x	x			x
Nexpert	x	x		x			
Omega						x	
OPS 5 (+)		x	x	x			x

Expertensystemschalen	MAC	PC	WS	VAX	IBM	LISP	Andere
OPS 83		x	x	x			x
PARSEC	x	x	x				
Personal Consultant Plus						x	
Picon						x	
Poplog			x	x			
Qtime		x					
Reveal		x					
Rulemaster		x	x	x			x
S.1		(x)	x	x		x	
Savoir		x	x	x	x		x
Series PC		x					
Service Shell	x	x	x	x		x	x
Small-X		x					
Snark		x			x		
Super Expert		x					
TIMM		x		x			
Topsi		x					x
Trouble shooter		x					
Turbo expert		x					
Twaice							x
Vie Ket						x	
VP Expert		x					
Wizdom		x					
Xi		x					
Xsys		x					
Zexpert							x

Tabelle 3.1: Käuflich erhältliche Expertensystemschalen (Stand: September 1987). Quelle: **/Isenberg 87/**. Die folgenden Abkürzungen werden benutzt: MAC = Apple Macintosh, PC = IBM PC oder vergleichbar, WS = Workstations, (SUN, Apollo), IBM = IBM Mainframe, LISP = LISP Maschine (Symbolics)

Die Evaluierung dieser Systeme bezüglich ihrer speziellen Tauglichkeit für die Verwendung in einer CIM-Schale (Abschn. 2.2) im allgemeinen bzw. für den Planer im speziellen läßt sich auf die folgenden Problembereiche präzisieren:

1) *Modellbasierte Wissensdarstellungen (z.B. Rahmen)*
2) *Manipulation von Modellattributen (z.B. Bedingungsausbreitung)*
3) *Darstellung benutzereigener Relationen*
4) *Metawissen*
5) *Darstellung von Regeln*
6) *Verfahren zur Konflikterkennung bzw. -auflösung*
7) *Objektorientiertes Programmieren*
8) *Logisches Programmieren (Prolog)*
9) *Kontrollstrategien*
10) *Nichtmonotones Schließen (Fakten ändern sich während des Inferenzvorganges)*
11) *Meinungswartung*
12) *Erklärung der Inferenzstrategie*
13) *Behandlung von Unsicherheiten*
14) *Zeitdarstellung*
15) *Argumentieren über Aktionen*
16) *Blackboardkonzept*
17) *Graphische Unterstützung*
18) *Umgebung für Entwickler und Benutzer*

Dieser große Kriterienkatalog sortiert uns aus der Tabelle 3.1 die meisten aus. Übrig bleiben nur noch ART /Clayton 87/, BB1 /Johnson Jr. 87/, KC /Knowledge Craft 87/ und KEE.

Von /Ziebelin 86/ wurden viele der oben genannten Kriterien aufgegriffen und mit Hilfe realer Benchmark Tests für ein Diagnose-Expertensystem bezüglich des Zustandes eines lokalen Rechnernetzwerkes ausgewertet. Als "Kandidaten" blieben ART, KC und KEE übrig. Eine gut lesbare Darstellung (Bewertung) dieser drei Systeme findet man auch bei /Bozesan 87/. Auf den nachfolgenden vier Seiten werden die Systeme ART, KC und KEE bezüglich fast aller obigen Kriterien miteinander verglichen (Tabelle 3.2). Ein weiterer spezieller Vergleich von KEE und ART ist bei /Johnston 87/ zu finden. Unberücksichtigt bleiben vorläufig die Punkte 15 und 16. Hierzu liefert nur das BB1-System einen Beitrag. Wir werden es im nächsten Teilabschnitt kennenlernen.

Zieht man die Schlußfolgerungen aus den verglichenen drei Expertensystemschalen, so ist folgendes zu sagen:

A) KEE: *Einfachheit im Erlernen und Benutzen dieses Systems.* Die "Tell and Ask" Sprache ist einfacher als etwa die CRL Syntax: (ASSERT (The AGE OF MY SON IS 11)) ist einfacher als (NEW VALUE MY SON AGE 11)

<table>
<tr><th>KEE (3.0)</th><th>KC (3.0)</th><th>ART (3.0)</th></tr>
<tr><td colspan="3">Modellbasierte Wissensdarstellung (1, 2, 3, 4)</td></tr>
<tr><td>"Unit", "World"

- Own slots definieren spezielle Eigenschaften
- Member Slots definieren vererbbare Eigenschaften
- Mehrfache Vererbung von benutzereigenen Definitionen durch member- oder subclass-Verbindungen
- Dämonen können den Slots zugeordnet werden
- Integritätsprüfung von Slots
- Keine spezielle Technik für Bedingungsausbreitungen</td><td>"Schema"

- Mehrfache Vererbung von benutzereigenen komplexen Definitionen (Transitivität, Bedingungen, ...)
- Benutzereigene Relationen, ihre Attribute können vererbt werden
- Dämonen
- Metawissen über Schemen und Slots um prozedurales Verhalten zu beschreiben
- Keine spezielle Technik für Bedingungsausbreitung</td><td>"Schema", "Fact", "Viewpoint"

- Mehrfache Vererbung
- Benutzereigene Relationen (inverse Relationen, vererbbare Eigenschaften)
- Keine Dämonen, kein Metawissen. In ART liegt der Schwerpunkt mehr auf Fakten und Objekten
- Keine spezielle Technik für Bedingungsausbreitung</td></tr>
<tr><td colspan="3">Regeln (5, 6)</td></tr>
<tr><td>- Regeln sind Units der Regelklasse
- Regelklassen (NWA, SWA, Deduktion)
- Benutzung der gleichen Regel in Vorwärts- und Rückwärtsverkettung
- Sechs Strategien zur Konfliktauflösung:
-> kleinste Prämissenkomplexität
-> größte Prämissenkomplexität
-> gewichtete kleinste Prämissenkomplexität
-> gewichtete größte Prämissenkomplexität
-> kleinste Gewichtung
-> größte Gewichtung
- Regeln können vererbt werden (statisch, dynamisch)
- Regeln werden interpretiert (langsam)</td><td>- CRL-OPS kombiniert Schemata mit OPS-5 (gute Interpretation von Verkettungs- und Vererbungseigenschaften)
- Regeln werden compiliert --> (schneller)
- CRL-OPS arbeitet mit Vorwärtsverkettung, kann aber die Rückwärtsverkettung mittels Zielen und Kontext simulieren
- Drei Strategien zur Konfliktauflösung:
-> Vernachlässigung benutzter Regeln
-> Priorität der neuesten Fakten
-> Priorität selektiver Regeln</td><td>- Vorwärts- und Rückwärtsverkettung können gemischt werden (Ziele, viewpoints)
- 5 Regeltypen:
-> Inferenzregeln
-> Produktionsregeln
-> Bedingungsregeln
-> Meinungsregeln
-> Hypothetische Regeln
- Regeln werden compiliert --> (schneller)</td></tr>
</table>

KEE (3.0)	KC (3.0)	ART (3.0)
Objektorientiertes Programmieren (7)		
- ACTIVE VALUE Zuweisung von Methoden und Funktionen an Slots - ACTIVE IMAGE Graphische Darstellung von Slot Werten	- KC Dämon entspricht den active value von KEE. Mit ihnen können Funktionen aufgerufen werden. - Metaschemen und Metaslots verstärken die Möglichkeit zum objektorientierten Programmieren	- Kein objektorientiertes Programmieren, nur regelbasiertes Programmieren - graphic image (entspricht "active image" von KEE)
Logisches Programmieren (8)		
- Die "Tell And Ask" Sprache zeigt Ähnlichkeit zum logischen Programmieren. Sie arbeitet mit Aussagen und kann eine Rückwärtsverkettung nach verschiedenen Strategien durchführen.	- CRL-PROLOG kann benutzt werden: -> um die CRL-Schemen rückwärts zu verketten -> um Prolog-Prädikate zu definieren -> um Prolog-Programme zu generieren	- Dreiwertige Logik (T, F oder ?) - Die Rückwärtsverkettung ist mit Zielen und viewponts implementiert.
Kontrollstrategien (9)		
- KEE bietet 4 Möglichkeiten den Interferenzprozeß zu kontrollieren: 1. Gewichtung von Regeln 2. Auswahl von Regelmengen für die Vorwärts- und Rückwärtskonstruktion 3. die Auswahl von sechs Strategien zur Konfliktauflösung 4. abhängigkeitsgerichtetes Rücksetzen	- in CRL-OPS wird die Kontrolle durch Ziele bestimmt, welche die Suchrichtung (vorwärts, rückwärts, gemischt) den Fakten entsprechend einstellen - in CRL-Prolog ist die Kontrolle des Inferenzprozesses durch die Mechanismen von Prolog beschränkt - Multischlangen Ereignismanager	- Die Möglichkeiten der komplexen Kontrollstrategien sind sehr vielfältig und können mit Hilfe von Zielen und Strategiemustern innerhalb von Regeln implementiert werden.
Nichtmonotones Schließen (10, 11)		
- Kein Event-Mechanismus - Multiple Worlds (ATMS = Konsistenzprüfung und Rechtfertigung)	- Events Events sind Schemata die in der Agenda stehen - Context Die Erzeugung eines Contextes definiert den aktuellen Status der Wissensbasis (WB). Modifikationen des WB-Status sind in diesem und den nachfolgenden Contexten. Der Contextmechanismus ermöglicht die Deaktivierung von alten Zuständen falls zurückgesetzt werden muß.	- Viewpoints entsprechen dem Contextmechanismus von KC - Hypothetische Welten (Meinungsregeln)

KEE (3.0)	KC (3.0)	ART (3.0)
Unsicherheiten (13) und Zeit (14)		
- Unsicherheiten müssen separat programmiert werden - Zeitrelationen müssen separat programmiert werden - Zeitabhängige Simulationen von komplexen Prozessen mit Hilfe von SIMKIT	- Unsicherheiten müssen separat programmiert werden - Zeitrelationen können als benutzereigene Relationen definiert werden - Zeit kann simuliert werden, daher existiert die Möglichkeit zur ereignisgesteuerten Simulation für komplexe Prozesse (Simulation Craft)	- Unsicherheiten -> Sicherheitsfaktoren -> Konfidenzfaktoren - Zeitrelationen können als benutzereigene Relationen definiert werden
Erklärungskomponente (12) und Umgebung (18)		
- Regelgraphen (statisch, dynamisch) - text trees - Möglichkeit semantischer Netzwerke mit einem graphischen Editor zu editieren - WB-Manipulation mit Hilfe der Active Images	- graphischer Editor PALM, um semantische Netzwerke zu editieren - OPS-5 Werkbank, um die Ausführung von OPS-5 Programmen graphisch zu steuern - Prolog Werkbank für die Überwachung von Prolog- Programmen - Schema-basierte Fehlerbehandlung	- das "ART-Studio": -> kann hierarchische Wissensstrukturen darstellen, ist aber nicht so mächtig wie bei KEE oder KC -> Ablaufprotokollierung zur Faktenänderung -> Help Komponente
Graphische Unterstützung (17)		
- Objekte entsprechen Icons - Modifikation von Objekten führen zu Modifikationen von Icons - sehr gute Merkmale für interaktive Simulationen	- Ein Graphikpaket (CORE) ist vorhanden. Es ist vergleichbar mit KEE, doch -> es ist nicht so einfach zu benutzen -> keine Aktivwerte -> keine Graphikunterstützung	- Das ARTIST Graphikpaket ist mit demjenigen von KEE vergleichbar

KEE (3.0)	KC (3.0)	ART (3.0)
Evaluierung		
pro: - sehr benutzerfreundlich (einfach zu lernen und zu gebrauchen) - stark objektorientiert - ATMS-fähig	pro: - gute Merkmale für Kontroll- und Strategieansätze -> Agenda Mechanismus mit Ereignissen -> Context Mechanismus - verhältnismäßig schnell - benutzereigene Relationen	pro: - sehr flexibel zur Implementierung von Kontroll- und Strategieansätzen: -> Ziel- und Strategiebeschreibungen -> Viewpoint Mechanismus - verhältnismäßig schnell
contra: - geringe Möglichkeiten die Kontrolle und die Strategie des Inferenzprozesses zu beeinflussen - langsam - keine temporale Logik	contra: - ziemlich schwer zu erlernen und zu handhaben - verschiedene Regeln für Vorwärts- und Rückwärtsverkettung	contra: - schwierig zu lernen und zu gebrauchen - rein regelbasiert - schwer modifizierbar
Schlußfolgerung		
Geeignet für -> Diagnose -> Simulation -> zielorientiertes und opportunistisches Planen Sehr geeignet für: -> Rapid Prototyping	Geeignet für: -> Diagnose -> Simulation -> opportunistisches Planen (ohne Blackboard)	Sehr geeignet für: -> Komplexe Problem-Lösungen (Planverifikation)

Tabelle 3.2: Vergleich der drei Expertensystemschalen KEE, KC und ART. Die einzelnen Bewertungskriterien entsprechen den Punkten der zuvor erwähnten Problembereichen

was der CRL Syntax entspricht. Die KEE-Regeln haben zwei Vorteile: (1.) sie können wie Objekte behandelt werden (nicht so in KC und ART) und (2.) sie müssen für die Vorwärts- und Rückwärtsverkettung nicht umgeschrieben werden. Die Langsamkeit durch die Regelinterpretation wird in Zukunft wegfallen. Es existiert bereits jetzt ein Regelcompiler für die Rückwärtsverkettung.

Der bereits zitierte ATMS-Mechanismus von KEE und im geringeren Umfang auch von ART bietet eine gute Basis, Konsistenzprüfungen für einen Planer (Abschn. 2.6.2.2) durchzuführen, den Suchraum zu reduzieren und mehrere Problemlösungen parallel aufzubauen und zu vergleichen (opportunistisches Planen).

Die Erweiterung von KEE ist im Gegensatz zu ART leicht möglich. Alle Wissensbasen dieses Systems können beliebig modifiziert werden.

B) Stärken von KC und ART: *Fähigkeiten zur Problemlösung.* Die wesentlichsten Punkte, die die Vorteile von KC und ART ausmachen, sind:

- Verschiedene Ebenen von Metawissen (geeignet für Operatorabstraktionen, Abschn. 1.5.4)
- Zuordnung von Metawissen zu Schematas
- benutzereigene Relationen (räumliche, zeitliche) werden unterstützt
- Folgerungen über temporales Verhalten sind möglich
- Verschiedene Inferenzkontrollen sind möglich.

Für das zeitliche Schließen bieten die Ereignisse (events) und der context bzw. der viewpoint-Begriff einige Vorteile. Den Contexten können feste Zeitpunkte zugeordnet werden und die Systeme können Schlüsse über die Zeitdauer von Operationen ziehen. Ereignisse können in Warteschlangen eingereiht werden und werden zu bestimmten Zeiten angestoßen.

Im Zusammenhang mit den Inferenzkontrollen ist neben den üblichen Inferenzmodi (Vorwärts- und Rückwärtsverkettung) der Context, die Metaregeln und der Task Manager zu erwähnen. Contexte bzw. viewpoints sind wesentlich für die Programmierung komplexer Systeme. Die Gründe hierfür sind wie folgt:

- Die Resultate, die im Zusammenhang der Verfolgung mit verschiedenen Hypothesen erzeugt worden sind, können immer wieder benutzt werden. Dieses "Erinnerungsvermögen" ist für das adaptive Verhalten der Roboter der dritten 3. Generation von großem Nutzen.

- Verschiedene Aspekte desselben Modells werden gespeichert, so daß der Vergleich verschiedener Aspekte eines spezifischen Objektes leicht ist.

- Der Informationszugriff kann beschleunigt werden, da der Context als Schlüssel zur Klassifikation der Inhalte der Wissensbasis verwendet werden kann.

Das Kontrollwissen kann in Form von Metaregeln gespeichert werden. Diese Regeln können wiederum auf verschiedenen Ebenen angeordnet sein, wobei diese Ebenen durch die Benutzung von Problemlösungszielen festgelegt werden können.

Der Task Manager gibt dem Anwender die Möglichkeit, Aufgabenhierarchien zu erzeugen, die dieselbe Wissensbasis benutzen. Die einzelnen Aufgaben können sich, wie bei einer Prozeßhierarchie, gegenseitig aufrufen, verzögern, beenden etc. Solch ein Task Manager könnte z.B. dann benutzt werden, um zwischen kooperierenden Agenten (Abschn. 3.8) zu synchronisieren.

3.2.2 Unterstützung zur Planung von Roboteraufgaben

Die Planung von Aufgaben für Roboter stellt an die Expertensystemschalen die folgenden Anforderungen:

a) Extensive Möglichkeiten zur *Modellbildung* auf verschiedenen Abstraktionsebenen (Umweltmodell, Planungsebene). Vorhanden sein sollten die Modelle über *Operationen, Ereignisse, Zustände* und *Relationen* zwischen diesen Zuständen.

b) Extensive Möglichkeiten, um Kontrollstrategien *(Inferenzkontrolle)* und Kontrollwissen (Metawissen) auf verschiedenen Planungsebenen einzuführen. Hiermit kann über Aktionen argumentiert werden, da der Planungsvorgang definiert werden kann, als das Argumentieren über Operationen, um ein Ziel zu erreichen. Dieses Argumentieren geht davon aus, daß ein Ereignis oder eine Operation eine andere Operation anstößt. Diese angestoßene Operation wiederum ist nur ausführbar, wenn der entsprechende Zustand vorhanden ist.

c) Techniken, um die *Inkonsistenz, Redundanz* und *Unvollständigkeit* von Wissensbasen und Plänen (z.B. Montagegraphen) festzustellen.

d) Techniken, um die zahlreichen Bedingungen zu möglichen Operatorenanwendungen zur optimalen Betriebsmittelauswahl (z.B. Werkzeug) zur korrekten Montagereihenfolge etc. *darzustellen*, sie zu propagieren und Bedingungsverletzungen zu detektieren und zu korrigieren.

e) Fähigkeit, um zeitabhängige *Schlußfolgerungen* durchzuführen.

Die unter Punkt c) geforderten Techniken sind sowohl für die Meinungswartung eines Planungssystems, als auch für eine Wissenserwerbskomponente und Erklärungskomponente (Abschn. 3.3). von Bedeutung. In Punkt d) werden die Techniken zur Bedingungsausbreitung als ein Bestandteil der Kontrollstrategien von Inferenzprozessen betrachtet. Sie können als diejenigen Verfahren betrachtet werden, die zur Konflikterkennung und -auflösung (Abschn. 1.5.6) während der Planerzeugung benutzt werden können.

Bezüglich der Forderung a) ist von den drei im vorigen Abschnitt verglichenen Expertensystemschalen KEE mit das geeigneteste Werkzeug. Es kann mit seiner breiten Modelliermöglichkeit sehr gut für das objektorientierte Programmieren verwendet werden (z.B. APOM). KEE ist auch für die Erfüllung des Punktes c) am besten geeignet.

Die Stärken von ART und KC zur Planerzeugung liegen in den Punkten b) (Inferenzkontrolle) und e) (temporale Logik).

Was die Punkte a), b) und d) anbetrifft, so werden sie aber von keiner dieser drei Expertensystemschalen effizient genug unterstützt. Von einer speziellen Expertensystemschale für die Planung von Roboteraufgaben sind bezüglich der oben genannten drei Punkte die folgenden Forderungen zu stellen.

Modellbildung (zu a). Ereignisse können durch externe Zustandsänderungen oder durch Aktionen verursacht werden und müssen als solche explizit formulierbar sein. Die Zustandsbeschreibungen bzw. Zustandsänderungen, die mit diesen Ereignissen zusammenhängen bzw. hervorgerufen werden, müssen in intern und extern beeinflußbare Größen eingeteilt und dargestellt werden. Auf diese Art umgeht man das Rahmenproblem im Sinne von Rechenprozessen. Diese Forderungen werden insbesondere durch das verteilte Planen in den Vordergrund gestellt. Wir kommen auf diesen Punkt nochmals ausführlich in Abschn. 3.8.3 zu sprechen.

Inferenzkontrolle (zu b und d). Der Benutzer eines Planungssystems sollte in der Lage sein, das Kontrollverhalten folgendermaßen zu definieren (zu beeinflussen):

1) Definition von Kontrollabläufen auf verschiedenen Ebenen. Dazu gehören globale Strategien (z.B. bestimme alle Baugruppen und beginne die Montage mit den Basiselementen), Heuristiken für die Operationsanwendungen (z.B. benutze die am meisten gewichteten Attribute) und die Fokusierung auf bestimmte Strategien, Heuristiken (scheduling policies) oder auf lokale Aspekte (z.B. die Werkzeugauswahl).

2) Einzelne Kontrollentscheidungen (Strategien, Fokus, Heuristik) müssen aufgrund einer dynamischen Planerzeugung modifiziert oder abgebrochen werden können. So müssen Folgen von Operationen (Teilpläne) unterbrochen, wieder gestartet und beendet werden können.

3) Explizite Darstellungen und Unterscheidungen von Bereichswissen und Kontrollwissen, um eine Abschätzung der Prioritäten zwischen Kontrolloperationen und Problemlösungsaktionen vornehmen zu können.

Die Planung von Roboteraufgaben ist ein Vorgang, bei dem es im wesentlichen darum geht, Bedingungen zu formulieren und sie kontinuierlich auszunutzen, um z.B. alle Montagealternativen systematisch reduzieren zu können.

BB1 ist die erste Expertensystemschale, die den genannten Forderungen zur Modellbildung und zur Inferenzkontrolle am weitesten entgegenkommt /Garvey 87/. Die Fähigkeiten zur Meinungswartung fehlen dieser Schale allerdings noch, so daß gegenwärtig eine Kombination von KEE und BB1 für Planungsaufgaben sehr effizient erscheint /Isenberg 87/. Es bleibt allerdings noch abzuwarten, welche neuen Mechanismen zur Inferenzkontrolle die Weiterentwicklungen von ART und KC anbieten werden.

Ganz typisch für die Schale BB1 ist ihre Ausrichtung auf das Blackboardkonzept. Wir werden daher diese Schale im Rahmen neuer Blackboardkonzepte vorstellen.

3.3 Blackboardkonzept

3.3.1 Lokales Blackboardsystem

Jedes wissensbasierte System hat drei wesentliche Komponenten: eine Wissensbasis, eine Inferenzmaschine, die die Inferenzkontrolle durchführt, und eine Datenbasis. Die Wissensbasis enthält die problemspezifischen Regeln und Heuristiken: die Datenbasis speichert die problembezogenen Fakten und die Zwischenlösungen (Agenda). Die Inferenzmaschine legt fest, welches Wissen auf welchen Daten wann angewendet werden muß.

Die wesentlichen Strategien, die hinter dem Blackboardkonzept stehen, lassen sich wie folgt angeben /Nii 87/:

1) *Hierarchische Problemlösung.* Die globale Lösung wird als eine Hierarchie von lokalen Lösungen aufgebaut. Die Aufgabenzerlegung definiert dabei auch die Lösungszerlegung.

2) *Opportunistische Lösungsinseln.* Einzelne Teillösungen können separat entwickelt werden und der Problemlösungsprozeß wird auf diejenigen Lösungen fokussiert, die am erfolgversprechendsten sind.

Überträgt man diese zwei Schlüsselpunkte auf die zuvor erwähnten drei Hauptkomponenten eines wissensbasierten Systems, so entsteht die Grundstruktur eines Blackboardsystems (Bild 3.1).

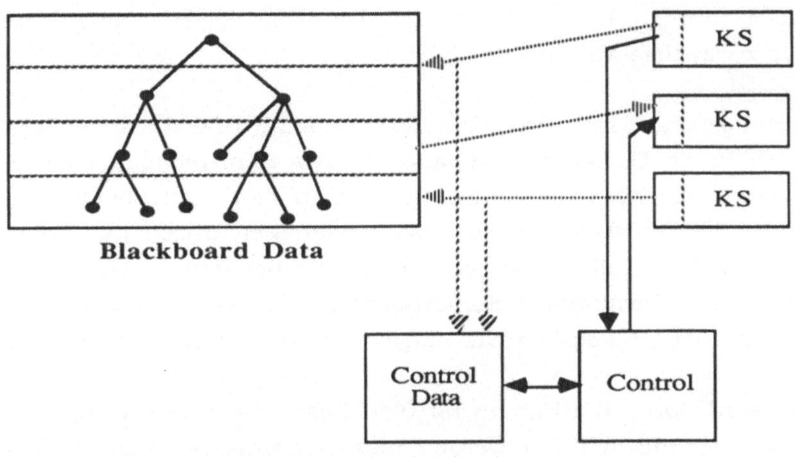

Bild 3.1: Grundversion eines Blackboardsystems

Das Blackboard entspricht einer Datenbasis, die allerdings strukturiert worden ist. Die Struktur des Blackboards ist ein Entwurf für eine Lösung. Sie gibt an, auf welcher Abstraktionsebene die einzelnen Lösungen und entsprechenden Modellbildungen parallel zu entwickeln sind und wie diese Teillösungen (Ausprägungen/Hypothesen) miteinander zu einer Gesamtlösung verknüpft werden müssen. Diese Gesamtlösung entspricht hierbei einem Pfad in dem Lösungsbaum des Blackboardsystems von Bild 3.1. Die einzelnen Elemente der Blackboardhierarchie sind somit Knoten, die sämtliche Daten enthalten, die für eine Teillösung notwendig sind. Diese Knoten werden miteinander über die Hierarchieebenen hinweg vernetzt (Lösungsbaum, Lösungsnetz). Sie können dynamisch erzeugt und gelöscht werden, d.h. Teilprobleme können dynamisch aufgestellt und wieder aufgegeben werden.

Das Problemlösungswissen der Wissensbasis wird auf *Wissensquellen* (Knowledge Sources, KS) verteilt. Jede Wissensquelle verfügt über dediziertes Wissen, das sie auf einem bestimmten Blackboardniveau zur Lösungsfindung einsetzt. Wissensquellen benutzen häufig Daten eines Knotens und versuchen, Teillösungen auf der gleichen Ebene oder auf einer anderen Ebene des Blackboards zu erzeugen. Die Wissensquellen werden üblicherweise als Menge von Regeln definiert, es können aber auch Prozeduren sein.

Nur die Wissensquellen dürfen Knoten des Blackboards initiieren, löschen, etc. Nur die Wissensquellen dürfen somit das Blackboard modifizieren. Untereinander sind die Wissensquellen unabhängig. Keine Wissensquelle darf eine andere Wissensquelle aufrufen. Die Wissensquellen benutzen das Blackboard, um indirekt miteinander zu wechselwirken.

Die Inferenzmaschine wird durch das Kontrollmodul und die zugehörigen Datenstrukturen definiert. Der Grundmechanismus des Kontrollmoduls basiert auf Ereignissen. Diese Blackboardereignisse werden in den Kontrolldaten notiert; das Kontrollmodul überprüft, welche der Wissensquellen durch die Ereignisse "getriggert" werden (if - Teil der Regeln), und ruft bestimmte, aktivierte Wissensquellen nach einem bestimmten Steuerungsalgorithmus auf. Die Realisierung der Inferenzkontrolle ist die *komplexeste* Aufgabe in einem Blackboardsystem.

Ereignissen wird durch die Knoten im Blackboard ein Kontext zugewiesen. Hiermit können Zustände definiert werden und Zustandsänderungen über die Vernetzung im Blackboard propagiert und auf ihre Auswirkung hin überprüft werden.

Ein (dynamischer) Kontrollzyklus läuft demnach nach dem folgenden Schema ab:

- Auswahl eines Ereignisses
- Auswahl von Wissensquellen, die durch das Ereignis angestoßen werden
- Definition der Kontexte, die zu den ausgewählten Wissensquellen gehören
- Ausführung des Aktionsteils der Wissensquellen, wodurch neue Ereignisse erzeugt werden.

Die Blackboardkonzeption begann 1973 mit Hearsay I (Spracherkennung), wurde mit HASP/SIAP (Klassifikation von Ultraschalldaten) im Jahre 1982 weitergeführt und endet gegenwärtig bei den neuesten Systemen BB1 und GBB/Johnson 87/. Bild 3.2 zeigt die kontrollbasierte Architektur von BB1. Die Grundstruktur dieser neuesten Blackboardgeneration verdeutlichen wir uns an Hand von BB1. Das GBB-System ähnelt dem BB1-System sehr stark, ist aber noch nicht so weit ausgebaut wie dieses System.

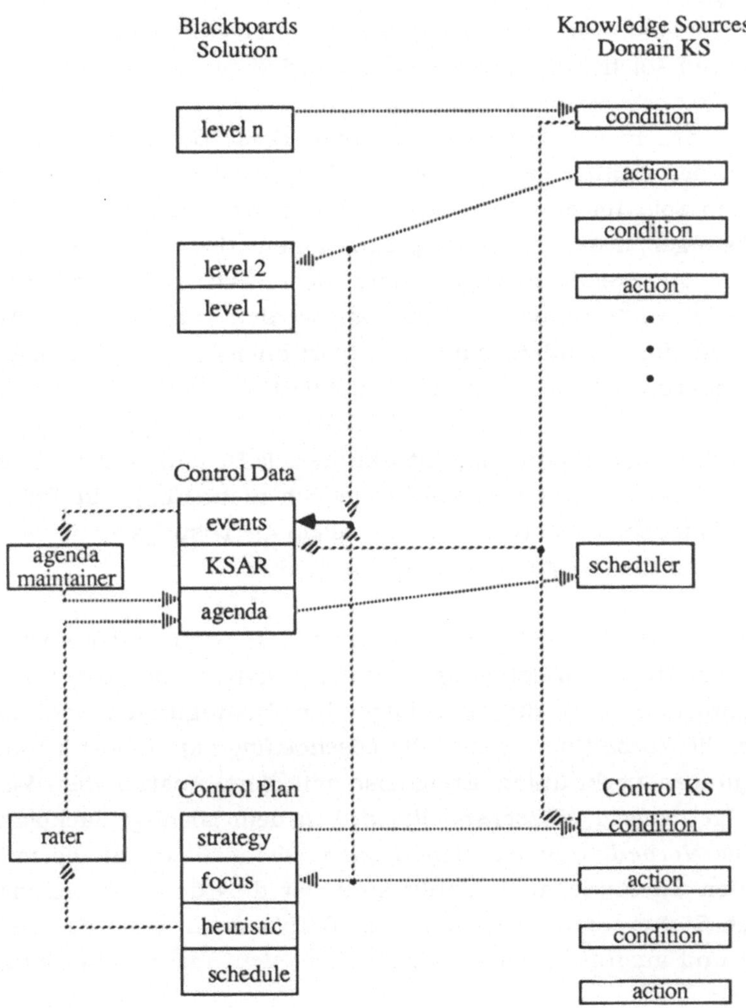

Bild 3.2: Konzeptionelle Architektur von BB1

Das gesamte Blackboard wird in drei verschiedene Teilblackboards unterteilt. Das Lösungsblackboard entspricht demjenigen von Bild 3.1, es kann aber mit speziellen Vernetzungsmechanismen durch den Anwender strukturiert werden. Neu hinzugekommen ist die Strukturierung der Kontrolldaten durch ein eigenes Control Data Blackboard und ein Blackboard zur Kontrollplanung.

Das Kontrolldatenblackboard speichert die Ereignisse, die Liste der aktivierten Wissensquellen (KSAR, Knowledge Source Activation Records) einschließlich ihrer Zustände. In der Agenda stehen sämtliche Wissensquellen, die angestoßen, ausführbar und löschbar sind. Die Ereignisse werden unterschieden in äußere zeitliche Ereignisse und in solche, die durch Wissensquellen generiert werden.

Das Kontrollwissen wird in vier Bereiche unterteilt. Diese Bereiche spiegeln den Kontrollplan wider, der explizit festlegt, wie die Problemlösung vom Prinzip her durchgeführt werden soll. Im einzelnen werden die globale Strategie, die Fokussierung auf Teillösungen durch Bewertungsfunktionen, die verwendeten Heuristiken und letztlich die Steuerungsalgorithmen (feste Priorität, Rundlauf, etc.) festgelegt. Verschiedene alternative Kontrollpläne werden von BB1 dem Anwender direkt angeboten. Insbesondere sind die Algorithmen zur Bedingungsmanipulation auf der Steuerungsebene bereits implementiert.

Die Knoten in den drei Blackboards sind strukturiert (z.B. Rahmen) und attributierbar. Die interne Struktur dieser Knoten ist jedoch nicht für jeden Teilbereich identisch. In dem Lösungsblackboard werden vor allem die Lösungszustände und in dem Kontrollblackboard die Ereigniszustände festgehalten.

Die Wissensquellen werden in zwei Klassen unterteilt: Bereich und Kontrolle. Sie sind intern gleich strukturiert (Bedingungs- und Aktionsteil) und haben 16 Attribute. Im Bedingungsteil sind die drei folgenden Bedingungen wichtig: die *Triggerbedingung*, die *Vorbedingung* und die *Löschbedingung* (abort condition). *Die Triggerbedingungen* verknüpfen Ereignisse mit dem Anstoß der Wissensquellen. Für jede "getriggerte" Wissensquelle wird in dem Lösungsblackboard ein KSAR angelegt. Die *Vorbedingungen* dienen dazu, abzuprüfen, ob die mit dem Ereignis gekoppelten Zustände auch erfüllt sind. Ist dies der Fall, nehmen die Wissensquellen den Status "ausführbar" an. Die *Löschbedingungen* legen fest, welche angestoßenen und ausführbaren Wissensquellen nicht mehr weiter eingesetzt werden sollen.

Im Aktionsteil werden vor allem diejenigen Regeln aufgelistet, die evaluiert werden müssen, falls die Wissensquelle zur Ausführung ausgewählt wurde.

Der Kontrollzyklus wird in drei Phasen eingeteilt:

1) *Interpretation.* Der Interpreter wählt eine ausführbare Wissensquelle aus (Bestimmung einer KSAR) und führt sie aus. Für diese Auswahl werden alle (ausführbaren) Wissensquellen in der Agenda mit Hilfe von Gewichtungsheuristiken durch den "rater" gewichtet.

2) *Agenda Wartung.* Der "agenda-maintainer" aktualisiert die Listen der angestoßenen, gelöschten und ausführbaren KSAR.

3) *Ablaufsteuerung* . Der Scheduler wählt nach dem aktuellen Kontrollplan eine ausführbare Wissensquelle aus.

Im Sinne einer Roboterplanung können in BB1 Zustände nicht nur mit Hilfe der Knoten in den einzelnen Blackboards, sondern auch mit Hilfe von globalen Zustandsvariablen (spezielle Knotenattribute) definiert werden. Der Kontext eines Ereignisses wird durch die Datenstrukturen in den Blackboards und der Kontext einer Operation durch die Wissensquellen definiert. Da die Wissensquellen auch die Aktionen selbst enthalten, kann der Kontrollmodul über Aktionen argumentieren. Durch die Benutzung von globalen Zustandsvariablen sind auch sämtliche Seiteneffekte (Rahmenproblem) bekannt.

3.3.2 Verteiltes Blackboardsystem

Verteilte Blackboardsysteme sind immer dann notwendig, wenn mehrere wissensbasierte Systeme miteinander kooperieren oder konkurrieren (Abschn. 3.8.2). Die Notwendigkeit für eine Kooperation ist zum Beispiel bei der Vernetzung der Controller einer CIM-Schale (Abschn. 2.2) vorhanden. In einem solchen Netzwerk ist jeder Agent zwei verschiedenen Arten von Kontrolle unterworfen: verteilte und lokale Kontrolle. Bei der *verteilten Kontrolle* wird jedem Agenten sein Aufgabenbereich und seine Zuständigkeit zugeteilt. Innerhalb der *lokalen Kontrolle* muß jeder Agent die nächste Aufgabe aus dem ihm zugeteilten Aufgabenbereich selbst auswählen. Diese Forderungen haben zur Folge, daß ein verteiltes Blackboardsystem neben speziellen Wissensquellen über drei Ebenen verfügen muß: Lösungsblackboard, Zielblackboard und Organisationsblackboard (Bild 3.3).

Die Wissensquellen und das Datenblackboard entsprechen den Bereichswissensquellen und dem Lösungsblackboard lokaler Blackboardsysteme (vergl. Bild 3.2). Planer und das Zielblackboard können, was die lokale Kontrolle angeht, mit dem Kontrollplan und den Kontrolldaten verglichen werden. Was hier allerdings neu ist,

ist die Integration der verteilten Kontrolle in diese Ebene. Dies hat eine wichtige Konsequenz zur Folge. Das ursprünglich rein datenorientierte Blackboardkonzept muß um eine zielorientierte Komponente erweitert werden. Eine zielorientierte Kontrolle ermöglicht es, die Problemlösung der anderen Agenten nicht nur durch die Übertragung von Informationen (Hypothesen), sondern vor allem durch die Übertragung von Zielen zu beeinflussen. Das Zielblackboard speichert dabei vor allem die globalen Netzwerkziele, wohingegen das Datenblackboard die Ereignisse aufnimmt.

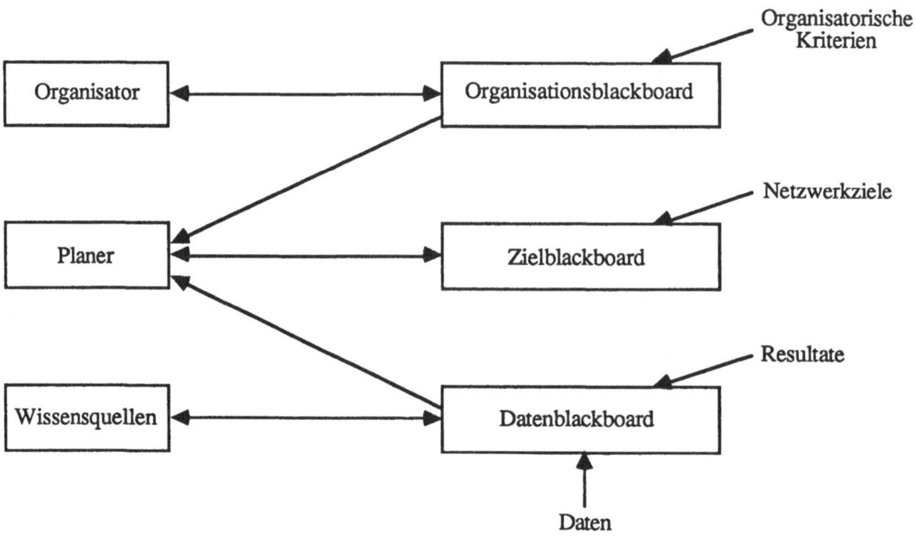

Bild 3.3: Basisblöcke eines verteilten Blackboardsystems

Das Organisationsprinzip des gesamten Planungsverlaufs (Aufgabenzuweisung und Kooperationsstrategie) wird durch den Organisator und das zugehörige Blackboard definiert. Diese organisatorische Ebene wird benutzt, um jedem Agenten eine globale Sicht (Metawissen) über seine Rolle bei der Problemlösung zu vermitteln. Im einzelnen werden die Eignung des einzelnen Agenten festgelegt, die Zuständigkeit für einen anderen Agenten definiert und die Bereiche aufgezeigt, in denen der Agent Resultate und Ziele den anderen Agenten übermitteln bzw. von anderen Agenten erhalten soll. Mit dieser organisatorischen Ebene kann etwa bestimmt werden, ob die eigenen Zielvorgaben (self-directed) oder die externen (externally directed) Vorrang haben, ob nur Hypothesen oder Ziele oder beides ausgetauscht werden. Es kann auch definiert werden, ob die Hypothesenübermittlung unaufgefordert oder aufgefordert erfolgt.

Der Planer nimmt in diesem verteilten Blackboardkonzept eine Schlüsselstellung ein. Er integriert die organisatorischen Kriterien, die Netzwerkziele (globale Ziele) und den aktuellen Status der Problemlösung in präzise Operationsanweisungen an den Agenten, die dieser durchzuführen hat.

Ein verteiltes Blackboardsystem, das ansatzweise die oben genannten Dreiteilung eines Blackboards implementiert hat, wird von /Durfee 87/ beschrieben. Dieses sogenannte DVMT (Distributed Vehicel Monitoring Testbed) hat die Aufgabe, einen Verband von Fahrzeugen aufgrund von Sensordaten zu identifizieren, zu lokalisieren, die topologische Verteilung im Verband zu bestimmen und die zukünftige Weiterbewegung des Verbandes vorherzusagen. Hierfür wurde ein Planer konzipiert, der inkrementell vorgeht (zurückstellendes Planen, Abschn. 1.5.1), d.h. die Planung und die Ausführung (Ereignisse) werden stark sequentiell vermischt. Pläne werden geprüft und gegebenenfalls modifiziert. Diese Planungsart ist vorteilhaft mit einer internen Blackboardrealisierung eines autonomen Roboters zu verknüpfen. Die Erzeugung von Montageplänen ist streng hierarchisch und bedarf nicht der engen Verknüpfung zwischen Planung und Ausführung, doch wird man sicher in einigen Jahren versuchen, die Erzeugung von Montageplänen durch einen Verbund von verschiedenartigen Planungssystemen (Material, Werkzeug, Handhabungsoperationen etc.) zu realisieren. Hierfür wird dann die Zielorientierung und die Organisationsstruktur von großem Vorteil sein. Auf die Bedeutung des Blackboardsystems für das verteilte Planen gehen wir in Abschnitt 3.8 nochmals ein.

Bild 3.4 zeigt die interne Struktur eines (von 5) Blackboardknotens des DVMT Systems.

Pläne werden als instantiierte (durchführbare) Wissensquellen (KSI) auf dem Datenblackboard dargestellt. Das Organisationsblackboard ist nicht mit eingezeichnet. Es enthält die sogenannten "interest areas", die vom Organisator (organizational structure) aufgebaut werden und die organisatorische Rolle dieses Blackboardknotens beschreiben. Ist diese Rolle und die Zuständigkeit dieses Knotens in Konflikt mit den Zielen der lokalen Kontrolle, dann muß der Organisator diesen Konflikt lösen.

Von dem Planer in Bild 3.4 sind diejenigen Aktivitäten, die mit kurzfristigen Zielen zu tun haben, ausgelagert worden (goal processing). Die Auswertung der Ziele (Goal BB) und der Ereignisse (Data BB) wird in einem "abstracted blackboard" zusammengefaßt. Hier werden verschiedene problemabhängige Beziehungen in abstrahierender Weise dargestellt. Dies sind zeitliche und räumliche Zusammenhänge, Ereignisklassen und Klassifikatoren der Glaubwürdigkeit einzelner Ziel-

bzw. Ereignisklassen (belief relationship). Der "situation recognizer" erzeugt aufgrund dieser Clusterbildungen eine höhere Sicht der Problemlösung (nicht nur aktivierte KSI) und teilt sie dem Planer als Mittelzeit-Strategie mit. Der Planer wird somit durch drei Informationsquellen, die die Ziele und die Ereignisse auf verschiedenen Zeitskalen verdichten, mit planungsrelevanten Daten versorgt. Mit diesem Wissen ausgestattet, können Ziele aufgrund von Ereignissen (Planüberwachung) verändert und neue Aktionen angestoßen werden. Die für aktuell und ausführbar gefundenen Pläne werden durch den Planer in eine Warteschlange eingereiht und durch den Scheduler abgearbeitet.

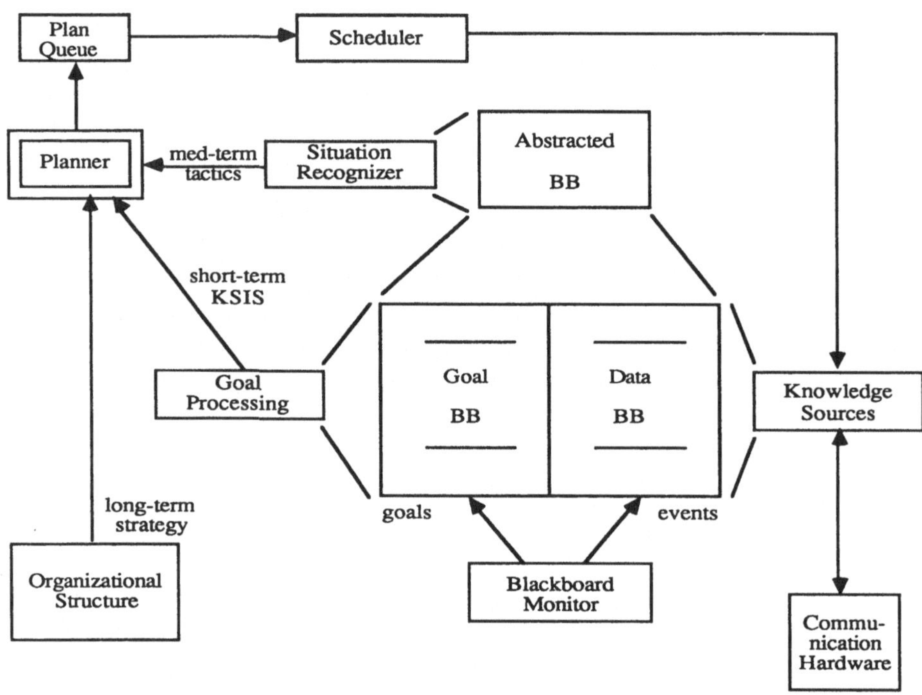

Bild 3.4: Grundstruktur eines verteilten Blackboardknotens

3.4 Wissenserwerbs- und Erklärungskomponente

Wir sind im Verlauf dieses Beitrages bei der Planerstellung bereits des öfteren auf die Notwendigkeit einer Wissenserwerbskomponente und einer Erklärungskomponente gestoßen (Abschnitte: 2.5, 3.2). In diesem Teilabschnitt sollen daher diese beiden Komponenten in breiterer Form in ihrem Aufbau und ihrer Funktion beschrieben werden. Die Erklärungs- und Wissenserwerbskomponente definieren die Benutzerschnittstellen und sind demnach zwischen dieser Schnittstelle und dem Expertensystem einzuordnen (Bild 3.5).

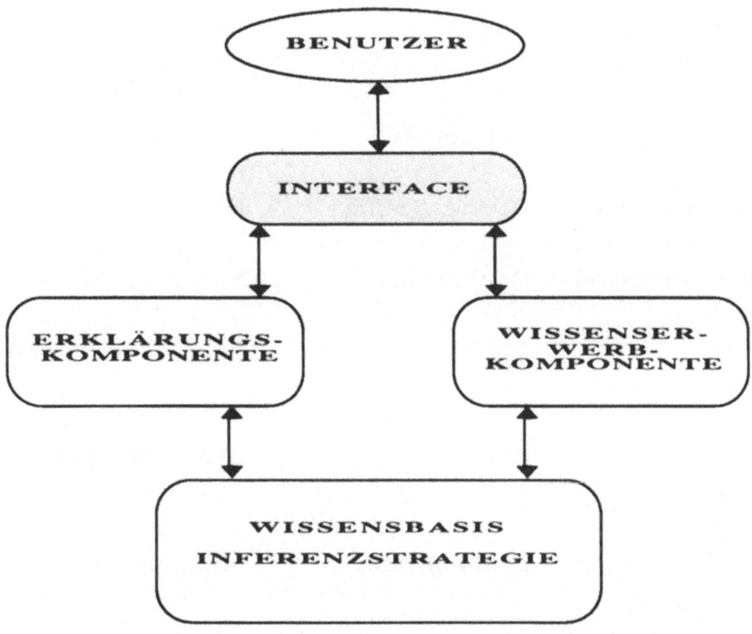

Bild 3.5: Einordnung der Wissenserwerbs- und Erklärungskomponente in eine Expertensystemumgebung

3.4.1 Wissenserwerbskomponente

Die Tabelle 3.3 verdeutlicht die Einsatzgebiete, für die spezielle Wissenserwerbskomponenten entwickelt worden sind.

Anwendungsbereich	**Entwicklungsort**	**Name**
Diagnose und Beratung (Mineralien)	SRI	KAS, /Duda 79/
Diagnose (Medizin)	Stanford Univ.	TEIRESIAS,/Buchanan 85/
Diagnose (Medizin)	Stanford Univ.	ROGET, /Bennett 85/

Diagnose (Bohr-flüssigkeiten)	CMU	MORE/Eshelman 86/
Beratung (Mikro-VAX, Aufbau)	CMU	MOLE, /Eshelman 86/
Diagnose (Medizin)	Rutgers Univ.	SEEK 2, /Ginsberg 85,86/
Diagnose (Maschinen)	Boeing, Seattle	ETS, /Boose 85/
Konfiguration (Software)	Honeywelll	SCS, /Wu 86/
Konfiguration (Fahrstühle)	CMU	SALT, /Mascus 86/
Konfiguration (Mikro-VAX)	CMU	SEAR, /Brug 85/
Diagnose (Halbleiterfertigung)	Schlumberger	PIES, /Pan 86/
Wissenserwerbs-techniken, (Interview-Protokollanalyse)	GMD	KRITON, /Diedrich 87/
Diagnose (Maschinenausfall)	Carnegie Group	TEST, /Kahn 87/

Tabelle 3.3: Übersicht über entwickelte Wissenserwerbskomponenten

Bis auf das KRITON-System können alle Systeme der Diagnose und/oder der Beratung oder dem Konfigurationsbereich zugeordnet werden. Verallgemeinert man diese speziellen Anwendungsfälle, so kann man (a) sagen, daß der Wissenserwerb immer noch ein Engpaß bei dem Aufbau von Expertensystemen ist und daß sich (b) mittlerweile allgemeine Ziele und Strukturen von Wissenserwerbskomponenten aufstellen lassen.

Bezüglich des zuerst genannten Punktes ist zu sagen, daß die Aufgabe der Wissenserwerbskomponente vor allem darin besteht, die Vielfalt der Wissensinhalte und Darstellungen von Fachleuten in solche Wissensdarstellungen zu transformieren, die für die Problemlösung am geeignetsten sind. Dies können z.B. Transformationen in Regeln (SEAR), in Kausalnetze für Fehler (PIES) oder in Montage bzw. UND/ODER-Graphen bei APOM sein. Diese Transformationen sind nicht einfach, da meistens keine direkte konzeptionelle Korrespondenz zwischen den KI-basierten Wissensdarstellungen und den Formalismen der Fachleute existieren. Hinzu kommt die Tatsache, daß die Darstellungsmöglichkeiten innerhalb einer Wissensbasis weit mehr eingeschränkt sind, als dies etwa in einer Fertigungsumgebung der Fall ist. Desweiteren gilt, daß die erste Generation von Expertensystemen, die rein regelbasiert gearbeitet hat (wie z.B. MYCIN), gegenwärtig durch die nächste Generation ersetzt wird. Diese zweite Generation arbeitet stark modellorientiert.

Dieser Entwicklung tragen z.B. die Systeme PIES und TEST Rechnung. Zu den Aufgaben der Wissenserwerbskomponente gehört aber nicht nur die Transformation von Wissensdarstellungen durch interaktive Kommunikationsmöglichkeiten, sondern sie muß ebenso in der Lage sein, die Analyse der durch den Benutzer eingegebenen Information direkt durchzuführen (z.B. Konsistenz, Unvollständigkeit etc.). Die Notwendigkeit der Analysefähigkeit einer Wissenserwerbskomponente wird nochmals verstärkt gefordert, falls man den zweiphasigen Aufbau einer Wissensbasis beachtet. Im ersten Schritt wird durch die Wissenserwerbskomponente eine erste und grobe Modellwelt in der Wissensbasis aufgebaut. In der zweiten Phase muß die Wissenserwerbskomponente dieses Wissen erweitern und verfeinern. Diese Aufgabenstellung wurde beim Aufbau von XCON /Brug 85/ ganz deutlich. Man hat 1982 mit etwa 700 Regeln für die Konfiguration von DEC-Rechnern begonnen. Mittlerweile sind daraus etwa 6200 Regeln geworden. Sie arbeiten mit etwa 20000 Teilen, die in einer Datenbasis abgespeichert sind. Diese Regeln sind aber nicht statisch; 50 % der Regeln in XCON ändern sich jedes Jahr. Wegen der Dominanz dieser Problematik kann der Wissenserwerb als das Problem der "Wissenswartung" bezeichnet werden. So wurde im Zusammenhang mit XCON für diese Wissenswartung eine eigene Sprache (RIME) entwickelt /Soloway 87/.

Diese Ausführungen verdeutlichen bereits, daß eine Wissenserwerbskomponente selbst wissensbasiert arbeiten muß. Sie ist ein eigenes Expertensystem. Zusammenfassend hat eine Wissenserwerbskomponente die folgenden Funktionen zu erfüllen:

- Bereitstellung von Werkzeugen zur Transformation von anwenderorientierten und problembezogenen Wissensdarstellungen in Problemlösungsdarstellungen innerhalb der Wissensbasis.

- Analyse des erworbenen Wissens (Analysemodul). Insbesondere auch Unterstützung des Benutzers bei der Definition von Objekttypen und dem Vergleich (Gemeinsamkeiten, Unterschiede) der neu definierten bzw. der vorhandenen Objekte.

- Unterstützung des Benutzers beim interaktiven Aufbau neuer Softwarekonfigurationen aus bereits vorhandenen Problemlösungskomponenten (Design Modul). Dabei sollte sich der Bentuzer nicht mehr um die programmtechnischen Details des Systems kümmern müssen.

- Auskunft an den Benutzer (mit Browserunterstützung) über die Funktionen, Abhängigkeiten, Gemeinsamkeiten und Unterschiede der einzelnen Verarbeitungsprogramme des damit verbundenen Expertensystems (z.B. Konfiguration, Diagnose).

Bild 3.6 zeigt den internen Aufbau einer Wissenserwerbskomponente /Kappenberger 87/. Eine solche Komponente wird gegenwärtig von uns für die wissensbasierte Interpretation von Luftaufnahmen mit Hilfe eines Blackboardsystems implementiert /Groß 87/.

Die Wissenserwerbskomponente hat zwei Schnittstellen; die Benutzer- und Systemschnittstelle. Die *Benutzerschnittstelle* setzt sich aus einer Interface- und Analysekomponente zusammen. Die *Systemschnittstelle* hat die folgenden Module: Editor, Design, Browser, Display und Describe. Die Interfacekomponente soll durch graphische, maussensitive Darstellungsmöglichkeiten, die menuegesteuert ablaufen, inhaltliche Objekt- bzw. Attributzusammenhänge übersichtlich darstellen. Hierfür stehen die Fenstertechnik und interaktive Dialogmöglichkeiten zur Verfügung.

Der zweite wichtige Baustein der Benutzerschnittstelle ist die Analysekomponente. Sie prüft das durch den Benutzer eingegebene Wissen, bevor es durch die Systemschnittstelle in die interne Darstellung der Wissensbasis transformiert und abgelegt wird.

Der **Editor-Modul** der Systemschnittstelle stellt Funktionen zur Verfügung, mit denen einzelne Objekte aus der Wissensbasis bzw. der Datenbasis (Blackboard) aufgrund von detaillierten Beschreibungen geholt bzw. die Anzahl der betreffenden Objekte ermittelt werden. Zusätzlich kann Metawissen aus der Wissensbasis mit Hilfe des Editors erfragt werden (wie Prototyp, Kontext, notwendige Bedingungen, Instantiierungsregeln).

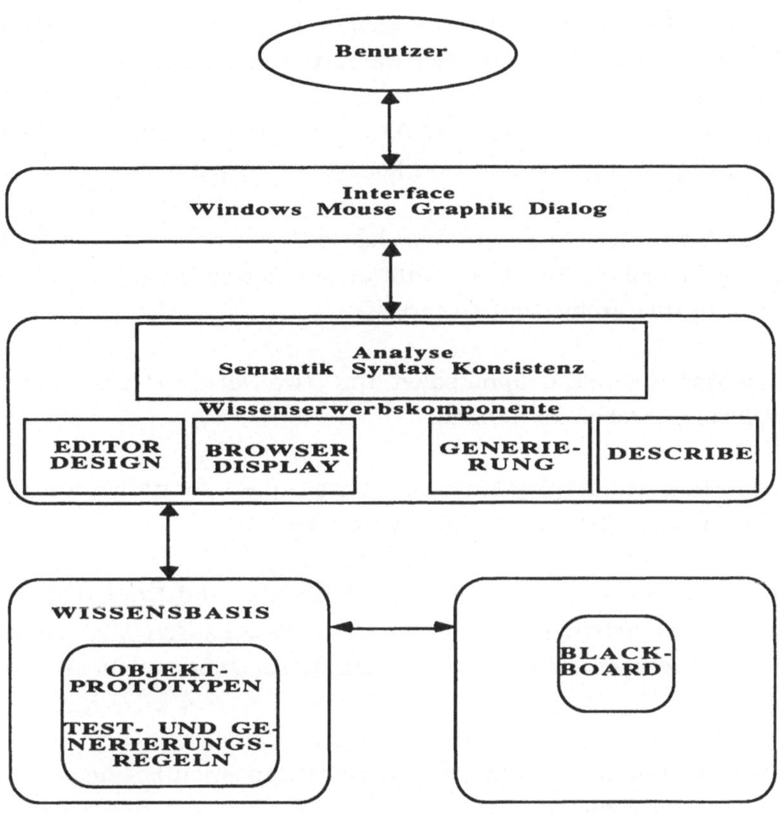

Bild 3.6: Interne Struktur einer Wissenserwerbskomponente und ihr Zusammenwirken mit der Wissensbasis (Wissensquellen) und dem Lösungsblackboard

Der **Design-Modul** hat zur Aufgabe, die Konfiguration von Softwarepaketen (Verarbeitungsprogrammen) durch den Benutzer zu unterstützen, und die davon betroffenen Objekte in der Wissensbasis (Wissensquellen) und der Datenbasis in wohldefinierten Zuständen zu erhalten.

Aufbauend auf bereits vorhandenen generischen Objekttypen, ihren Ausprägungen, (Instantiierungen) und systeminternen Prüfprogrammen (z.B. Korrektheit der Attributierung) können neue Aufgaben (Pläne) spezifiziert und die Eigenschaften neuer Objekte festgelegt werden.

Der Editor- und der Design-Modul haben somit die Aufgabe, das Wissen in lösungsrelevanten Darstellungen in die Wissensbasis bzw. Datenbasis (Faktenbasis) einzubauen. Unterstützt durch graphische Objektdarstellungen (z.B. Montagegraphen, semantische Netze) der vorhandenen Objekttypen und Objektmanipulationen (Programme) können alte Softwarestrukturen modifiziert und neue Programmpakete aufgebaut werden (Softwaremanagement). Somit kann sich der Benutzer einen Überblick über die Struktur und den Inhalt der Wissensbasis beschaffen und Ergänzungen gezielt und konsistent vornehmen.

Der **Browser-Modul** ist ein Programm, das z.B. ein Netz auf dem Bildschirm darstellt und gegebenenfalls Teilausschnitte dieses Netzes herausgreift (zooming) bzw. seine Vererbungshierarchie "aufblättert".

Der **Display-Modul** ist ein Graphikpaket, um etwa Netze, Graphen und Tabellen auf dem Bildschirm ausgeben zu können.

Der Browser- und der Display-Modul vermitteln die informative Rückkopplung der Wissensbasis an die Wissenserwerbskomponente.

Der **Generate-Modul** dient dazu, Gemeinsamkeiten und Unterschiede in den Modellobjekten festzustellen (communality analysis). Lassen sich einzelne Objekte aufgrund ihrer Eigenschaften zu einer neuen Klasse zusammenfassen, so wird diese durch diesen Modul erzeugt.

Der **Describe-Modul** unterstützt die Generate-Implementierungen und beschreibt die neu generierten Objekte.

Neben den in Tabelle 3.3 aufgeführten Wissenserwerbskomponenten sollen noch zwei weitere exemplarische Implementierungen, die aus dem in dieser Tabelle aufgezeigten Problembereich deutlich herausfallen, genannt werden. Durch /Mc Keown 87/ wird ein System beschrieben, das das Wissen, das zur Interpretation von Luftbildern notwendig ist, systematisch sammelt. Das Wissen, um das es sich hierbei handelt, bezieht sich auf Flugplätze, Vorstädte, Stadtzentren etc. Dieses System unterstützt den Aufbau von Modellen (Schematas) bezüglich dieser Objekte, die explizite Definition von Szenenmerkmalen, die zu extrahieren sind, und die Auswirkung von räumlichen Restriktionen (geometric reasoning) in zweidimensionalen Bildern. Im einzelnen geschieht dies in vier Schritten. Zuerst wird das Wissen über diese Objekte interaktiv abgefragt. Danach wird dieses Wissen in explizite Regeln zu Bildinterpretationen umgesetzt. Im dritten Schritt werden die zu diesen Regeln gehörenden Interpretationsmerkmale (wie geometrischer Bereich, funktionale Bereiche, Fragmente etc.) erzeugt. Im vierten und letzten Schritt werden die Verifikationsstrategien zur Extraktion dieser Merkmale generiert.

Die zweite exemplarische Wissenserwerbskomponente wurde von /Tichy 87/ implementiert. Dieses System wurde durch die systematische Verwendung der KC Expertensystemschale (Abschn. 3.2.1) realisiert. Es zeichnet sich durch die Möglichkeit vielartiger Darstellungen und Manipulationen von gerichteten Graphen (PERT-charts, Kausalnetze, Prozeßflußmodelle, etc.) aus. Es basiert sowohl auf der CRL (Carnegie Representation Language) Sprache, als auch auf dem Fenster- und Kommandosystem von KC.

Intern setzt sich diese Wissenserwerbskomponente aus einer Displaymaschine, einer Benutzerschnittstelle und einer Anwendungsschnittstelle zusammen. Die Displaymaschine erzeugt aus den Benutzereingaben automatisch das gewünschte Netz. Dies wird durch eine strikte Trennung zwischen erfaßten Wissensdaten (domain data) und der graphischen Repräsentation unterstützt. Änderungen in den Eingabedaten führen automatisch zu einer Neuberechnung der Netzdarstellung. Der Benutzer braucht sich somit nicht um das physikalische Layout des Netzes zu kümmern.

Die Benutzerschnittstelle liefert graphische Hilfsfunktionen zum Umblättern (browsing), Fokussieren (zooming), Defokussieren (refocussing) und Editieren (Menue, Maus). Die Anwendungsschnittstelle vereinfacht die Integration der Wissenserwerbskomponente in die Anwendung. Es können z.B. anwendungsspezifische Funktionen definiert werden und immer, wenn ein Netz modifiziert wird, werden diese Funktionen automatisch ausgeführt.

Angewendet wurde dieses System auf die folgenden Bereiche: Projektplanung und Steuerung, Softwarekonfiguration, Management, Modellierung eines Prozeßablaufes und Fehlernetz zur Diagnose. Vergleicht man dieses System mit Bild 3.5, so fehlt ihm im wesentlichen nur noch die Analysekomponente.

Zwei Aspekte, die ebenfalls zu einer Wissenserwerbskomponente gehören, wurden bislang nicht angesprochen: Das Benutzermodell und der Lernaspekt. Die bisher erwähnten Systeme berücksichtigen alle diese Aspekte nicht.

Das *Benutzermodell* ist durch natürlichsprachliche Systeme ins Spiel gebracht worden. Eine Wissenserwerbskomponente, die über ein solches Benutzermodell verfügt, bildet während der Interaktion mit dem Benutzer Annahmen über /Kobsa 85/:

- Ziele des jeweiligen Benutzers

- die Pläne, mit denen der Benutzer seine Ziele erreichen will, und

- den Wissensstand, den der Benutzer hat.

Ist die Wissenserwerbskomponente mit einem solchen Modul ausgestattet, so ist eine bedeutungsangepaßte Dialogführung möglich. Ein solches Benutzermodell bzw. Agentenmodell ist bei der Erkennung der Pläne von anderen von großer Bedeutung (Abschn. 3.8.5.2). Bei einer Wissenserwerbskomponente ohne Benutzermodell muß der Benutzer vollständig darüber informiert sein,

a) welches Wissen für seine Problemlösung relevant bzw. irrelevant ist
b) welche der relevanten Informationen im System vorhanden sind und
c) wie die relevanten Informationen im System gefunden werden können.

Das Lernen durch Analogie, durch Induktion und durch Erfahrung sind für autonome Roboter von wesentlicher Bedeutung. Wirklich realisiert ist bislang lediglich das Lernen aus Beispielen (induktives Lernen). Dies wurde bislang prototypisch für Montagebewegungen implementiert. Wir kommen im Abschnitt 3.7 nochmals hierauf zurück. Die Konzeption eines hierarchischen Robotersystems mit Lernfähigkeit wurde von /Dillmann 86b/ ausführlich beschrieben und soll hier daher nicht wiederholt werden.

3.4.2 Erklärungskomponente

Von den Expertensystemen der neuen Generation erwartet man, daß sie im Gegensatz zu konventionellen Programmiertechniken in der Lage sind, die Inferenzresultate zu rechtfertigen, die innere Struktur zu erläutern und die Vorgehensweise zur Problemlösung zu beschreiben. Diese Aufgaben fallen der Erklärungskomponente zu /Clancey 83/, /Buchanan 85/, /Strat 87/. Sie muß daher weit mehr leisten als ein gewöhnliches Tracemodul. Sie dient dazu, die Akzeptanz des Systems durch den Benutzer zu verbessern und die Systementwicklung zu unterstützen.

Bild 3.7 zeigt den Verarbeitungszyklus, den eine Erklärungskomponente intern durchläuft. Im ersten Schritt (Frage Modul) wird die Anfrage zerlegt und es wird versucht, die Frage und ihre Relevanz zu verstehen /Wahlster 86, 87/. Die Fragen beziehen sich auf die Ableitung von Fakten (wie?), auf Begründungen (warum?) und auf verwendete Strategien, Heuristiken und Steuerungsalgorithmen. Unterstützt wird dieser Verarbeitungsschritt durch ein Lexikon und eine Grammatik. Diese Hilfsmittel werden auch für die Endausgaben benutzt.

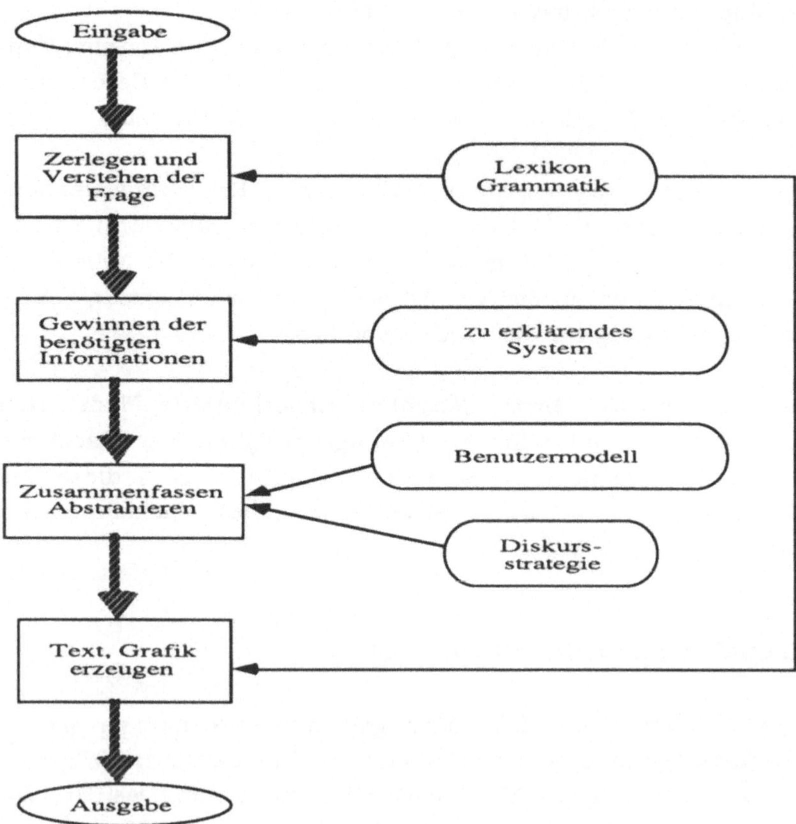

Bild 3.7: Die drei Grundschritte des Verarbeitungszyklus einer Erklärungskomponente

Ist die Frage verstanden, so muß die hierfür notwendige Information zusammengetragen und analysiert werden *(Informationsmodul)*. Die Analyse bezieht sich hierbei auf die bereits vorhandenen Inhalte der Wissensbasis und nicht wie bei der Wissenserwerbskomponente auf die eingegebenen Informationen. Die Informationsquellen hierfür sind vor allem Regeln, Relationen, Objekte und Systembeschreibungen.

Im dritten Block der Arbeitsphase *(Rechtfertigungsmodul)* wird die zuvor auf Korrektheit überprüfte Information nochmals analysiert, um nach übergeordneten Gesichtspunkten zusammengefaßt zu werden. Unterstützt wird dieser Vorgang durch ein Benutzermodell und durch eine Diskursstrategie /Mc Keown 85/. Hierunter sind Schematas für den Diskurs (Erörterung) und für den Aufbau von Antworten zu verstehen. Beispiele für solche Diskursstrategien sind:

1) Definition aufbauen (bei Frage nach Definition)
2) Bestandteil schildern (bei Frage nach Definition und Beschreibungen)
3) Attribute und Beschreibungen liefern (bei Frage nach Beschreibungen)
4) Aufzeigen von Gegensätzen (bei Frage nach dem Vergleich von Objekten).

Ein Vergleich der wenigen bislang vorhandenen Erklärungskomponenten zeigt, daß alle diese Systeme als Inferenzmechanismen rückwärts verkettete Regeln benutzen, um Arbeitshypothesen zu verifizieren /Popp 87/. Nebenläufigkeiten gibt es nicht, da immer nur ein Ziel verfolgt wird. Der hierbei erzeugte Ableitungsbaum dient als Rechtfertigung für die Arbeitshypothese.

Diese Ansätze sind für abwärtsgerichtete, zielorientierte Planerzeugungen (top-down refinement) wie etwa für die Montage geeignet. Für blackboardorientierte Ansätze, die vorwiegend ereignisorientiert ablaufen, sind diese Systeme nicht geeignet und müssen erst an die Arbeitsweise eines Blackboards angepaßt werden.

3.4.3 Vergleich der beiden Komponenten

Bei der Wissenserwerb- und Erklärungskomponente gibt es die folgenden Gemeinsamkeiten. Die Analyse des erfaßten und abgespeicherten Wissens kann gleich verlaufen, sofern identische Modelle und Inhalte benutzt werden. Das Benutzermodell kann in beiden Fällen analog aufgebaut werden. Hilfsmodule wie Browser, Display, Help etc. können von beiden Komponenten gleichermaßen benutzt werden.

Die Unterschiede beider Komponenten sind größer als die Gemeinsamkeiten. Die Wissenserwerbskomponente definiert (z.B. für die Bildverarbeitung) Modelle, Merkmale dieser Modelle, Strategien, diese Merkmale zu finden, und Verifikationsregeln für diese Merkmale. Die Erklärungskomponente benutzt all diese vorgeformten Modelle und Strategien, um z.B. an Hand eines Kontrollplanes (Abschn. 3.3.2) anzugeben, welches Ereignis dazu geführt hat, daß diese und keine andere Problemlösungsvariante von dem Expertensystem benutzt wurde. Die Erklärungskomponente ist meist natürlichsprachlich ausgerichtet, was bei der Wissenserwerbskomponente nicht immer der Fall sein muß. Den Diskursbegriff gibt es bei der Wissenserwerbskomponente nicht.

Als eine spezielle KI-Technik, die für den Analysevorgang (Wissenserwerb- und Erklärungskomponente), für die Rechtfertigung (Erklärungskomponente) und später für das verteilte Planen von prinzipiellem Vorteil ist, ist die Meinungswartung. Wir werden daher im nächsten Abschnitt auf sie zu sprechen kommen.

3.5 Meinungswartung

Die meisten Planer (Problemlöser) müssen ihre Schlüsse mit Hilfe inkonsistenter und unvollständiger (vager) Informationen ziehen. Als Konsequenz hieraus sind die Planer gezwungen, ständig zwischen verschiedenen Alternativen, die gleich plausibel sind, auszuwählen. Welchem widersprüchlichen Datum soll geglaubt werden, welches Teilziel soll als nächstes verfolgt werden, welche Schlußfolgerungen sollen als nächste gezogen werden, welche Hypothese soll als nächste verfolgt werden und welche Aktionenfolge soll festgelegt werden? Die gegenwärtig mächtigste Sammlung von Techniken, die mit Inkonsistenzen umgehen können, sind die Systeme zur Meinungswartung (Truth Maintenance Systems, Reason Maintenance Systems). Diese Meinungswartung kann sich auf Rechtfertigungen (IN oder OUT Zustände), auf logische Aussagen (wahr, falsch, unbekannt) oder auf Annahmen stützen. In jedem dieser Fälle können Default-Regeln und nichtmonotone Abhängigkeiten formuliert werden.

3.5.1 Meinungswartung durch Rechtfertigungen (JTMS)

Die Aufgaben eines Systems zur allgemeinen Meinungswartung lassen sich wie folgt präzisieren /de Kleer 87/:

1) Identifikation des Moduls, der für einzelne Entscheidungen zuständig ist
2) Auflösung von Inkonsistenzen
3) Aktualisierung und Konsistenzhaltung der Deduktion (Datum und Rechtfertigung)
4) Steuerung von Rücksetzverfahren
5) Unterstützung von Standardargumenten (default reasoning).

Die Wirkungsweise eines TMS wird in Bild 3.8 dargestellt. Durch einen inkrementellen Frage- und Antwort Zyklus unterstützt das TMS die Inferenzmaschine bei der Problemlösung.

Die Inferenzmaschine teilt dem TMS die Daten (*was wurde deduziert*) und die zugehörigen Rechtfertigungen (*warum wurden diese Daten deduziert*) mit. Die Datentypen, die hierbei auftreten können, sind Fakten, Prämissen (immer gültige Aussagen) und Annahmen. Typische Aufträge, die über die Mitteilungsschnittstelle an das TMS gestellt werden, sind: füge Datum hinzu, füge Rechtfertigung hinzu, füge Prämisse oder Annahme hinzu, lösche Annahme und füge Widerspruch hinzu. Über die Anfrageschnittstelle erfährt die Inferenzmaschine von dem TMS, welches Datum gültig ist (IN), welche Widersprüche existieren und welche Annahmen die Gültigkeit eines Datums bzw. eines Widerspruchs rechtfertigen.

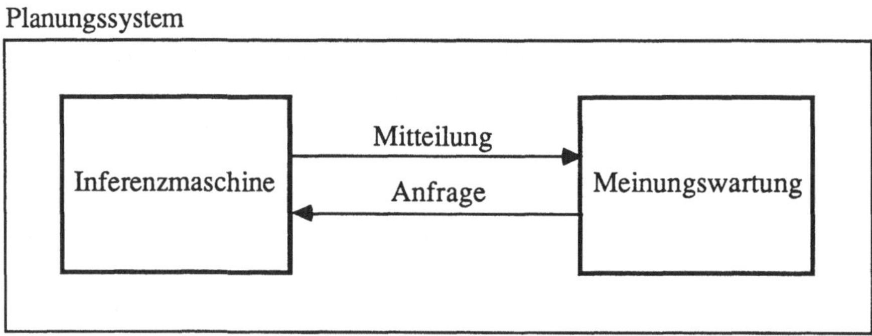

Bild 3.8: Das System zur Meinungswartung aktualisiert ständig die Meinungen der Inferenzmaschine

Zur Implementierung dieser Technik wird für jedes Datum der Inferenzmaschine ein TMS-Knoten aufgebaut. Dieser Knoten ist eine Struktur, die sämtliche Informationen über ein Datum enthält. Diese Knoten bilden in ihrer Gesamtheit ein *Abhängigkeitsnetz*, dessen Knoten, Daten, Prämissen oder Annahmen und dessen Kanten die Rechtfertigungen sind. Bei "Justification based TMS (JTMS)" können sich die Knoten nur in den Zuständen IN (gegenwärtig gültig) und OUT (gegenwärtig nicht gültig) befinden. Mit diesem Abhängigkeitsnetz können die zuvor genannten Mitteilungen bzw. Anfragen implementiert werden.

Bild 3.9 verdeutlicht die Gründe für den Tod von Sokrates. Sokrates starb, weil er sterblich war, weil er Gift zu sich nahm und alle Sterblichen durch Gift umkommen. Sokrates war sterblich, weil er ein Mann (Mensch) war und alle Menschen sterblich sind. Sokrates trank den Schierlingsbecher, weil er von einer konservativen Regierung aufgrund seiner abweichenden Meinung dazu gezwungen wurde.

Das Bild 3.10 verdeutlicht die Zustandsbeschreibungen der Daten S,U,T aufgrund für gültig bzw. nicht gültig erklärter Prämissen und Annahmen.

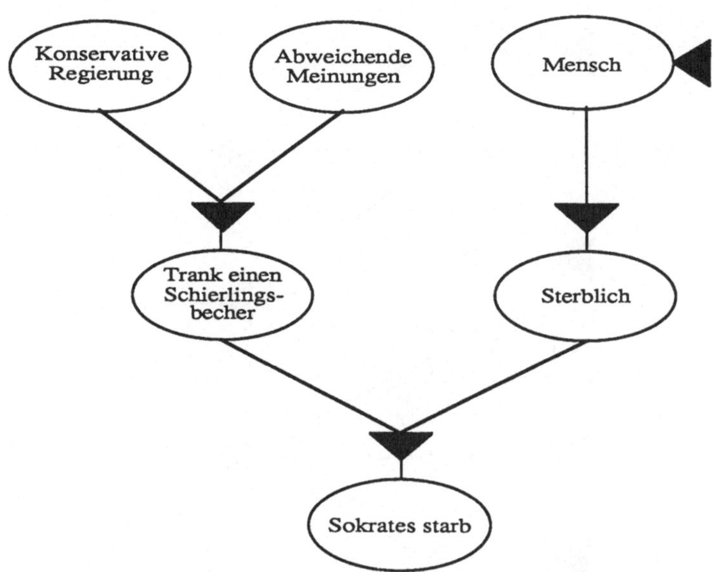

Bild 3.9: Rechtfertigung der Aussage "Sokrates starb". Die Knoten und Kanten in diesem Abhängigkeitsnetz haben die folgende Bedeutung :

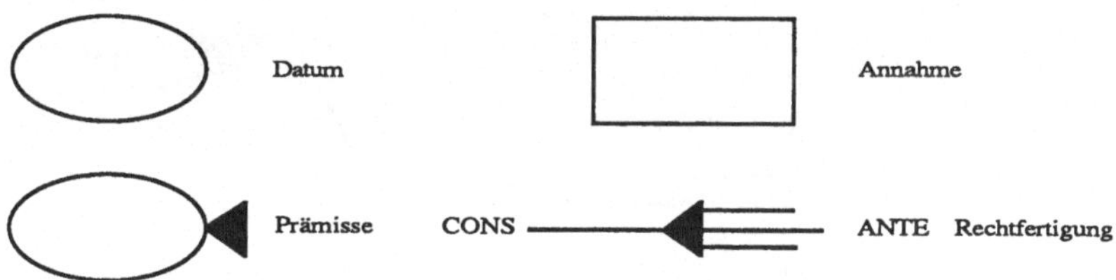

Das Datum S ist OUT, weil die Annahme Q OUT ist. Trotz dieses "Q-Zustandes" bleibt die Prämisse Q $\Rightarrow$ S aber gültig. Allgemein wird ein Datum als IN bezeichnet, wenn es eine wohlbasierte Unterstützung (well-founded support) hat. Dies bedeutet, daß die Unterstützung aus Prämissen, aktuellen Annahmen und Rechtfertigungen zyklusfrei ist. Hat ein Knoten keine Unterstützung, so befindet er sich im Zustand OUT. Werden neue Daten oder Rechtfertigungen im IN oder OUT Zustand einem bestehenden Abhängigkeitsnetz hinzugefügt, so werden diese neuen Zustände durch das gesamte Netz propagiert und ihre Auswirkungen überprüft und eingetragen.

Bild 3.11 verdeutlicht die Hinzunahme einer neuen Rechtfertigung, bestehend aus der Annahme B und der Prämisse C, die jeweils IN sind. Das Datum E geht vom Zustand OUT in den Zustand IN über.

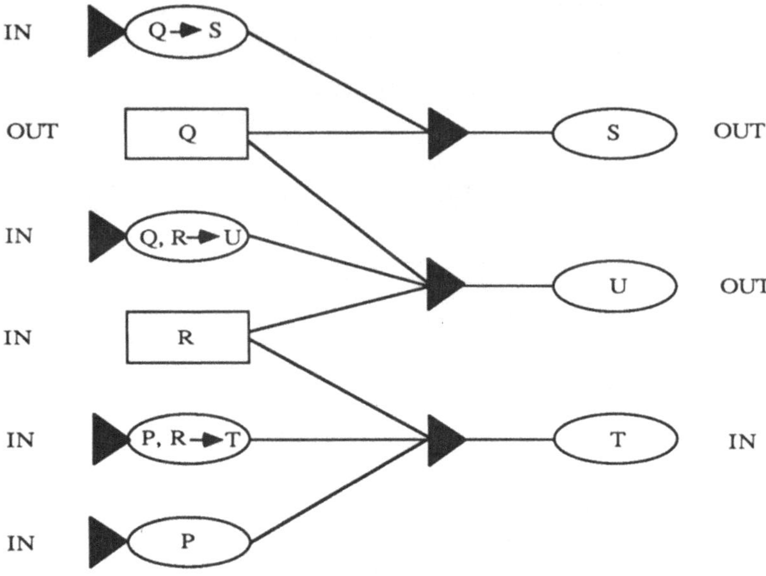

Bild 3.10: Deduktionskette zur Zustandsklassifizierung

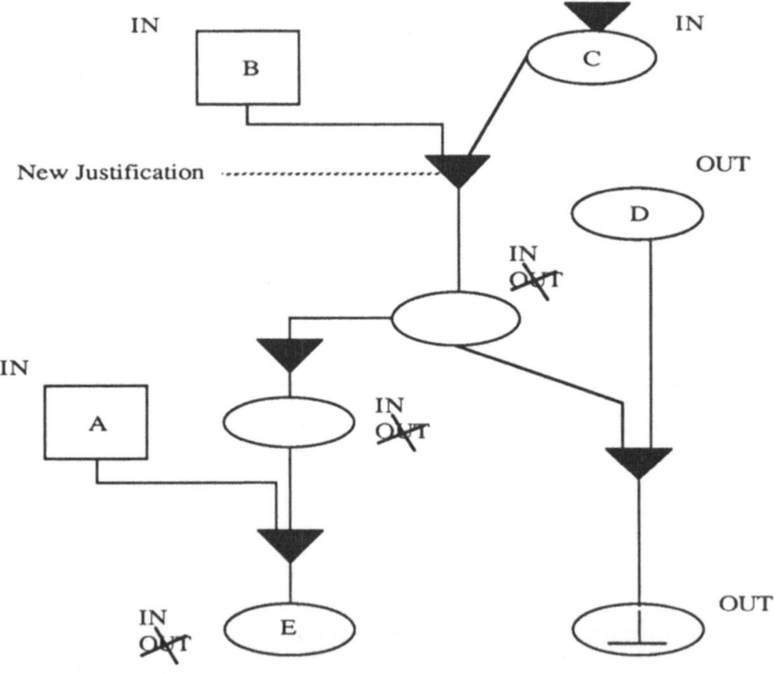

Bild 3.11: Propagierung einer neuen Rechtfertigung

Ein System zur Meinungswartung kann auch als Kontrollstrategie zu Suchvorgängen verwendet werden. So kann etwa ein abhängigkeitsgerichtetes Rücksetzverfahren (dependency directed backtracking) damit implementiert werden (Bild 3.12).

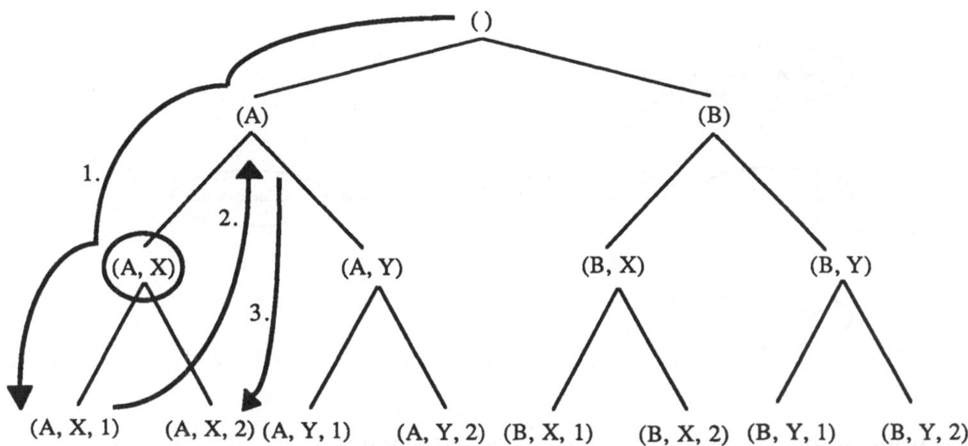

Bild 3.12: Abhängigkeitsgerichtetes Rücksetzverfahren

Die Wurzel des Suchbaumes besteht aus der Menge {A,B,X,Y,1,2}, einzelne Auswahlen hiervon sind die nicht terminalen Knoten {A}, {B}, {A,X}, etc. Die Blätter stellen die Lösungen dar, z.B. {A, X, 1}. Stellt man bei dem Blatt {A,X,1} eine Inkonsistenz bezüglich X fest, so setzt man sofort zum Knoten {A} zurück, um dann die Lösung {A,Y, 1} zu untersuchen. Bei einem chronologischen Rücksetzverfahren wie bei der Tiefensuche (Abschn. 1.5.5) geht man zur zuletzt gefallenen Entscheidung {A,X} und untersucht erst die Lösung {A,X,2}, bevor man dann zu dem Blatt {A,Y,1} gelangt. Bei dem abhängigkeitsgerichteten Rücksetzen geht man zu derjenigen Auswahl, von der die Konsistenz abhängt. Zum anderen erlaubt die TMS Technik Gemeinsamkeiten von Teillösungen (z.B. teilen {A, X, 1} und {A, X, 2} die Konsequenzen von A und X) festzuhalten. Diese "Buchhaltung" wird z.B. bei der Breitensuche nicht durchgeführt, so daß aufwendige Deduktionen ständig wiederholt werden müssen. Zusätzlich ist es z.B. bei der Breitensuche - wegen des fehlenden Buchhaltungsmechanimus - nicht möglich, korrekte Teillösungen, die vor dem Rücksetzen erzeugt worden sind, zu nutzen. Sie müssen nochmals abgeleitet werden.

Monotones Schließen hat zur Folge, daß jede Aussage, die aus einer Menge von Daten geschlossen werden kann, auch aus allen Übermengen gefolgert werden kann. Beim nichtmonotonen Schließen kann das Hinzufügen von Daten dazu führen, daß bereits für wahr erklärte Aussagen nicht mehr zutreffen. Nichtmonotone Rechtfertigungen haben bei einem JTMS die Form:

(IN - Antecedent, OUT - Antecedent) $\Rightarrow$ Konsequenz

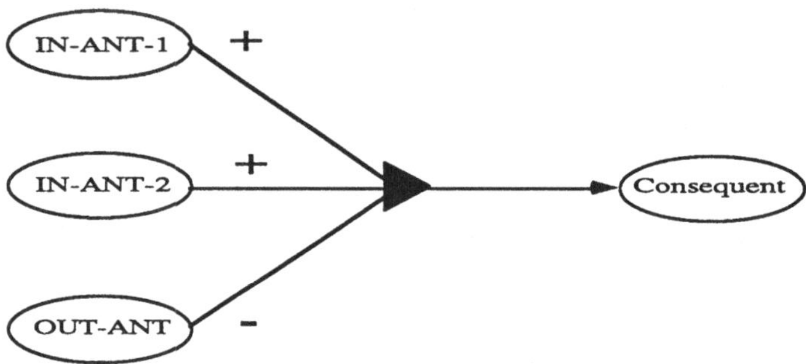

Die Rechtfertigung ist gültig, falls alle IN-Antecedenten IN sind und alle OUT-Antecedenten OUT sind. Hiermit lassen sich auch Standardannahmen (default reasoning) formulieren: Robby montiert, es sei denn, er ist defekt. Das nachfolgende Diagramm verdeutlicht diese Aussage:

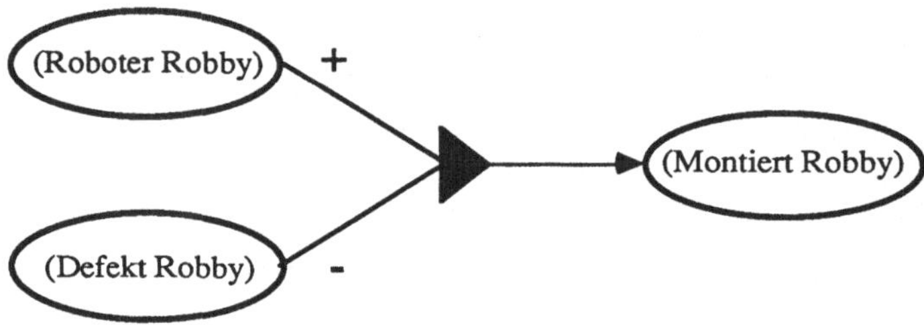

Eine *Klausel* ist eine im Sinne der Prädikatenlogik (1. Ordnung) eine wohlformulierte Formel (wff), die aus einer Veroderung (Disjunktion) von Literalen besteht. Ein *Literal* ist entweder eine atomare Formel oder die Negation dieser atomaren Formel. Eine *atomare Formel* wiederum ist ein individuelles Prädikat mit der richtigen Anzahl von Argumenten (Termen). Eine Klausel ist somit eine Menge von atomaren Formeln, die teilweise auch negiert sein können. Von allen möglichen Klauseln sind zwei Formen von besonderer Bedeutung für den TMS-Ansatz: die Horn-Klausel und die veroderte Normalform.

Horn-Klauseln sind eingeschränkte Klauseln, bei denen höchstens ein Literal nicht negiert ist /Clocksin 81/. Dies hat zur Folge, daß sich eine Horn-Klausel stets wie folgt ausdrücken läßt:

wenn B_1 und B_2 und ...B_n gelten, **dann** gilt A.

Dies ist die übliche Form der Regeln, wie sie in Expertensystemen verwendet werden.

Die in diesem Teilabschnitt besprochenen JTMS zeichnen sich dadurch aus, daß als Rechtfertigungen Horn-Klauseln verwendet werden. Bei den Logik-basierten Meinungswartungssystemen (LTMS) werden disjunktive Normalformen als Rechtfertigungen benutzt. Zusätzlich werden nur prädikatenlogische bzw. als Untermenge aussagenlogische Deduktionen verwendet. Auf diese Punkte kommen wir im nächsten Teilabschnitt zu sprechen.

3.5.2. Meinungswartung durch Logik

Bei den Logik-basierten Meinungswartungssystemen stellen die Knoten Prädikate bzw. Aussagen dar. Die Zustände dieser Knoten sind durch die Beschreibungen *wahr*, *falsch* oder *unbekannt* (weder wahr noch falsch) charakterisierbar. Klauseln in veroderter Normalform (Veroderung einer endlichen Menge von Verundungen von Literalen) lassen sich wie folgt ausdrücken :

(< Termpaar > ∨ < Termpaar > ∨ < Termpaar >)

mit

< Termpaar > :: = (<Knoten>, < Schlüssel >)
< Schlüssel > :: = wahr | falsch

Die Interpretation dieser Klauseln in veroderter Normalform geschieht wie folgt: Eine Klausel ist erfüllt, wenn mindestens ein Termpaar erfüllt ist. Ein Termpaar ist erfüllt, wenn der Status des Knotens mit dem Schlüsselwert übereinstimmt. Als ein "Gradmesser" für die Erfüllung einer Klausel dient die Anzahl der erfüllten Termpaare in einer Klausel ($N_{erf.}$). Eine Klausel ist nicht erfüllt, wenn der Knotenzustand nicht unbekannt ist, und nicht mit dem Schlüsselwert übereinstimmt.

Sei C die folgende Klausel

C: ((A, wahr) ∨ (B, falsch)), so gilt die Interpretationstabelle:

Status (A)	Status (B)	Nerf.
Wahr	Wahr	1
Falsch	Falsch	2
Unbekannt	Wahr	1
Falsch	Unbekannt	1
Falsch	Wahr	0

$N_{erf.}$ definiert die "Deduktionstauglichkeit" einer Klausel. Ist $N_{erf.} = 1$, so kann C zur Deduktion verwendet werden. Ist $N_{erf.} = 0$, so liegt ein Widerspruch vor. Die hiermit verbundenen Deduktionsschritte (Aktionen) verdeutlicht die nachfolgende Aktionstabelle, die wiederum für die Klausel C aufgestellt wurde.

Status (A)	Status (B)	Nerf.	Aktion
Wahr	Wahr	1	Nichts
Falsch	Falsch	2	Nichts
Unbekannt	Wahr	1	Status (A) → Wahr
Falsch	Unbekannt	1	Status (B) → Falsch
Falsch	Wahr	0	Widerspruch

Graphisch wird eine Klausel (z.B. C) wie folgt dargestellt:

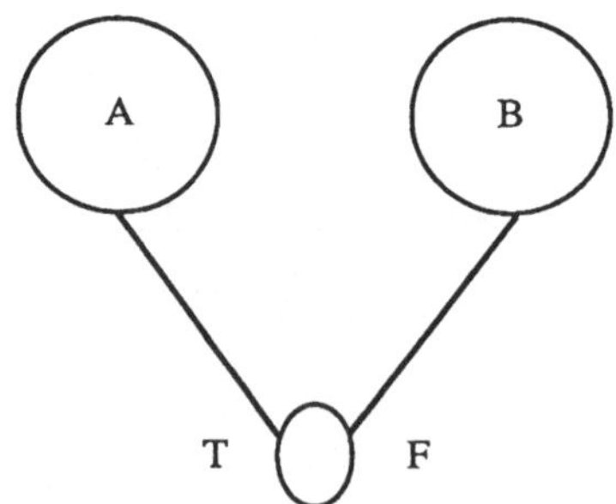

Die logischen Verbindungsoperationen $\wedge$, $\vee$, $\neg$, $\Rightarrow$, etc. können ebenfalls in diese graphische Darstellung transformiert werden. Unter der Benutzung dieser Darstellungen können wiederum Abhängigkeitsnetze aufgebaut und durchsucht werden. Hierfür werden für die Mitteilungs- und Auftragsschnittstellen analoge Basisoperationen wie bei einem JTMS (vergl. Bild 3.8) verwendet. Der Klausel-Formalismus wird eingesetzt, um mit Hilfe des Resolutionskalküls Deduktionen (lineare Komplexität in der Knotenanzahl) durchzuführen. Nicht verifizierte Aussagen - sogenannte Nogoods - werden ebenfalls als Klauseln dargestellt.

Die Klauseln werden nicht direkt vom Anwender gebildet, sondern sie werden mit mustervergleichenden (pattern-directed) Regeln durch das System automatisch erzeugt. Der Benutzer schreibt somit beliebige aussagenlogische Anweisungen und das LTMS findet die entsprechenden Klauseln und ihre zugehörigen Rechtfertigungen (supports) heraus.

3.5.3 Meinungswartung durch Annahmen (ATMS)

Bei dem Ansatz, die Meinungswartung durch Annahmen (Assumption-based Truth Maintenance System) wird jede abgespeicherte Aussage (assertion) nicht nur mit ihrer Rechtfertigung, sondern mit allen damit zusammenhängenden Annahmen (assumption) verknüpft. Die Menge der Annahmen und der Rechtfertigungen (justifications) einer Aussage bilden den Kontext dieser Aussage. In Abhängigkeit von diesem Kontext kann ein und diesselbe Größe verschiedene Werte besitzen.

Im einzelnen wird die folgende Nomenklatur verwendet. Als eine *Umgebung* bezeichnet man eine Menge von Annahmen {A,B,...}. Jeder Aussage wird diejenige Umgebung zugeordnet, von der sie abgeleitet werden kann (*Label*). Für jedes Datum eines Abhängigkeitsnetzes wird ein verallgemeinerter Knotenstatus wie folgt eingeführt:

$$\gamma \text{ datum: } < \textit{datum, label, justifications} >.$$

Das Label ist die minimale Menge von Umgebungen eines Datums. Die Rechtfertigungen werden durch die Menge der Zustände g_x, g_y etc. von Knoten mit dem Datum x, y, etc. bestimmt. Als Rechtfertigungen werden wie beim JTMS nur Horn-Klauseln benutzt. Das Label eines Datums wird mittels dieser Rechtfertigungen berechnet. Das ATMS stellt automatisch sicher, daß jedes Label eines Datums konsistent, vollständig und minimal ist. Inkonsistente Umgebungen sind "Nogoods".

Bild 3.13 verdeutlicht die Labels der einzelnen Knoten eines Abhängigkeitsnetzes (die Bedeutung der Symbole entspricht derjenigen von Bild 3.9). Die Aussage h (Datum h) wird z.B. durch die Umgebungen {A,D} und {B,D} gestützt; d.h. h kann aus beiden Annahmemengen abgeleitet werden.

Die Technik der Bedingungsausbreitung wird verwendet, um die Labelzuordnung vorzunehmen. Diese Zuordnungstechnik läßt sich gut an einem Netz, das aus Multiplikations- (M) und Additionsgliedern (A) besteht, erklären. Hierbei wird für die Prämisse p die Notation

<p, {{ }}, > und

für einen OUT-Knoten d (gegenwärtig nicht ableitbar, unglaubwürdig) die Notation

<d, { }, >

verwendet.

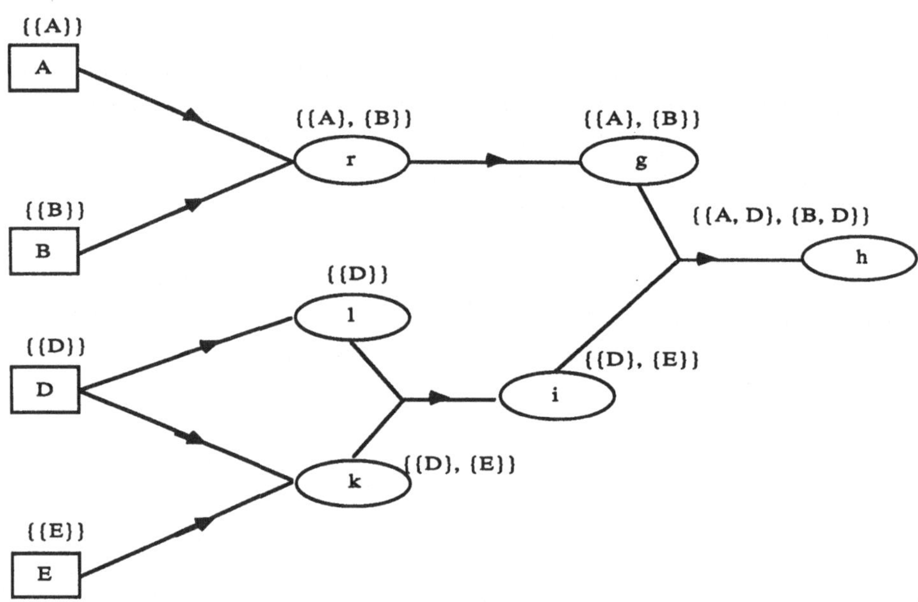

Bild 3.1: Knoten Labels in einem ATMS-Netz

Bild 3.14 zeigt ein solches Multiplikations- und Additionsnetz. Die Multiplikationsglieder $M_1 \ldots M_3$ und die Additionsglieder A_1 und A_2 haben die folgende Bedeutung:

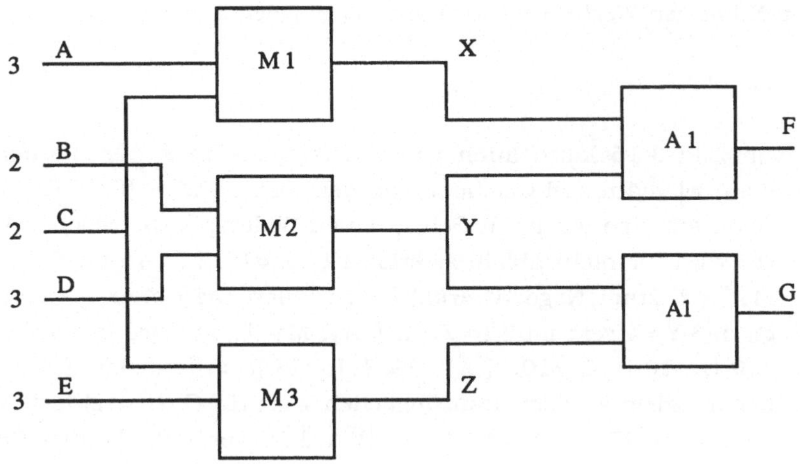

Bild 3.14: Netzwerk zur Bedingungsausbreitung

$M_1 : X = A \times C$; $M_2 : Y = B \times D$; $M_3 : Z = C \times E$; $A_1 : F = X + Y$; $A_2 : G = Y + Z$

Nimmt man für die Daten A...E die folgenden Werte an:
<A =3, {{}}, >; < B = 2, {{}}, >; < C = 2, {{}}, >; < D =3, {{}}, >; < E =3, {{}}, >,
so sieht der Status der einzelnen Größen (ohne Rechtfertigungen) bei einer Propagation von links nach rechts wie folgt aus (Bild 3.15):

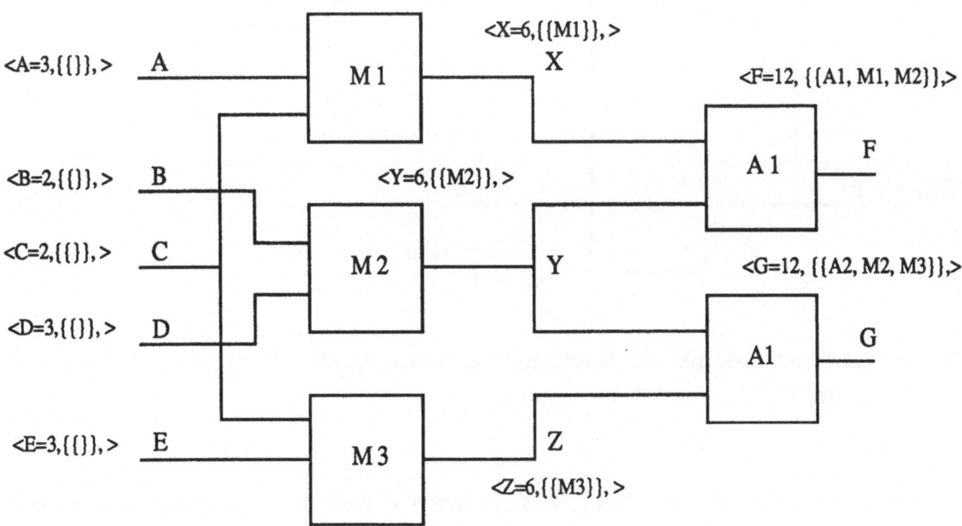

Bild 3.15: Endzustand bei einer Ausbreitung von links nach rechts

Das Datum X hat den Wert 6 und wird aus M_1 abgeleitet: < X =6, {{ M_1}} >, für F gilt:

< F =12 , {{ A_1, M_1, M_2}}, >; usw.

Das Netz von Bild 3.15 kann auch von rechts nach links durchlaufen werden. Nehmen wir an, wir hätten abweichend von dem obigen Wert für F (F =12), F =10 gemessen. Dann erhalten wir im 1. Schritt einen Widerspruch zwischen F =10 und F =12 . F =12 wird für nicht ableitbar erklärt (< F =12, { }, >) und das zugehörige Label {A1, M1, M2} zum "Nogood" erklärt. Propagiert man aber F =10 durch das Netz, so folgt, daß Y =4 sein muß (< Y =4, {{ A_1, M_1 }}, >). Dies hat aber wiederum zur Folge, daß G =10 (< G =10, {{ A1, A2, M1, M3 }}, >) und daß Z =6 sein muß. Hält man aber trotzdem an dem ursprünglichen Wert für G (G =12) fest, so müssen sich X und Z ändern (X =4, Y =4, Z =8). Bild 3.16 verdeutlicht den Endzustand dieser dreifachen Bedingungsausbreitung.

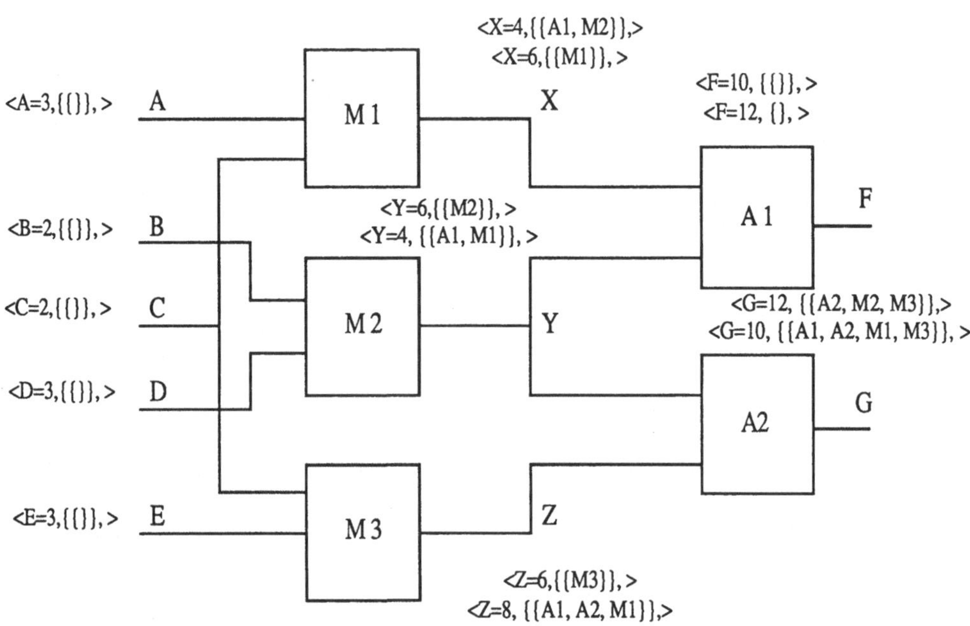

Bild 3.16: Endzustand der dreifachen Bedingungsausbreitung von rechts nach links

Der Zustand < G =12, {{ A2, M2, M3}}, > wird durch jeweils zwei verschiedene Werte für X,Y und Z erreicht. Diese Werte werden aber durch verschiedene Label gestützt. So gilt X =4 unter der Annahme {A1, M2} und X =6 unter der Annahme

{M1}. G =10 ist nicht der richtige Wert, daher wird das Label {A1, A2, M1, M3} zu "Nogood" erklärt. Das Label {A1, M1, M2} ist ebenfalls "Nogood", da es zum Wert F =12 gehört. Hält man an Werten F =10 und G =12 und an den beiden Wertekombinationen für X, Y und Z fest, so müssen einige der Werte für A, B, C, D und E als unglaubwürdig (disbeleaved) erklärt werden. Gilt zum Beispiel X =4, Y =6 und Z =6, so ist A =3 nicht haltbar (< A =3, { }, >). A muß den Wert 2 annehmen. Bei der Kombination X =6, Y =4 und Z =8 sind < D =3, { }, > und < E =3, { }, > OUT-Knoten. D =2 und E =4 sind die korrekte Werte.

Im Zusammenhang mit vorhandenen Expertensystemschalen ist es von Interesse, inwieweit ART und KEE den ATMS Mechanismus integriert haben (Abschn. 3.2.1). Bei ART ist die folgende Zuordnung zu machen:

viewpoint	=	Umgebung
extent	=	Label
constraint	=	Rechtfertigung eines Widerspruches
Poison	=	Widerspruch.

Innerhalb von ART kann aber gleichzeitig immer nur eine Umgebung betrachtet werden. Diesen Schwachpunkt hat KEE nicht. Hier ist das gesamte ATMS - Konzept in die "multiple-worlds" aufgenommen worden. Die KEE - Welten können vererbt werden (Bild 3.17). Sowohl mehrere Welten als auch mehrere Lösungspfade können gleichzeitig aufgebaut und verglichen werden (context switching).

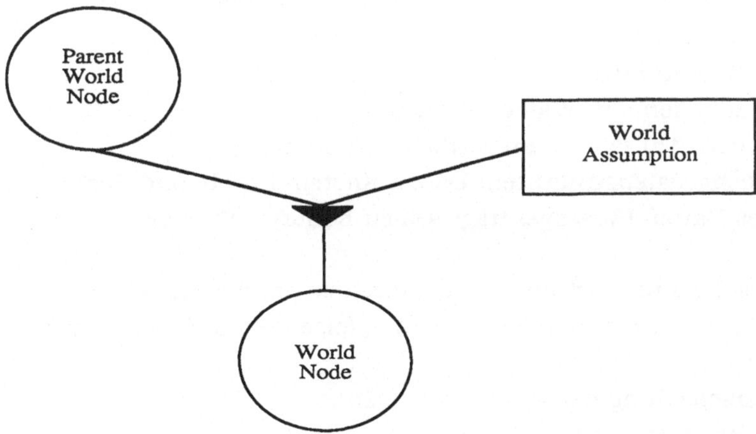

Bild 3.17: Vererbung von Weltknoten und Integration von Annahmen in KEE

3.5.4 Meinungswartungen im Vergleich

Zusammenfassend kann für alle drei TMS-Ansätze folgendes gesagt werden. Die Inferenzmaschine teilt dem TMS mit, daß

- ein Datum (Aussage) eingefügt werden soll,
- eine Prämisse oder Annahme hinzugefügt werden soll und
- eine Annahme zurückgenommen (rectracting) werden soll.

Die Aufgabe des TMS besteht jetzt darin, die Meinungskonsistenz durch Labelaktualisierungen auf dem Laufenden zu halten (warten).

Die Inferenzmaschine stellt an das TMS die folgenden Fragen:

- Wird das Datum bzw. die Aussage gegenwärtig gestützt? (IN? Knoten)
- Gibt es einen Widerspruch?
- Welche Annahmen sind für die Widersprüche der Daten bzw. Aussagen verantwortlich?
- Warum ist das Datum oder der Widerspruch ableitbar? (why?-Knoten, why contradiction?)

Mit Hilfe dieses Frage- und Antwortspiels können für alle TMS die folgenden Gemeinsamkeiten festgestellt werden:

- Explizite Beschreibung von Deduktion und Widersprüchen
- Meinungswartung
- Meinungserklärung
- Identifikation von Widersprüchen
- Herausfinden der verantwortlichen Annahmen
- Ähnliche Datenstrukturen: Daten, Knoten, Labels und Rechtfertigungen
- Jedes Datum (Aussage) trägt seinen Kontext mit sich.

Die Unterscheidung zwischen den einzelnen in diesem Abschnitt besprochenen TMS Ansätzen kann vorteilhaft nach den folgenden 5 Kriterien erfolgen:

1) Unterscheidung der Meinungszustände
2) Art der Annahmen
3) Form der Rechtfertigungen
4) Definition von unglaubwürdigen Knoten (nogoods)
5) Detektion von Widersprüchen

IN - und *OUT*- Zustände gibt es bei JTMS und ATMS. Die Zustände *wahr*, *falsch* und *unbekannt* werden bei LTMS verwendet. Ein ATMS unterscheidet desweiteren die Zustände *impliziert durch* und *konsistent mit*.

Annahmen sind bei JTMS und LTMS speziell markierte Knoten. Bei einem ATMS können verschiedene Datenobjekte Annahmen sein.

Zur Rechtfertigung werden bei JTMS und ATMS Horn-Klauseln verwendet. Ein LTMS benutzt Klauseln in disjunktiver Normalform.

"Nogoods" werden bei JTMS und LTMS als Rechtfertigungen alternativer Möglichkeiten geführt. Markierte Mengen von Annahmen werden bei ATMS benutzt, um Knoten als unglaubwürdig zu bezeichnen.

Widersprüche werden in JTMS und in ATMS mit Hilfe von Knoten detektiert, die als ⊥ markiert sind. Bild 3.18 verdeutlicht diesen Sachverhalt bei einem ATMS. Das Datum X hat gleichzeitig die Werte 0 und 1 (Widerspruch). "Nogoods" sind die Umgebungen {A, B, D} und {A, B, C}.

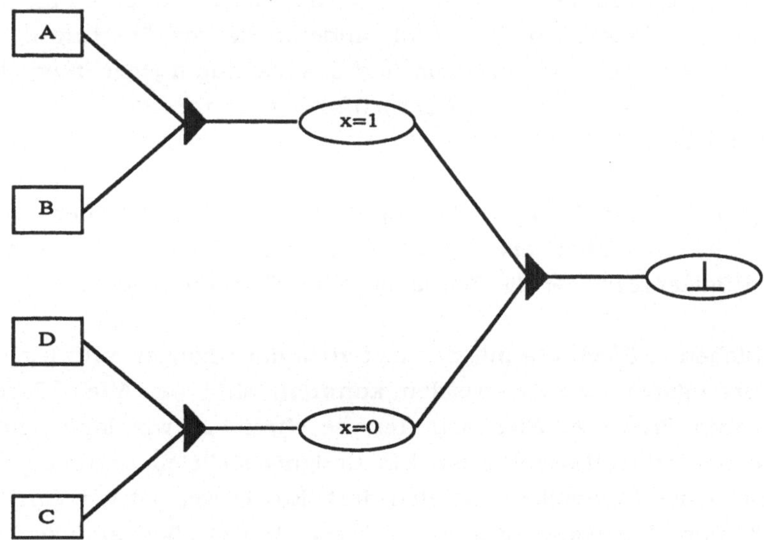

Bild 3.18: Darstellung eines Widerspruchknotens (⊥) bei einem ATMS

Bei einem LTMS werden Widersprüche durch nicht erfüllte Klauseln detektiert.

3.6 Temporale Logik

Ein zeitliches Weltmodell wird von /Allen 85/ eingeführt. Jedes Prädikat ist mit einem Zeitintervall verknüpft, das angibt, wie lange diese Aussage gültig ist. Es gibt 13 Zeitrelationen (bevor, gleich, danach, etc.), die in diesen Zeitintervallen gültig sind. Intervalle und ihre Relationen werden durch ein zeitliches Relationennetz definiert. Die Knoten sind die Zeitintervalle und die Knoten stellen eine der 13 Zeitrelationen dar.

Wenn dieser Formalismus zum Planen benutzt wird, dann wird zwischen erklärbaren und nicht erklärten Intervallen unterschieden. Man sagt, daß ein Zeitintervall erklärt ist, wenn es (i) im Anfangszustand existiert und wenn es (ii) aus einer Operatoranwendung resultiert. Nichterklärte Intervalle werden durch den Zielzustand definiert. Planung ist der Prozeß, der alle nichterklärten Intervalle in erklärte (Überbrückung der kausalen Kluft) überführt. Wenn eine Lösung existiert, wird jede Kante in dem Netz durch eine der 13 Zeitrelationen charakterisiert. Bei inkonsistenten Netzen hat eine Kante mehrere Relationen zugeordnet bekommen.

Jede Kante und jeder Knoten werden Zeit- bzw. Dauerbedingungen zugeordnet. Die Zeitbedingungen entstehen, wenn neue Intervallrelationen eingeführt werden, dann müssen die Konsequenzen auf alle anderen Kanten übertragen werden. Die Dauerbedingungen legen das Minimum und das Maximum einer Intervalldauer fest. Die Technik, die zur Konsistenzüberprüfung herangezogen wird, ist die Bedingungsausbreitung /Villain 86/.

Von /Tsang 86/ wurde der zuvor beschriebene Ansatz aufgegriffen und bezüglich der Lesbarkeit von Plänen erweitert. Der Gesamtplan ist kein Netzwerk mehr, sondern ein Balkenplan, der die Zeitdauer jeder Aktion angibt.

Die wesentlichen Größen, die mit der Zeit zusammenhängen und für die Planung von Roboteraufgaben benutzt werden konnten, sind bei Allen: Eigenschaften, Ereignisse und Prozesse. Eigenschaften beschreiben, wie lange eine Aussage bezüglich eines Intervalles gültig ist. Ein Ereignis stellt ein externes "Signal" dar, das während eines Intervalles auftreten darf. Ein Prozeß ist ein Vorgang, der die meiste Zeit eines Intervalles gültig ist. Diese drei Größen sind jedoch nur auf Intervalle bezogen. Einzelne Zeitpunkte gab es bei Allen bislang nicht. In seiner neusten Arbeit greift der Autor jedoch auch diesen Punkt auf /Hayes P. 87/.

Dies verhält sich anders bei dem Formalismus von /Mc Dermott 82a, b/. Hier gibt es einzelne Zeitpunkte. Er unterscheidet Fakten und Ereignisse. Fakten entsprechen den Allen´schen Eigenschaften, aber zu einem bestimmten Zeitpunkt. Ereignisse kommen nicht durch externe "Signale" zustande, sondern entstehen durch die Ausführung von Aktionen.

Beide Ansätze sind allerdings semantisch nicht eindeutig und nicht ausreichend. Daher wird gegenwärtig an einer verbesserten temporalen Logik gearbeitet /Shoham 87/.

Ein Ansatz, der die Arbeiten, die im Zusammenhang mit Betriebssystemen und Sprachentwicklungen für verteilte Systeme aufgreift und mit der Zeitlogik zu einer Art Programmiersprache zu verbinden versucht, wird von /Georgeff 85/ vorgestellt. So weist er darauf hin, daß das Problem des Rahmenaxioms durchaus auch bei Betriebssystemen auftritt.

Die wesentlichen Begriffe seiner prozeduralen Logik sind der Prozeß und die Aktion. Ein Prozeß beinhaltet die für ihn relevanten Zustände der Umwelt (interne Zustände), seine Ziele und einen Satz von Aktionen. Somit kann ein Prozeß eine Folge von Aktionen generieren, was als sein Verhalten bezeichnet wird. Umgekehrt definiert das Verhalten eines Prozesses den Aktionstyp, den der Prozeß erzeugen kann.

Externe Ereignisse können die internen Eigenschaften nicht beeinflussen und ähnlich wie bei dem objektorientierten Programmieren können die Prozesse nur über feste "Ports" (Schnittstellen) angesprochen werden. Der Vorteil dieses prozeßorientierten Ansatzes liegt darin, daß (1.) in dem Prozeß verschiedenartige Planungsstrategien realisiert werden können und daß (2.) dieser Formalismus dazu benutzt werden kann, automatische Verhaltensmuster zu erzeugen, um Pläne aufzubauen und Ziele zu erreichen.

Dieser Formalismus ist wie eine Art dynamisches PROLOG. Er kann als eine Art Logik betrachtet werden, der Verhaltensmuster beschreibt (deklarative Semantik), oder als Programmiersprache benutzt werden, um geeignete Verhaltensmuster zu erzeugen, um damit ein Ziel erreichen zu können.

Ein Prozeß ist nicht deterministisch und er kann versagen, so daß er anders als bei Algorithmen nicht regulär terminieren muß. Ein Prozeß wird als ein Netz dargestellt. Die Knoten sind Zustandsbedingungen bezüglich der möglichen Umweltzustände und die Kanten sind die Aktionen.

Was diesem Ansatz allerdings noch fehlt, ist die Implementierung, die Parallelität von Prozessen und eine Wissensbasis zur Implementierung von Fakten, Regeln und Meinungen. Es scheint aber ein Ansatz zu sein, der die im 1. und 2. Teil dieser

Arbeit beschriebenen Zugänge zur Montageplanung aufeinander zubewegen könnte. Hierzu müßte in diesem Formalismus allerdings noch die Möglichkeit geschaffen werden, die verschiedenartigen Bedingungen einer Aktion innerhalb komplexerer Strukturen wie z.B. Graphen, die aus einer Bildinterpretation erzeugt worden sind, oder gar verbale Szenenbeschreibungen mit logischen Aussagen verknüpfen zu können.

Zeitliche Aussagen sind sehr häufig unpräzise. Oft weiß man nicht genau, wie lange eine Operation überhaupt dauern wird, und es ist meist nicht bekannt, wie lange eine Aussage exakt ist. In dem Ansatz von Allen mußte allerdings die Persistenz /Lockemann 86/ von Aussagen exakt quantifiziert werden. /Dean 87a, b/ beschreibt einen Ansatz, der diese zeitlichen Unsicherheiten in eine temporale Logik einbaut. Eine temporale Datenbankverwaltung enthält als Basiselemente "Zeit-Tokens", die die Persistenz einzelner Ereignisse der Fakten beschreiben und die Konsistenz dieser "Tokens" überprüfen. Als Relationen auf diesen "Token" ist ein Teil der Allen´schen Zeitrelationen definiert, der ausgehend von einem Satz von ereignisabhängigen Bedingungen die Gültigkeitsdauer von Aussagen festlegt. Hierzu werden diese Basiselemente zeitlich geordnet. Zur Generierung dieser zeitlichen Ordnung werden sogenannte Projektionsregeln (vom Autor "Kausale Theorie" genannt), benutzt. Sie sind von der Form:

(**project** (*and* P_1, ..., P_n) (*not* (Q_1 ..., Q_m))
E *delay* R *duration*)

Diese Regel besagt, daß bei Eintreffen des Ereignisses E, das dem "Zeit-Token" T_E zugeordnet ist, die Bedingungen P_1, ..., P_n gültig sind und die Bedingungen Q_1,..., Q_m nicht gültig sind. Nach einer Zeitspanne, die durch *delay* definiert ist, wird die Aussage R für eine bestimmte Zeitdauer, die durch *duration* vorgegeben wird, wahr werden.

Dieser bislang rein theoretische Formalismus von Dean ist besonders geeignet, in Planern verwendet zu werden, da trotz unsicherer Information zeitliche Vorhersagen getroffen werden können.

3.7 Induktives Lernen von Montagebewegungen

Als Induktion wird hier die Ableitung eines generischen Modelles aus der Beschreibung von einigen Ausprägungen dieses Modelles aufgefaßt. In unserem Fall wird aus den möglichen Sequenzen von Teilaufgaben, die jeweils die gestellte

Montageaufgabe zu lösen vermögen, mit Hilfe von Regeln eine einzige (optimierte) Bewegungsfolge generiert /Dufay 84/.

Die Beschreibung einer Aufgabe setzt sich aus drei Teilen zusammen: (1.) Modelle der Handhabungsobjekte, (2.) die anfänglichen Relationen zwischen den Teilen und (3.) die Zielrelationen. Nehmen wir das altbekannte Beispiel: einen Stift (P1) in ein angefastes Loch (P2) einzuführen, so wird der Anfangszustand hier mit Hilfe von symbolischen Relationen, wie wir sie bereits bei RAPT kennengelernt haben (Abschn. 1.7.2), wie folgt beschrieben:

(**and** (no contact) (**aligned** (axis P1) (**axis P2**)))

Diese Anfangsrelation wird durch numerische Attribute geometrischer Größen und die à priori erwarteten Unsicherheiten (z.B. Winkelungenauigkeiten zwischen den beiden Achsen) ergänzt. Die Zielrelation lautet dann :

(**and** (**aligned** (axis P1) (axis P2)
(**against** (extremity P1) (bottom P2)).

Der Planer geht von diesen beiden Modellzuständen aus und generiert verschiedene Pläne in Form von Graphen, die denselben Anfangs- und Endzustand enthalten. Die Knoten dieser Graphen repräsentieren die Bewegungen und die Kanten stellen die nach der Bewegungsausführung vorhandene Situation dar. Bild 3.19 zeigt zwei Pläne für die oben gestellte Aufgabe.

Im linken Teil des Bildes 3.19 wird der Stift zuerst längs der Achse geführt, bis er mit der Anfasung Kontakt (contact 1) bekommt. Danach wird der Stift längs dem Kraftvektor, der senkrecht zur Achse steht, so lange geführt, bis er mit der Lochachse ausgerichtet ist. Er wird danach direkt eingeschoben, bis sich die Spitze des Stiftes (extremity) mit dem Boden des Loches berührt (bottom). Im rechten Zweig wird bis zum Knoten "move along force" identisch verfahren, danach wird der Stift längs der Anfasung so lange heruntergedrückt, bis beide Achsen wiederum ausgerichtet sind. Zum Schluß wird der Stift bis zur endgültigen gegenseitigen Berührung in das Loch eingefügt. Die dritte und einfachste Möglichkeit besteht darin, daß beide Teile von Anfang an so ausgerichtet sind, daß der Stift, ohne zu verkanten, eingeführt werden kann (Bild 3.20).

Bild 3.21 zeigt den vom Planer ausgegebenen vorläufigen Aktionsplan mit zwei Zyklen.

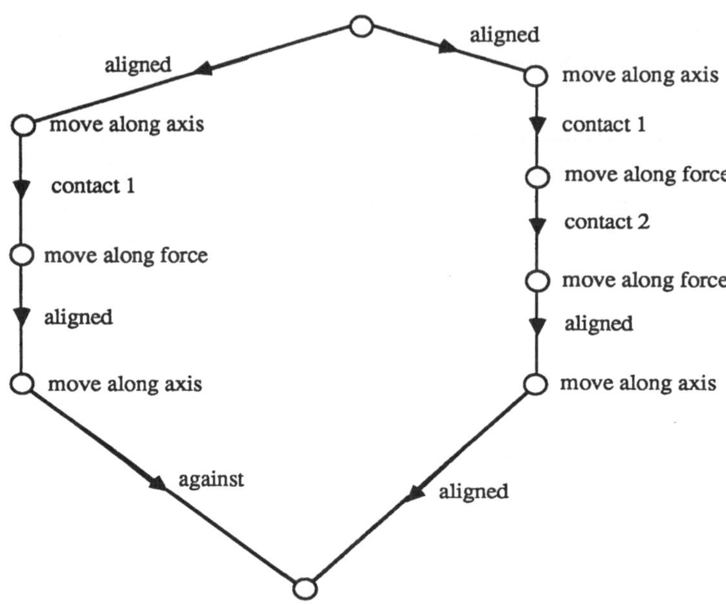

Bild 3.19: Zwei verschiedene Pläne, um einen Stift in ein Loch einzuführen. Die Knoten beschreiben die Bewegung; die Kanten den Zustand danach

Der Planer ist als Produktionssystem implementiert und arbeitet mit Regeln der Form

<conditions> ⇒ <plan>

Der linke Teil enthält:

- Bedingungen bezüglich der Objekte
- eine Beschreibung des aktuellen Zustandes und des Zieles und
- Bedingungen bezüglich der numerischen Attribute, die zu diesen Relationen gehören.

Der rechte Teil enthält eine Liste der resultierenden Bewegungen. Jede Bewegung wird durch eine Translation (oder Rotation) längs (um) eines (n) Vektors und durch die Zielrelation, die erreicht werden soll, definiert.

Die Planungsregeln *PR* haben die folgende Syntax:

PR: (goal relation = (**and** (**aligend** (axis P1 (axis P2)
(**against** extremity P1 (bottom P2))))

(current relation = (**and** (**aligned** (axis P1) (axis P2) (**no contact**)))
(uncertainty (distance (axis P1) (axis P2)) < (width P2))

⇒

(plan = (1 (motion = (translation along (axis P1) by (distance (extremity P1) (bottom P2)))) (goal relation = (**and** (**aligend** (axis P1) (axis P2) (**against** (extremity P1) (bottom P2))))))

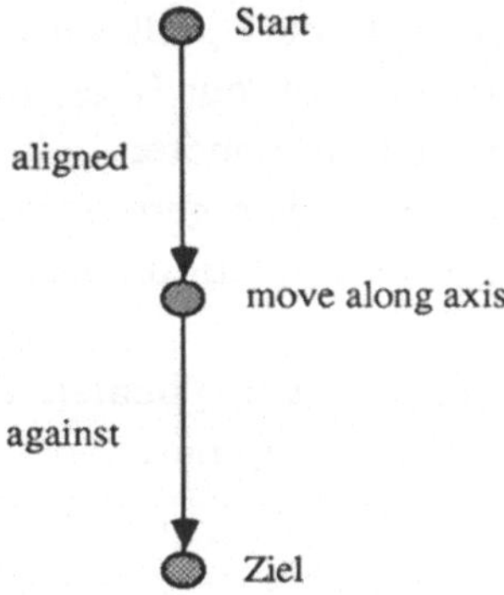

Bild 3.20: Einfachster Plan zur Stift/Loch-Aufgabenlösung

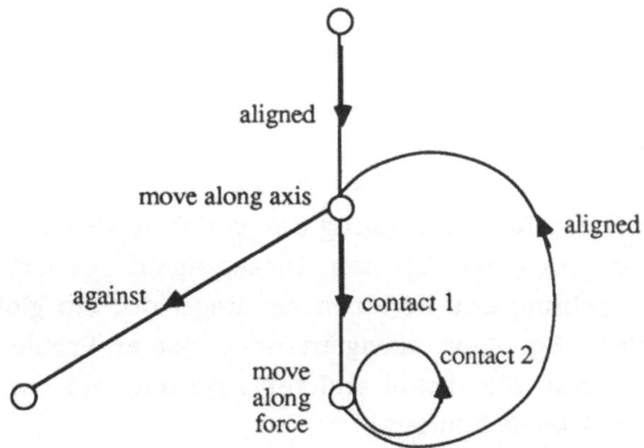

Bild 3.21: Endgültiger Plan zur Lösung der Loch/Stift Aufgabe. Der Zyklus "contact 2" verdeutlicht eine alternative Vorgehensweise

Der nunmehr skizzierte Planer enthält auch einen Modul zur Generierung von Aktionen; die Aufgabenzerlegung wird hierin allerdings nicht exakt von der Aktionserzeugung separiert. So enthält der erstellte Plan bereits einzelne Bewegungselemente. Zur Überprüfung der Planerausgabe gelangen dessen Daten schließlich zu einem Planprüfer, der die einzelnen Aktionsschritte auf ihre Durchführbarkeit untersucht, indem er die numerischen Unsicherheiten berücksichtigt.

ACSL (Analog Concept Learning System) ist eine prototypische Entwicklung, welche gleichfalls auf dem Induktionsprinzip basiert /Michie 85/. Dieses System versucht, aus Beispielen zu lernen, um regelbasierte Pläne zu erstellen. Jedes Beispiel enthält zwei Teile : eine Liste von charakteristischen Merkmalen mit den zugehörigen Attributwerten und die Spezifikation, zu der die Situation gehört. Dieses System wurde angewendet, um mit Hilfe von zwei Robotern eine Brücke aus Klötzchen aufzubauen. Ein kleiner Roboter holt die Einzelteile und der größere Roboter montiert sie nach dem zuvor generierten Plan. Hervorzuheben ist insbesondere die Fähigkeit zur Interkommunikation von erlernten Strategien.

Eine deutliche Trennung zwischen der globalen Planung und der darauf aufbauenden Angabe von Sensor- und Manipulationsvorschriften existiert in diesem System nicht.

Diese beiden neuen induktiven Ansätze für die Feinbewegungsplanung können als Vorstufe betrachtet werden, in der ein Planskelett erzeugt wird, um ein besseres Problemverständnis aufzubauen. Daran anschließend können verbesserte Korrekturbewegungen erzeugt werden, falls während der realen Bewegung Abweichungen oder gar Fehler auftreten.

3.8 Verteiltes Planen

Die bislang beschriebene Roboterplanung bezog sich in den meisten Fällen bis auf verteilte Blackboards auf einen Agenten. Dieser Agent operiert im allgemeinen in einer statischen Umgebung und kennt in der Regel nur ein globales Ziel, welches er in Teilziele zerlegt. So plant, navigiert oder löst er Probleme unter den vereinfachenden Annahmen, daß keine anderen Agenten und durch sie verursachte externe Ereignisse auftreten können.

In einer komplexen realen Welt agieren meist mehrere Agenten. Pläne müssen unter der Annahme aufgestellt werden, daß andere Agenten ebenfalls Aktionen durchführen (dynamische Umwelt) und dabei die eigenen Anstrengungen unterstützen (Kooperation), behindern (rationale Konkurrenz) oder gar unterlaufen (destruktive Konkurrenz). Damit über Aktionen anderer Agenten Schlüsse gezogen werden können, muß ein Agent in der Lage sein, die Meinungen, das Verhalten und die Ziele (Wünsche) der anderen Agenten zu modellieren und zu verstehen.

Das verteilte Planen ist ein Bestandteil der Verteilten Künstliche Intelligenz /Gasser 87/ und befaßt sich prinzipiell mit einer Problemlösung, bei der (n ≥2) Agenten (m ≥ 1) Aufgaben lösen. Es kommen dabei sämtliche Schwierigkeiten und Eigenheiten des Ein-Agenten Planens vor.

3.8.1 Charakteristika Verteilter Problemlösungen

Um die Aufgabenkomplexe, die beim verteilten Planen auftreten, besser verstehen zu können, ist es angebracht, die wesentlichen Charakteristiken der verteilten Problemlösung zu spezifizieren /Sundermeyer 87/:

- **Aufgabenzuweisung.** Die gesamte Gruppe von Agenten hat eine definierte Menge von Aufgaben. Wie bei dem Ein-Agenten-Ansatz müssen diese Aufgaben in meist abhängige Teilaufgaben zerlegt werden. Diese Teilaufgaben müssen geeigneten Agenten zugewiesen werden. Diese Zuweisung hängt von der Art der Aufgabenstellung (Mitstreiter, Wettbewerber) und der Kooperation bzw. Destruktion ab (Abschn. 3.8.2).

- **Dediziertes Wissen.** Ein Agent kann verschiedenen Einschränkungen unterliegen: begrenztes Wissen über die Umwelt (z.B. eingeschränkte Sensormöglichkeiten), begrenztes Wissen der gesamten Aufgaben (Gruppenaufgaben) oder begrenztes Wissen über die Absichten anderer Agenten.

- **Eignung.** Jeder Agent verfügt über verschiedene Fähigkeiten (Wahrnehmung, Kommunikation, Planung und Aktion). Die Eignung eines Agenten für eine Aufgabenzuweisung hängt davon ab, wie seine Fähigkeiten mit der geforderten Expertise zur Aufgabendurchführung übereinstimmen, wie weit sein dediziertes Wissen adäquat zur Aufgabenstellung ist und über welche Betriebsmittel der Agent verfügt.

- **Kritische Betriebsmittel.** Neben den dedizierten Betriebsmitteln, die einem Agenten fest zugeteilt sind, stehen häufig nur endlich viele (meist zu wenig) Betriebsmittel für alle Agenten zur Verfügung, die von allen gemeinsam geteilt werden müssen (kritische Betriebsmittel).

- **Kooperationsstrategien.** Es existieren zwei prinzipiell unterschiedliche Strategien, durch n Agenten ein Problem lösen zu lassen. Zum einen können alle Agenten autonom sein, d.h. ihre Aktivitäten werden durch die anderen beeinflußt, aber nicht direkt vorgeschrieben, und es gibt keine übergeordnete Kontrollinstanz. Die n autonomen Agenten bringen mit Hilfe einer Aufgabenkoordination die Lösung mit eigenen Mitteln zustande.

Im anderen Fall gibt es eine zentrale Koordinationsstelle, die die Aufgabenverteilung durchführt, die Teilergebnisse einsammelt und sie in konsistenter Weise zu einer Globallösung zusammenfügt.

Welche dieser beiden Lösungsstrategien bzw. auch welche Mischform hiervon eingesetzt werden kann, hängt stark von den zuvor aufgeführten charakteristischen Punkten der verteilten Problemlösung ab. Wir werden im folgenden den ersten Ansatz als *föderalistische Kooperation* und den zweiten Ansatz als *zentralistische Kooperation* bezeichnen. In beiden Fällen muß die Aufgabenkoordination *kohärent* sein. Diese Kohärenzbedingungen definieren für jeden Agenten Restriktion im Rahmen seiner lokalen Kontrollkomponente /Durfee 85/.

3.8.2 Kooperation oder Konkurrenz

Agenten, die alle kooperieren, um ein gemeinsames Ziel zu erreichen, gleichen einer Mannschaft. Alle Mannschaftsmitglieder sind hilfsbereit, sie sprechen sich untereinander ab oder werden von ihrem Mannschaftsführer dirigiert, um konfliktfrei Ziele zu erreichen und sie vermeiden Auseinandersetzungen bei der Benutzung von kritischen Betriebsmitteln. Deshalb spricht man in diesem Zusammenhang von **Mannschaftstheorie.**

In der realen Welt sind die Agenten nicht notwendigerweise gutartig in ihrem Verhalten zueinander. Die Ziele sind nicht konfliktfrei. Die Situation ähnelt derjenigen eines Spieles. Jeder Spieler ist auf seinen Vorteil bedacht oder er bildet eine kurzfristige "Koalition", um dem Gegner zu schaden. Man spricht in diesem Zusammenhang auch von **Spieltheorie** /Pearl 85/. Sie ist komplexer als die Mannschaftstheorie. Im Detail gibt es zwei Spielarten der Konkurrenz:

a) Bei der *rationalen Konkurrenz* verhalten sich die Agenten bei der Koordination ihrer Strategien partiell rational (kooperativ), um eine möglichst hohe "Rendite" zu erhalten. Durch "Verhandlungen" werden Konflikte gelöst.

b) Bei der *destruktiven Konkurrenz* hat man es mit einer reinen Konfliktsituation zu tun, bei der jeder Gewinn des einen Agenten ein Verlust des anderen

Agenten ist. Jeder Agent sucht seine optimale Strategie aus, ohne Rücksicht auf die anderen Agenten zu nehmen.

Sind zum Beispiel mehrere Roboter daran beteiligt, eine Maschine aufzubauen, so haben alle ein Ziel. Die Komplexität der hierfür notwendigen Teilaufgabensynchronisation kann es dann durchaus notwendig machen, daß stellenweise etwa bei dem Auftreten von nicht vorhersehbaren Ereignissen (Teile zerbrechen, Teile verrutschen, etc.) neben der Kooperation auch Verfahren des rationalen Spielens zur Anwendung kommen. Dieses Beispiel verdeutlicht einmal mehr, daß reine konfliktfreie und konfliktgeladene Zielsetzungen in wirklichen Anwendungen selten sind und irgendwo zwischen diesen beiden Extremen liegen.

3.8.2.1 Kooperation

Bei der Kooperation von n Agenten sind zwei Prinzipien (Strategien) zu unterscheiden: das *Organisationsprinzip* und die *Kontrollstruktur*.

Das *Organisationsprinzip* (Aufgabenzuweisung, Kooperationsstrategie) legt folgendes fest:

a) Die Zerlegung größerer Aufgaben in Teilaufgaben.

b) Die Zuweisung dieser Teilaufgaben an die individuellen Agenten gemäß ihrer Eignung, ihrem dedizierten Wissen und ihrer Betriebsmittelbenutzung.

c) Die Regeln für die Kooperation der Gesamtlösung unter Beachtung der Kohärenzbedingungen (föderalistisch, zentralistisch).

d) Die Art der selbständigen Umorientierung der Organisationsform im Falle von Fehlern (z.B. graceful degradation).

Die *Kontrollstruktur* definiert, wie die Kommunikation zwischen den Agenten durchzuführen ist (z.B. selektive Kommunikation, Rundfunk, einmalige oder mehrmalige Nachrichtenübermittlung, angeforderte oder unangeforderte Kommunikation) und wie diese Information durch die Agenten zu interpretieren ist. Es hat sich dabei gezeigt, daß die Verwendung von Kontrollwissen auf Metaebenen die Effizienz des Planungsvorganges deutlich erhöht /Corkill 83/. /Cammarata 83/ wendet sowohl die zentralistische Kooperation als auch die föderalistische Kooperation zur Überwachung des Flugverkehrs an. Jedem Flugzeug wird ein Agent zugeordnet. Die Kommunikation ist selektiv zwischen den einzelnen Flugzeugen (unaufgefordert, ohne Wiederholung). Sie fanden heraus, daß die föderalistische Kooperation nur in einfachen Fällen mit maximal 4 Flugzeugen effizient ist. Bei regem Flugzeugverkehr und komplexeren Verkehrssituationen war die zentralistische Kooperation besser geeignet.

3.8.2.2 Rationale Konkurrenz

Ein formaler Rahmen, in dem mehrere Agenten mit verschiedenen Zielen Konflikte lösen können, wurde von /Rosenschein 85/ und /Genesereth 86/ entwickelt. Diese Ansätze bauen darauf auf, daß im Sinne der Spieltheorie eine Rationalität der einzelnen Spieler angenommen wird. Sie besagt, daß jeder Spieler die Regeln und die Ziele des Spiels vollständig kennt und sich an die Regeln hält.

Die Rationalitätsannahmen für das autonome Handeln sind:

1) Jeder Spieler kann annehmen, daß die anderen Spieler beliebig "ziehen" (*minimaler Zug*).

2) Jeder Spieler kann annehmen, daß die anderen Spieler sich an bindende Vereinbarungen halten (*separater Zug*).

3) Jeder Spieler kann annehmen, daß die Züge der anderen im voraus festgelegt sind (*eindeutiger Zug*).

Innerhalb eines solchen Rahmens werden zwei Fälle, die nach zunehmender Kommunikation geordnet sind, betrachtet:

- Wechselwirkung ohne Kommunikation und
- Wechselwirkung mit bindenden Zusagen, die durch Verhandlungen zustandekommen.

Die Wechselwirkung von n Agenten ohne Kommunikation mag auf den ersten Blick etwas "akademisch" wirken, doch ist hierzu zu sagen, daß z.B. zwei wichtige praktische Fälle nach diesem Konzept verfahren. Gemeint ist der Straßenverkehr und der Ausfall von Kommunikationshilfsmitteln. Voraussetzung ist allerdings, daß jeder Agent mit hinreichender Sensorinformation ausgestattet ist und, daß er über Techniken verfügt, um wenigstens teilweise die Absichten der anderen Agenten zu erkennen. /Genesereth 86/ untersucht in seiner Arbeit verschiedene Restriktionen für die Aktionen der Agenten, um in solchen Situationen zu kooperieren. Er nennt die folgenden drei sehr einschränkenden Bedingungen:

1) Jeder Agent kennt die Interaktionsmatrix (payoff matrix, Spielmatrix), einschließlich der Aktionswahl und der Effekte dieser Aktionen.

2) Die Interaktionsmatrix ist vollständig.

3) Jede Wechselwirkung wird nur für sich betrachtet.

Für die meisten Anwendungen sind diese Restriktionen zu stark. Doch bieten sie einen ersten Ansatz, um diese Restriktionen schrittweise zu lockern (z.B. unvollständige Interaktionsmatrix). /Rosenschein 85/ lockerte zwar diese Bedingungen, doch führte er neben den bereits erwähnten Rationalitätsannahmen die Notwendigkeit der Kommunikation ein.

Die entsprechende Kooperationsstrategie (föderalistisch) wurde ebenfalls mit Rationalitätsannahmen für die Abmachungen (deal) eingeführt. Diese Rationalitätsannahmen sind in Analogie ("Zug" ist durch "Angebot" zu ersetzen) zu den zuvor genannten Rationalitätsannahmen für autonomes Handeln erstellt worden.

Dieser zuletzt genannte Ansatz liefert einen theoretischen Rahmen für eine n Agenten Wechselwirkung, die explizit nach Kommunikation und Angebotsabsprachen verlangen und die verschiedenen Ziele zwischen den Agenten zulassen. Der kommunikationslose Fall der n Agenten Wechselwirkung läßt sich ebenfalls in dieses Schema einbauen. Somit besteht die Hoffnung, daß intelligente Agenten implementiert werden können, deren Verhaltensstrategien nachweislich "vernünftig" sind. Die Anwendungsfälle beziehen sich allerdings vorerst auf Probleme der Spieltheorie (z.B. Gefangenen Dilemma) und nicht auf wirkliche Anwendungen.

3.8.2.3 Destruktive Konkurrenz

Ein ausgearbeiteter theoretischer Rahmen für die destruktive Konkurrenzproblematik existiert gegenwärtig noch nicht. Lediglich einzelne (militärische Anwendungsbeispiele) sind vorhanden, die in diese Richtung zeigen.

/Steinberg 87/ stellt ein Expertensystem vor, das die Bedrohung eines Flugzeuges beurteilt und geeignete Gegenmaßnahmen vorschlägt. Das System benutzt intern finite Zustandsbeschreibungen, um die aktuellen eigenen Aktionen darzustellen und kritische Situationen vorherzusagen. Jeder dieser Zustände ist verbunden mit der Informationsausbeute eines Multisensorsystems.

Bezog sich das zuvor genannte Beispiel primär auf ein Flugzeug, das möglicherweise durch mehrere andere Flugzeuge bedroht wird, so nähert sich das zweite Beispiel schon mehr den Paradigmen des verteilten Planens. /Kirk 87/ stellt ein Beratungssystem vor, das den Einsatz von 16 Kampfflugzeugen (Staffel) überwacht, mögliche Bedrohungen erkennt, und dann die einzelnen Flugzeuge zu ihrem Einsatzort dirigiert. Die Kooperationsstrategie für die Staffel ist zentralistisch.

Beide Systeme verwenden keine Ansätze der Spieltheorie und stellen regelbasierte Expertensysteme dar, die z.B. zur Beschreibung von Flugzeugen Rahmen verwenden.

3.8.3 Darstellungen und Modelle

Neben der in der Spieltheorie üblichen Matrixdarstellung sind verschiedene Darstellungen und problembezogene Modelle für spezielle Fälle des verteilten Planens entwickelt worden. Im folgenden sollen die relevantesten dieser speziellen Problemlösungen beschrieben werden.

Auf dem Felde der Kooperation wurden die meisten Ansätze entwickelt. /Durfee 85/ führt ein verteiltes Problem-Lösung-Netzwerk (VPLN) ein, um mittels einer föderalistischen Kooperationsstrategie eine kohärente Lösung zu erzeugen. Jeder Knoten hat ein eigenes Planungssystem, das sein Verhalten den Umständen entsprechend ändern kann und sein eigenes Organisationsprinzip, das auch die Kontrollstruktur bezüglich der anderen Knoten planen kann.

Das dedizierte Wissen und die Eignung jedes einzelnen Knotens sind so bemessen, daß jeder einzelne Knoten zur einzelnen Entscheidungsfindung mit anderen Knoten Informationen austauschen muß.

Das Organisationsprinzip eines Knotens ist als ein strategischer Plan zu betrachten, der auf der Metaebene festlegt, welche allgemeine Information wohin fließen muß und welche Abhängigkeitsstrukturen zwischen den Knoten existieren.

Jeder Knoten ist nach dem Blackboardprinzip entworfen. Er enthält neben den Strukturen eines lokalen Blackboards noch einen Planer, ein Zielblackboard und Kommunikationswissensquellen. Ziele werden auf dem Zielblackboard entwickelt, um die Intention des Knotens und dementsprechend Hypothesen (Datenblackboard) zu entwickeln (verteiltes Blackboard, Abschn. 3.3.2) . Der Planer erzeugt die Antworten bzw. Anforderungen an die anderen Knoten in Abhängigkeit von den eigenen Zielvorstellungen. Das Organisationsprinzip wird in diesem Knotenaufbau durch das organisatorische Blackboard realisiert. Es enthält den Planer, die Kommunikationswissensquellen, Variable, die z.B. das Kommunikationsverhalten (aufgeforderte, unaufgeforderte Hypothesenkommunikation) und die lokale Zielsetzung (intern, extern) festlegen können und eine Komponente zur verteilten Aufgabenzuweisung. Mit dieser Komponente wird auch opportunistisches Planen durchgeführt.

Eingesetzt wird das System für ein simuliertes Testfeld zur Identifizierung, Lokalisierung und Verfolgung von Fahrzeugverbänden auf der Basis von Sensordaten. Jedem Sensor wird ein Knoten des Netzwerkes zugeordnet. Der Knoten kann den Vorgaben des organisatorischen Blackboards entsprechend, Hypothesen über den Verbandsort, über die Fahrzeugpositionen und über die Verbandsbewegung an die anderen Knoten (z.B. aufgefordert) weiterleiten. Der Empfängerknoten kann nun seine eigenen Ziele dagegensetzen, oder die empfangenen Ziele als vorrangig übernehmen oder eine Mischung davon (intern und extern definierte Zielsetzung) anstreben. Die Kohärenzbedingung wird erfüllt, wenn alle Knoten des Netzwerkes zusammen eindeutige Aussagen bezüglich der zuvor genannten Hypothesen erzeugen.

/van Dyke 85/ beschreibt einen kooperativen Ansatz mit zentralistischer Steuerung, um Fertigungsvorgänge zu überwachen. Er benutzt für jede der einzelnen Fabrikebenen (Einzelmaschine, Zelle, etc.) von der Struktur identische Rahmendarstellungen, die insgesamt in einen Graphen als einzelne Knoten eingebettet sind. Das Fabrikmodell (Rahmenfächer) enthält Eintragungen über Maschinenzustände und Aufträge (bohren, drehen, etc.). Zusätzlich hat jeder Knoten einen regelbasierten Spezialisten, der Verhandlungen mit den anderen Knoten führen kann, um flexibel auf Produktionsstörungen reagieren zu können. Diese Verhandlungen können allerdings nicht so flexibel gehandhabt werden, wie im zuvor beschriebenen System, da ein explizites Organisationsprinzip auf der Metaebene gänzlich fehlt. Es werden vorgegebene "Prozeßpläne" abgearbeitet, in den z.B. Abweichungen vom regulären Ablauf vorprogrammiert sind.

Einen Ansatz zum Multi-Agentenbereich, der ausschließlich verhaltensorientiert ist, schlägt /Lansky 87/ vor. Ein formales Modell für parallele Aktionen, GEM (Group Element Model) definiert die Beschreibung von lokalen Bereichen in Form von Verhaltensbedingungen, statt den mehr traditionellen Zustandsprädikaten. Das Verhalten betont die kausalen, die zeitlichen und die Parallelität der Beziehungen zwischen einzelnen Aktionen. Ausgehend von einem solchen Satz von Bedingungen wird ein gesamter Plan durch inkrementelle Bedingungserfüllung entwickelt. Angewendet werden kann dieses System bislang allerdings nur auf die Blockwelt.

Der Begriff dieses Prozesses ist für /Georgeff 86/ das Planungselement, das er mit Ereignissen und Aktionen verknüpft (vergl. den Begriff der prozeduralen Logik in 3.7). Er führt ein Persistenzaxiom ein, das das Rahmenproblem löst. Dieses Axiom definiert, daß Relationen sich nur dann ändern, wenn sie dazu gezwungen werden. Voraussetzung hierfür ist allerdings die Annahme, daß bekannt ist, welches Ereignis von welchen Eigenschaften unabhängig ist. In diesem Fall bleiben die Eigenschaften von unabhängigen Ereignissen unberührt (mit der zuvor genannten GEM Struktur kann dieses Problem gelöst werden). Solch ein Prozeß kann die folgenden Größen beschreiben:

- Ziele
- Aktionen
- Ereignisse
- Betriebsmittel
- Hypothesen und Erwartungen
- Meinungen und Absichten anderer Agenten
- Organisationsprinzip.

Die Sensorbeschreibung könnte z.B. mit Rahmendarstellungen erfolgen oder aber auch mit Relationen definiert werden, die insbesondere eine dynamische Umweltbeschreibung enthalten. Eine solche einfache Umweltmodellierung wird von /Wood 83/ angegeben. Die Verknüpfung von Klauseln (PROLOG) und eine Zeitattributierung können Verkehrssituationen wie folgt beschreiben: rechts fährt ein roter Wagen, hinter ihnen ist ein blauer Wagen und vor ihnen ein grüner Wagen. Mit solchen Angaben kann z.B. eine Kollisionsprädiktion durchgeführt werden. Es ist durchaus denkbar, solche Situationsbeschreibungen mit Netzwerken, die für die natürlichsprachliche Verarbeitung eingeführt wurden (z.B. KL-ONE), zu versuchen. Eine auf der Prozeßebene operierende Planungskomponente wäre durchaus in der Lage, aufgrund solcher Beschreibungen Planungen durchzuführen.

Der Begriff des hier eingeführten Prozesses ist ein gedankliches Konzept. Analog wurde bei der Theorie der Betriebssysteme verfahren /Levi 81/. Allerdings sollte die Realisierung von Prozessen auf Rechnern nicht im Detail als Vorbild des hier eingeführten Konzeptes sein. Es hat sich aus den bisherigen Erfahrungen ganz deutlich gezeigt, daß symbolische und numerische Berechnungen auf getrennten Maschinen (z.B. auf einer Symbolics-Maschine und einer VAX) implementiert werden sollten. So "scheiterte" etwa der Versuch, Bildverarbeitungsroutinen direkt auf einer Symbolics (3670) zu implementieren. Die entsprechenden Prozeduren liefen auf der Symbolics etwa 200 Mal langsamer. Details über die Bewertung und die Bildverarbeitungsroutinen sind bei /Groß 87/ zu finden.

Umgekehrt hat sich bei der Missionsplanung von autonomen mobilen Gefährten, wie wir es etwa für KAMRO und innerhalb des Verbundprojektes PROMETHEUS betreiben, gezeigt, daß etwa Blackboardkonzepte auf KI-Maschinen implementiert werden sollten und die dedizierten Sensoraufgaben der Wissensquellen etwa für die lokale Navigation auf einem konventionellen Rechner (VAX, Motorola 68020) durchgeführt werden sollten. Es ist in diesem Zusammenhang ratsam, eine gut definierte Schnittstelle zwischen symbolischen und numerischen Berechnungen einzuführen.

Eine Kombination des Prozeßansatzes mit einer verhaltensorientierten Prozedur wird von /Georgeff 87/ beschrieben. Verhaltensgesteuerte Prozesse, die auf bereits kompiliertes Wissen (Aufgabenebene) aufsetzen, werden für das reagierende Planen eines Montageroboters im Weltall verwendet (Flakey, SRI Robot).

3.8.4 Kommunikation und Synchronisation

Hilfsmittel zur Kommunikation und Synchronisation sind für die kooperierende und die konkurrierende Problemlösung notwendig. Sie werden definiert durch das Organisationsprinzip und realisiert durch die Kontrollstruktur.

Im Falle der im vorigen Abschnitt erwähnten Lösung mit Hilfe eines verteilten Blackboardkonzeptes (VPLN) können die Synchronisations- bzw. Kommunikationsanforderungen zwischen den einzelnen Knoten des Netzwerkes flexibel ausgelegt werden. Das organisatorische Blackboard definiert Interessenbereiche /Durfee 87/. Solche Bereiche konzentrieren sich auf die lokale Planung, die Übertragung von Hypothesen und Zielen und den Empfang von Hypothesen bzw. von Zielen. Die lokale Planung wird hierarchisch mit Hilfe von Zeitbedingungen durch eine Synthese von Hypothesen, die auf verschiedenen Ebenen (Signal, Vehikel, Gruppe) erzeugt werden, durchgeführt. Es wird somit der in lokalen Blackboards übliche Ansatz zur Synchronisation von Wissensquellen verwendet.

Die einzelnen Knoten können noch mit zusätzlichen Parametern gewichtet werden, die die Bedeutung (Autorität) des einzelnen Knotens bei der kooperativen Problemlösung definieren. Die Interessenbereiche und diese Autoritätsparameter bilden die Synchronisationsschnittstelle zwischen den Knoten. So können Knoten zum "Integrator", "Spezialisten" oder zum "mittleren Manager" ernannt werden. Als Kommunikation ist die wiederholende aufgeforderte oder nichtaufgeforderte Informationsübertragung vorgesehen.

In dem bereits zuvor erwähnten formalen Verhaltensmodell GEM können nur Ereignisse lokale Aktivitäten anstoßen. Diese Ereignisse werden gekoppelt mit komplexeren Ereignisbedingungen und deren Beziehungen untereinander. Diese Beziehungen sind auf drei Relationentypen beschränkt: Zeit (Vorgänger/Nachfolger), Kausalität und Parallelität. Pläne werden als Suchbäume dargestellt, die alle Basisteilpläne mit enthalten. Vor der Abarbeitung jedes einzelnen Planknotens müssen seine Vorbedingungen in einer Klötzchenwelt überprüft werden. Dies bedeutet, daß ein Bedingungsausbreitungsverfahren bezüglich der drei oben genannten Relationentypen benutzt wird. Eingesetzt wird hierfür eine Plansuchtabelle, die festlegt, in welcher Reihenfolge die Bedingungen anzuwenden sind, welche Bedingungen welchen Ereignissen zuzuordnen sind und wann und wohin zurückzusetzen ist. /Stuart 85/ beschreibt den hierbei verwendeten Synchronisationsmechanismus für prädikatenlogische Bedingungen. Er benutzt einen Theorembeweiser für Zeitlogik, welcher Synchronisationsprimitive verwendet, die auf der Hoare'schen CSP Sprache aufsetzen /Hoare 78/.

/Georgeff 86/ führt in seinem Prozeßmodell auch interne Zustände ein, die er Kontrollpunkte nennt. Jedem Kontrollpunkt wird eine Korrektheitsbedingung zugeordnet. Ein Prozeß ist somit ein finiter Transitionsgraph, dessen Knoten die Kontrollpunkte und dessen Kanten Transitionen sind. Eine Prozeßkontrollfunktion bestimmt für jeden Kontrollpunkt und die dazugehörende Transitionsfunktion den nächsten Kontrollpunkt.

Einzelne Aktionen werden durch solche Prozesse modelliert. Wenn die Pläne verschiedener Agenten wechselwirkungsfrei sind, können Aktionen parallel ausgeführt werden. Dabei ist eine Menge von Prozeßmodellen $A_1, \ldots A_n$ wechselwirkungsfrei, wenn für jeden Prozeß A_i das folgende gilt: für alle Kontrollpunkte c_i in A_i und alle in c_i anwendbaren Transitionen keine Wechselwirkungen mit allen A_j ($j \neq i$) stattfinden.

3.8.5 Meinungen und Absichten (Planerkennung)

Jeder einzelne Agent muß in der Lage sein, sein Verhalten aufgrund seiner aktuellen Meinung ändern zu können (verschiedenartige Kooperationsstrategien) und er muß ein eigenes Modell über die Verhaltensskala der anderen Agenten haben. Mit Hilfe dieses Verhaltensmodelles kann er dann etwa im Falle der kommunikationslosen Kooperation oder der destruktiven Konkurrenz auf die Absichten des anderen Agenten schließen.

Als eine Basistechnik zur Meinungswartung und zur Planerkennung werden der TMS Ansatz bzw. Varianten davon eingesetzt. Allerdings bedarf der übliche TMS Ansatz, um für das verteilte Planen tauglich zu sein, zweier grundsätzlicher Erweiterungen: Aktionsanbindung und kooperative Meinungsbildung.

3.8.5.1 Kooperative Meinungsbildung

Übliche TMS-Verfahren betrachten das Problemlösen als einen Deduktionsvorgang (z.B. Resolutionsverfahren) und nicht als Suche (Abschn. 3.5). Sie sehen spezielle Mechanismen vor, um Aktionen, Zustandsänderungen und die Effekte von Aktionen zu beschreiben. Eine mögliche Form der Aktionsanbindung an ein ATMS in einer Klötzchenwelt wird von /Morris 86/ vorgeschlagen. Er benutzt hier die Eigenschaften von KEE (world), um Aktionen als azyklische Graphen von Welten zu modellieren. Zur Konflikterkennung, die bei der Verschmelzung zweier Welten auftritt, werden die Annahme- und Rechtfertigungsknoten des ATMS-Ansatzes benutzt.

Potentiell bietet der TMS Ansatz auch eine gute Basis, um den Kontext einer Aktion z.B. beim Verhaltensmodell oder Prozeßmodell zu definieren. Es können hiermit externe und interne Ereignisse definiert werden und zum anderen könnte die Verknüpfung von Ereignissen bzw. Operationen zu den Eigenschaften von Objekten explizit definiert werden, um etwa das Persistenzgesetz zu erfüllen. Arbeiten in dieser Richtung existieren bislang allerdings noch nicht.

Ein Verfahren, das die kooperative Planung mit zentralistischer Kontrolle durchführen soll, wird von /Borchardt 87/ vorgestellt und stellt einen Ansatz dar, der das TMS Verfahren auf n Agenten ausdehnt (inkrementelle Inferenz). Der Kern dieser Arbeit besteht darin, daß der explizite Rechtfertigungsmechanismus mit wohlformulierten Unterstützungen, wie er in TMS Systemen üblich ist, durch eine einfache, aktualisierte Heuristik ersetzt wird. So wird auch der Begriff der Rechtfertigung durch den einfacheren Begriff der Aktualität (recency) ersetzt. An einem einfachen Beispiel möge dies verdeutlicht werden. Wenn im Verlauf der Lösungsfindung ein Agent einen Plan gegenüber den anderen Parteien durchbringt und dieser Plan wird später, weil er vielleicht beendet wurde, nicht mehr berücksichtigt, so wird in einem TMS-System die gesamte Information, die durch die zu diesem Plan assoziierten Inferenzschritte erzeugt worden ist, zurückgenommen (ungültig), da keine wohlgeformte Unterstützung für diese Schlüsse vorliegt. In dem Ansatz der inkrementellen Inferenz wird der Plan so lange "aktiv" gehalten, bis man z.B. durch äußere Ereignisse gezwungen wird, seinen Status zu ändern. Dies entspricht einer Heuristik, bei der zuvor abgeleitete Werte so lange als neue "default"-Annahmen betrachtet werden, bis sie nicht mit Werten von größerer Aktualität in Konflikt geraten.

3.8.5.2 Planerkennung

Ist nur ein Agent in die Planung involviert, so muß der Entscheidungsmodul vorhersagen, ob z.B. der Montageplan durchführbar ist. Vorhersagen über das Verhalten des eigenen Planens sind bislang durchaus üblich. Wir haben sie etwa im Zusammenhang mit der vorbeugenden Wartung (Abschn. 2.2.3) kennengelernt. Solche Vorhersagen werden üblicherweise auch bei medizinischen Diagnosesystemen gemacht /Cohen 87/.

Was hier gemeint ist, bezieht sich nicht auf den eigenen Plan des Agenten, sondern auf die Absichten des oder der anderen Agenten. Diese neueste Forschungsrichtung wird als *Planerkennung* bezeichnet. Die Planerkennung ist eine schwierige Aufgabe, so daß eine große Anzahl von Planinterpretationen gleichzeitig beobachtet werden muß. Im einzelnen zählen hierzu:

1) Gleichzeitigkeit der Agentenaktivitäten (z.B. lose Bedingungen für die zeitliche Ordnung von Planschritten).

2) Gemeinsame Benutzung von einzelnen Planschritten durch alternative Pläne

3) Unvollständige oder vage Information aus der Beobachtung einer kleinen Anzahl von Agentenaktionen, um zwischen alternativen Interpretationen zu entscheiden.

4) Die Möglichkeit, daß jeder einzelne Teilplan fallengelassen werden kann oder irgendwann später ausgeführt wird.

Das Schlüsselproblem, einen Planerkenner zu konstruieren, besteht darin, die Anzahl der aktiven Planinterpretationen schnell und exakt zu reduzieren, um möglichst effizient die Absichten zu erkennen. Hierfür schlägt /Carver 84/ eine Lösung vor, in der anwendungsbezogenes heuristisches Wissen die Pläne durch vorhandene Restriktionen ergänzt. Dieses heuristische Wissen (Einkaufsabteilung einer Firma) wird von der Inferenzmaschine eines Expertensystems eingesetzt, um von den vielen Interpretationsmöglichkeiten schnell auf wenige plausible Interpretationen zu reduzieren. Die Heuristik hat zu tun mit der relativen Wahrscheinlichkeit alternativer Pläne, mit der Wahrscheinlichkeit, daß einzelne Planschritte gemeinsam benutzt werden und der Wahrscheinlichkeit, einen bereits vorhandenen Plan auszuführen, statt einen neuen Plan anzufangen. Diese Heuristik kann vorteilhaft in ein TMS System eingebettet werden, da es die Möglichkeit gibt, Schlußfolgerungen über diejenigen Annahmen zu ziehen, die den aktuellen Interpretationsstatus untermauern und die Begründungen für diese Annahmen vorgeben. Wenn neue Information hinzukommt, die im Widerspruch zur gegenwärtigen Interpretation steht, kann der TMS-Modul benutzt werden, um festzustellen, ob die Inferenzmaschine einen Interpretationsfehler gemacht hat. Ist dies der Fall, so kann mit einem intelligenten Rücksetzverfahren festgestellt werden, welche Annahmen zur Fehlinterpretation geführt haben, wie diese Annahmen rückgängig gemacht werden können und wie die neue Information in bereits vorhandenen Darstellungen integriert werden kann. In dem erwähnten System wird dieses TMS-Verfahren gekoppelt mit einer hierarchischen Planerkennung, die auf dem Blackboardkonzept aufbaut.

/Kautz 86/ stellt ein Planerkennungssystem vor, das auf klassischer Deduktionstechnik aufbaut. Er benutzt hierfür Beobachtungen (Ereignisse), eine Aktionshierarchie und Vereinfachungsbedingungen. Aktionen werden beschrieben durch den Zeitpunkt, an dem sie ausgeführt worden sind und durch eine Hierarchie von Teiloperationen. Die Vereinfachungsbedingungen definieren die Abstraktionsebene, denen verschiedene, gleichzeitig beobachtete Aktionen zugeordnet werden können. Angewendet wird das System auf ein simples Küchenbeispiel, so daß es fraglich erscheint, ob dieser Ansatz jemals für praktische Fälle verwendbar ist.

Das Plan Recognition Model (PRM) von /Azarewicz 86/ behandelt den praktischen Fall der taktischen Einsatzplanung einer Flugzeugstaffel. Pläne werden durch drei Ebenen charakterisiert. Auf der obersten Ebene sind die Aktionen, dann werden die Ereignisse beschrieben und letztlich folgen die Parameter. Für jedes Element (Knoten) in diesen drei Ebenen werden Bedingungen postuliert, die erfüllt sein müssen, bevor in diese Schicht eingetreten werden darf. Wenn die Beobachtung der Umgebung eine Aktionsbedingung erfüllt, dann ist der Plan plausibel und die Ereignisbedingungen (Auftauchen eines Flugobjektes, Bewegung, Emission) werden überprüft; zum Schluß werden die Parameterbedingungen dieses Ereignisses überprüft. Die Bedingungssequenz dient dazu, den Suchraum für Aktionen und Ereignisse zu minimieren.

Die interne Architektur des PRM lehnt sich an kognitive Modelle an. Ein Langzeitspeicher enthält das deklarative Wissen wie Ziele und Pläne, ein Prozedurspeicher beschreibt, wie Ziele und Pläne extrahiert und mit einem TMS-Ansatz gewartet werden können, und ein Kurzzeitspeicher ist als Blackboard organisiert. Er enthält den aktuellen Stand der möglichen Absichten (Planhypothesen).

Referenzen

/Albus 84/ Albus, J.S.: *ROBOTICS*, in: /Brady 84a/, 65-93, Springer-Verlag, 1984

/Allen 85/ Allen, J.F.; Hayes, P.J.: *A COMMON SENSE THEORY OF TIME*, IJCAI-85, 528-531, 1985

/Alterman 86/ Alterman, R.: *AN ADAPTIVE PLANNER*, Proc. of the 5th AAAI Conf., 65 - 69, 1986

/Arkin 87/ Arkin, R. D.; Riseman, E. M.; Hanson, A. R.: *AuRA: AN ARCHITECTURE FOR VISION-BASED ROBOT NAVIGATION*, Proc. of the Darpa Image Understanding Workshop, 417 - 431, 1987

/ASEA 83/ ASEA Industrial robot system, *ASEA AB*, Sweden, Rep. ZB 110-301 E, 1983

/Azarewicz 86/ Azarewicz, J. et al.: *PLAN RECOGNITION FOR AIRBORNE TACTICAL DECISION MAKING*, Proc. of the 5th AAAI Conf., 805 - 811, 1986

/Ballard 82/ Ballard, D.; Brown, Ch.: *COMPUTER VISION* , *PRENTICE HALL*, 1982

/Beitz 84/ Beitz, W.: *ENTWICKLUNGSZWÄNGE FÜR DEN KONSTRUKTIONSPROZESS*, ZwF3, 116-119, 1984

/Bennett 85/ Bennett, J.S.: *ROGET: A KNOWLEDGE-BASED SYSTEM FOR ACQUIRING A CONCEPTUAL STRUCTURE OF A DIAGNOSTIC EXPERT SYSTEM*, Journal of Automated Reasoning 1985, Nr. 1, Heft 1, 49-74, 1985

/Bernold 85/ Bernold, Th.; Albers, P.: *ARTIFICIAL INTELLIGENCE: TOWARDS PRACTICAL APPLICATION*, North-Holland, 1985

/Besl 85/ Besl, P.; Ramesh, C.: *THREE DIMENSIONAL OBJECT RECOGNITION*, Computing Surveys, Vol. 17, No. 1, 76-145, 1985

/Binford 82/ Binford, T.O.: *SURVEY OF MODEL-BASED IMAGE ANALYSIS SYSTEMS*, Journal of Robotics Research, Vol. 1., No. 1, 18-64, 1982

/Blume 80/ Blume, Ch.; Dillmann, R.: *STUKTUR UND PROGRAMMIERUNG VON INDUSTRIEROBOTERN*, Teil 2, VDI - Z, 122, Nr. 6, 231 - 239, 1980

/Blume 81/ Blume, C.; Dillmann, R.: *FREIPROGRAMMIERBARE MANIPULATOREN - AUFBAU UND PROGRAMMIERUNG VON INDUSTRIEROBOTERN*, Vogel-Verlag, Würzburg, 1981

/Blume 83/ Blume, C. et al.: *DESIGN OF A STRUCTURED ROBOT LANGUAGE (SRL)*, Proc. Conf. on Advanced Software in Robotics, Liege, Belgium, 1983

/Blume 85/ Blume, C.; Jacob, W.: *PASRO: PASCAL FOR ROBOTS*, Springer, 1985

/Boose 85/ Boose, J.H.: *PERSONAL CONSTRUCT THEORY AND THE TRANSFER OF HUMAN EXPERTISE*, in: Advances in Artificial Intelligence (ed. Tim O'Shea), North-Holland, 1985

/Boothroyd 83/ Boothroyd, G.; Dewhurst, P.: *DESIGN FOR ASSEMBLY*, Techn. Report, University of Massachusetts, Amhurst, 1983

/Borchardt 87/ Borchardt, G. C.: *INCREMENTAL INFERENCE: GETTING MULTIPLE AGENTS TO AGREE ON WHAT TO DO NEXT*, Proc. of the 6th AAAI Conf., 334 - 339, 1987

/Bozesan 87/ Bozesan M.; Rosenstiel, W.: *WERKZEUGE ZUR ENTWICKLUNG VON EXPERTENSYSTEMEN*, FZI Studie, 1/87, 1987

/Brachman 85/ Brachman, R.J.; Levesque, H.J.: *READINGS IN KNOWLEDGE REPRESENTATION*, Morgan Kaufmann Publishers, 1985

/Brady 82/ Brady, M. et.al.: *PLANNING AND CONTROL* , MIT Press, 1982

/Brady 84a/ Brady, M.; Gerhard, L.A.; Davidson, H.F.: *ROBOTICS AND ARTIFICIAL INTELLIGENCE*, Springer-Verlag, NATO ASI Series, 1984

/Brady 84b/ Brady, M.; Harna, A.: *SMOOTHED LOCAL SYMMETRIES AND THEIR IMPLEMENTATION*, Journal of Robotics Research, Vol. 3, No. 3, 36-61, 1984

/Brady 84c/ Brady, M. et al.: *THE MECHANIC'S MATE*, (ECAI-84), Advances in Artificial Intelligence, 681-696, North-Holland, 1984

/Brady 85/ Brady, M.: *ARTIFICIAL INTELLIGENCE AND ROBOTICS*, Artificial Intelligence 26, 79-121, 1985

/Brooks 82/ Brooks, R.A.:*SYMBOLICS ERROR ANALYSIS AND ROBOT PLANNING*, Journal of Robotics Research, Vol, 11, No. 4, 29-68, 1982

/Brooks 83/ Brooks, R.A.: *PLANNING COLLISION-FREE MOTION FOR PICK-AND-PLACE OPERATIONS*, Intern. Journal of Robotics Research, Vol. 2, No. 4, 19-44, 1983

/Brooks 87/ Brooks, R. A.:*A ROBUST PROGRAMMING SCHEME FOR A MOBILE ROBOT*, NATO ASI Series, Vol. 29, 509 - 522, Springer-Verlag, 1987

/Broverman 87/ Broverman, C. A.; Craft W. C.: *REASONING ABOUT EXCEPTIONS DURING PLAN EXECUTION MONITORING*, Proc. of the AAAI-87 Conf., 190 - 195, 1987

/Brug 85/ van de Brug, A.; Bachant, J.; Mc. Dermott, J.: *DOING R1 WITH STYLE*, Proc. of the 2nd IEEE Conf. on Artificial Intelligence Applications, 244 - 249, 1985

/Buchanan 85/ Buchanan, B. G.; Shortlife, E. H.: *RULE BASED EXPERT SYSTEMS*, Addison-Wesley, Reading, Massachusetts, 1985

/Burckhard 85/ Burckhard, C.W.: *THE NEXT GENERATION OF ROBOTS: INCREATED FLEXIBILITY THROUGH THE USE OF SENSORS*, in /Bernold 85/, 47-50, 1985

/Cammarata 83/ Cammarata, S.; Mc Arthur, D.; Steeb, R.: *STRATEGIES OF COOPERATION IN DISTRIBUTED PROBLEM SOLVING*, Proc. of the 8th IJCAI, 767 - 770, 1983

/Carver 84/ Carver, N. F.; Lesser, V. R.; Mc Cue, D. L.: *FOCUSING IN PLAN RECOGNITION*, Proc. of the 3rd AAAI Conf., 42 - 46, 1984

/Chapman 85/ Chapman, D.: *PLANNING FOR CONJUCTIVE GOALS*, MIT, AI Laboratory, Techn. Report 802, 1985

/Charniak 85/ Charniak, E.; Mc Dermott, D.: *INTRODUCTION TO ARTIFICIAL INTELLIGENCE*, Addison-Wesley, 1985

/Clancey 83/ Clancey, W. C.: *THE EPISTEMOLOGY OF A RULE-BASED EXPERT SYSTEM - A FRAMEWORK FOR EXPLANATION*, Artificial Intelligence 20, 215 - 251, 1983

/Clayton 87/ Clayton, B. D.: *ART, PROGRAMMING TUTORIALS*, Vol.1-4, Inference Corporation, Los Angeles, USA, 1987

/Clocksin 81/ Clocksin, W.F.; Mellish, C.S.: *PROGRAMMING IN PROLOG*, Springer-Verlag, 1981

/Cohen 82/ Cohen, P. R.; Feigenbaum, E. A.: *THE HANDBOOK OF ARTIFICIAL INTELLIGENCE*, Vol. 3, William Kaufmann, Inc., Los Altos, 1982

/Cohen 87/ Cohen, P. R.; Greenberg, M.: *MU: A DEVELOPMENT ENVIRONMENT FOR PROSPECTIVE REASONING SYSTEMS*, University of Massachusetts, Techn. Report 87/46, Amherst, 1987

/Coiffet 84/ Coiffet, Ph. (ed.): *ROBOT TECHNOLOGY*, Vol. 4, Robot Component and Systems, Kogan Page Verlag, London, 1984

/Corkill 83/ Corkill, D. D.; Lesser, V. R.: *THE USE OF META-LEVEL CONTROL FOR COORDINATION IN A DISTRIBUTED PROBLEM SOLVING NETWORK*, Proc. of the 8th IJCAI Conf. 748 - 756, 1983

/CSDL 83/ Charles Stark Draper Laboratory: *THE MODEL 4, INSTRUMENTAL REMOTE CENTER COMPLIANCE*, CSDL-C-5601 Repart, April 1983

/Cunis 87/ Cunis, R.; Günter A.; Syska, H.: *PLANEN MIT PLAKON*, in: Hertzberg, J. (Hrsg.): Beiträge zum Workshop Planen, St. Augustin, Arbeitspapier der GMD, Nr. 247, 1987

/Dean 87a/ Dean, T. L.: *INCREMENTAL CAUSAL REASONING*, Proc. of the 6th AAAI Conf., 196 - 201, 1987

/Dean 87b/ Dean, T.L.; Mc Dermott, D.V.: *TEMPORAL DATA BASE MANAGEMENT*, Artificial Intelligence 32, 1 - 55, 1987

/Dickmanns 87/ Dickmanns, E. D.: *4D-OBJEKTERKENNUNG MIT INTEGRALEN RAUM/ZEITLICHEN MODELLEN*, 9. DAGM-Symposium, Informatik-Fachberichte, Nr. 149, 257-271, Springer-Verlag, 1987

/Diederich 87/ Diederich, J.: *KNOWLEDGE-BASED KNOWLEDGE ELICITATION*, Proc. of the 10th IJCAI Conf., 201 - 204, 1987

/Dillmann 85a/ Dillmann, R.; Huck, M.: *EIN SOFTWARESYSTEM ZUR SIMULATION VON ROBOTERGESTÜTZTEN FERTIGUNGSPROZESSEN*, Robotersysteme, Band 1, Heft 2, 87-98, Springer-Verlag, 1985

/Dillmann 85b/ Dillmann, R.; Rembold, U.: *AUTONOMOUS ROBOT OF THE UNIVERSITY OF KARLSRUHE*, Proc. of the 15th International Symposium on Industrial Robots (15th ISIR), Tokyo, 91-104, 1985

/Dillmann 86a/ Dillmann, R.; Hornung, B.; Huck, M.: *INTERACTIVE PROGRAMMING OF ROBOTS USING TEXTUAL PROGRAMMING AND SIMULATION TOOLS*, Proc. of the 16th ISIR, 744 - 753, 1986

/Dillmann 86b/ Dillmann, R.: *ASPEKTE MASCHINELLEN LERNENS IN DER ROBOTIK*, Habilitationsschrift, Fakultät für Informatik, Universität Karlsruhe, 1986

/Doumeingts 86/ Doumeingts, G. et al.: *DESIGN METHODOLOGY OF COMPUTER INTEGRATED MANUFACTURING AND CONTROL OF MANUFACTURING UNITS*, in: Computer-Aided Design and Manufacturing, (eds. U. Rembold, R. Dillmann), 137 - 182, Springer-Verlag, 1986

/Doyle 79/ Doyle, J.: *A TRUTH MAINTENANCE SYSTEM*, Artificial Intelligence 12, 231-272, 1979

/Dreschler 85/ Dreschler-Fischer, L.S.; Triendl, E.E.: *EIN ALLGEMEINER UND MODULARER ANSATZ ZUM KORRESPONDENZPROBLEM*, Informatik-Fachberichte 107 (7. DAGM-Symposium), 70-74, 1985

/Duda 79/ Duda, R.O.; Hart, P.E..; Konolige, K.; Reboh, R.: *A COMPUTER-BASED CONSULTANT FOR MINERAL EXPLORATION TECHNICAL REPORT*, Final Report, SRI Project 6415, SRI International, September 1979

/Dufay 84/ Dufay, B.; Latombe, J.-C.: *AN APPROACH TO AUTONOMIC ROBOT PROGRAMMING BASED ON INDUCTIVE LEARNING*, in /Brady 84b/, 97-115, 1984

/Durfee 85/ Durfee, E. H.; Lesser, V. R.; Corkill, D. D.: *INCREASING COHERENCE IN A DISTRIBUTED PROBLEM SOLVING NETWORK*, Proc. of the 9th IJCAI, 1026 - 1030, 1985

/Durfee 87/ Durfee, E. H.; Lesser, V. R.: *INCREMENTAL PLANNING TO CONTROL A TIME-CONSTRAINED BLACKBOARD-BASED PROBLEM SOLVER*, COINS Techn. Report 87 - 97, University of Massachusetts, Amherst, 1987

/van Dyke 85/ van Dyke, H. et al.: *FRACTAL ACTORS FOR DISTRIBUTED MANUFACTURING CONTROL*, Proc. of the 2nd IEEE Conf. on Artificial Intelligence Applications, 653 - 660, December, 1985

/Erdmann 84/ Erdmann, M.A.: *ON MOTION PLANNING WITH UNCERTAINTY*, MIT, Technical Report 810, 1984

/Eshelman 86/ Eshelman, L.; Ehret, D.; McDermott, J.; Tan, M.: *MOLE, A TENACIOUS KNOWLEDGE ACQUISITION TOOL*, Proceedings of Knowledge Acquisition for Knowledge-based systems workshop, Banff, Canada, 1986

/Fahlman 73/ Fahlman, S. E.: *A PLANNING SYSTEM FOR ROBOT CONSTRUCTION TASKS*, MIT-AI-Lab, Techn. Report 283, Cambridge Massachusetts, 1973

/Feldmann 85a/ Feldmann, K.: *RECHNERUNTERSTÜTZUNG BEI DER PLANUNG VON MONTAGELINIEN*, in: Maschinen, Anlagen, Verfahren, 16-18, 1985

/Feldmann 85b/ Feldmann, K.; Classe, D.: *SENSOR AIDED ROBOT-PROGRAMMING*, Proc. of the 5th Int. Conf. on Robot Vision and Sensory Control, Amsterdam, 369-382, 1985

/Feldmann 86a/ Feldmann, K: *VON DER INSELLÖSUNG ZUR RECHNERINTEGRIERTEN MONTAGEAUTOMATISIERUNG*, Tagungsband zur 3. VDI-Fachtagung "Montageautomatisierung", 261-269, Würzburg, 1986

/Feldmann 86b/ Feldmann, K.; Schlüter, K.: *MONTAGEAUTOMATISIERUNG MIT CAD/ CAM*, Moderne Fertigung, 50-56, 1986

/Feldmann 86c/ Feldmann, K.; Hemberger, A.: *MOPLAN: EIN EXPERTENSYSTEM ZUR PLANUNG VON MONTAGEANLAGEN IN DER FABRIK DER ZUKUNFT*, Tagungsband zur Fachtagung "Die Zukunft der Informationssysteme", Linz, 1986

/Fikes 71/ Fikes, R.E.; Nilsson, N.J.: *STRIPS: A NEW APPROACH TO THE APPLICATION OF THEOREM PROVING TO PROBLEM SOLVING*, Artificial Intelligence 2, 98-208, 1971

/Firby 87/ Firby, R. J.: *AN INVESTIGATION INTO REACTIVE PLANNING IN COMPLEX DOMAINS*, Proc. of the AAAI - 87 Conf., 202 - 205, 1987

/Foldenauer 87/ Foldenauer, J.: *REPRESENTATION OF THE SADT-STRUCTURE IN KEE*, ESPRIT 932, Interner Bericht, 1987

/Fox 86/ Fox, B.R.; Kempf, K.G.: *A REPRESENTATION FOR OPPORTUNISTIC SCHEDULING*, Robotics Research, the third Intern. Symposium (eds., O. Faugeras, G. Giralt), 109-115, MIT Press, 1986

/Franklin 82/ Franklin, J.W. et al.: *PROGRAMMING VISION AND ROBOTICS SYSTEMS WITH RAIL*, SME Robots VI, 392-406, 1982

/Freund 85/ Freund, E.; Hoyer, H.: *COLLISION AVOIDANCE IN MULTI-ROBOT SYSTEMS*, in : RoboticsResearch, The Second International Symposium, 135-146, MIT-Press, 1985

/Freund 87/ Freund, E.; Hoyer, H.: *AUTOMATISCHE BAHNBESTIMMUNG IN ECHTZEIT FÜR ROBOTER-SYSTEME*, Robotersysteme, Band 3, Heft 2, 89 - 100, 1987

/Frommherz 87a/ Frommherz, B.; Hörmann, K.: *A CONCEPT FOR A ROBOT ACTION PLANNING SYSTEM*, 125 - 145, NATO ASI Series, Vol. 29, Springer-Verlag 1987

/Frommherz 87b/ Frommherz, B.: *ROBOT ACTION PLANNING*, CIM EUROPE, Manchester, May 1987

/Gairola 86/ Gairola, A.:*DESIGN FOR ASSEMBLY: A CHALLENGE FOR EXPERT SYSTEMS*, Robotics 2, 249 - 257, 1986

/Garvey 87/ Garvey, A. et al.: *BB1 USER MANUAL - COMMON LISP VERSION 2.0*, Report No. KSL 86 - 61, Stanford University, USA, 1987

/Gasser 87/ Gasser, L.: *THE 1985 WORKSHOP ON DISTRIBUTED ARTIFICIAL INTELLIGENCE*, AI Magazine 8, No. 2, 91 - 97, Summer 1987

/Genesereth 86/ Genesereth, M.R.; Ginsberg, M.L.; Rosenschein, J.S.: *COOPERATION WITHOUT COMMUNICATION*, Proc. of the 5th AAAI Conf., 51 - 57, 1986

/Georgeff 85/ Georgeff, M. P.: *A PROCEDURAL LOGIC*, Proc. of the 9th IJCAII, 516 - 523, 1985

/Georgeff 86/ Georgeff, M. P.: *THE REPRESENTATION OF EVENTS IN MULTIAGENT DOMAIN*, Proc of the 5th AAAI Conf., 70 - 75, 1986

/Georgeff 87/ Georgeff, M. P.; Lansky, A. L.: *REACTIVE REASONING AND PLANNING*, Proc. of the 6th AAAI Conf., 677 - 682, 1987

/Gini 79/ Gini, G. et al.: *INTRODUCING SOFTWARE SYSTEMS IN INDUSTRIAL ROBOTS*, Proc. 9th Int. Symp. on Ind. Robots, 309-321, 1979

/Gini 80/ Gini, G. et al.: *DISTRIBUTED ROBOT PROGRAMMING*, Proc. 10th ISIR, Milan, Italy, 1980

/Ginsberg 85/ Ginsberg, A. et. al.: *SEEK 2: A GENERALIZED APPROACH TO AUTOMATIC KNOWLEDGE BASE REFINEMENT*, IJCAI 1985, 367-374, 1985

/Ginsberg 86/ Ginsberg, A.: *A METALINGUISTIC APPROACH TO THE CONSTRUCTION OF KNOWLEDGE BASE REFINEMENT SYSTEMS*, AAAI-86, 436-442, 1986

/Giralt 84/ Giralt, G.G.; Chatilla, R.; Vaisset, M.: *AN INTEGRATED NAVIGATION AND MOTION CONTROL SYSTEM FOR AUTONOMOUS MULTISENSORY MOBILE ROBOTS*, Robotics Research, The First International Symposium, 191-214, 1984

/Giralt 87/ Giralt, G.; Chatilla, R.: *TASK PROGRAMMING AND MOTION CONTROL FOR AUTONOMOUS MOBILE ROBOTS IN MANUFACTURING*, Proc. of the IEEE Conf. on Robotics and Automation, 872 (Beitrag wurde nachgereicht), 1987

/Gould 86/ Gould, L. S.: *FACTORY AUTOMATION - A KEY TO SURVIVAL*, North-Holland, 1986

/Greulich 86/ Greulich, M.: *AUFBAU EINER WISSENSERWERBSKOMPONENTE ZUR ERSTELLUNG VON MONTAGEGRAPHEN*, Diplomarbeit, Institut für Informatik III, Universität Karlsruhe, 1986

/Groß 87/ Groß, H.; Kappenberger, M.; Popp, Ch.: *ENTWICKLUNG EINES EXPERTENSYSTEMS FÜR DIE REALISIERUNG SYNTAKTISCHER KLASSIFIKATOREN ZUR BILDAUSWERTUNG*, Abschlußbericht, 1987

/Hackwood 84/ Hackwood, S.; Beni, G.: *SENSOR AND HIGH-PRECISION ROBOTICS RESEARCH*, in /Brady 84b/, 529-545, 1984

/Haller 82/ Haller, E.: *RECHNERUNTERSTÜTZTE GESTALTUNG ORTSGEBUNDENER MONTAGEAR-BEITSPLÄTZE*, Springer-Verlag, Berlin, 1982

/Hansen 83/ Hansen, Ch. et al.: *LOGICAL SENSOR SPECIFICATION*, Proc. of the 3rd ROVISEC, 321-326, 1983

/Hardeck 86/ Hardeck, W., Fa. Siemens, Erlangen, private Mitteilung, 1986

/Harmon 84/ Harmon, L.: *TACTILE SENSING FOR ROBOTS*, in /Brady 84a/, 109-157, 1984

/Harmon 86a/ Harmon, S. Y.: *PRACTICAL IMPLEMENTATION OF AUTONOMOUS SYSTEMS: PROBLEMS AND SOLUTIONS*, Proc. of the Conf. on Intelligent Autonomous Systems, 47 - 59, 1986

/Harmon 86b/ Harmon, S.Y.; Bianchini, G.L.; Pinz, B.E.: *SENSOR DATA FUSION THROUGH A DISTRIBUTED BLACKBOARD*, Proc. of the Intern. Conf. on robotics and automation, 1449-1454, 1986

/Haubelt 87/ Haubelt, J.: *ERMITTLUNG DER OPTIMALEN MONTAGEFOLGE FÜR INDUSTRIEROBOTER*, Diplomarbeit, Institut für Informatik III, Universität Karlsruhe, 1987

/Hayes 87/ Hayes, C.: *USING GOAL INTERACTIONS TO GUIDE PLANNING*, Proc. of the AAAI-87 Conf., 224 - 228, 1987

/Hayes P. 87/ Hayes, P.J.; Allen, J.F.: *SHORT TIME PERIODS*, Proc. of the 10th IJCAI, 981-983, 1987

/Hayes-Roth 85/ Hayes-Roth, B.: *A BLACKBOARD ARCHITECTURE FOR CONTROL*, Artificial Intelligence 26, 251-321, 1985

/Hayward 84/ Hayward, V.; Paul, R.P.: *INTRODUCTION TO RCCL: A ROBOT CONTROL C LIBRARY*, IEEE ComSoc, Intern. Conf. on Robotics, Atlanta, pp. 293-297, 1984

/Hertzberg 86/ Hertzberg, J.: *PLANERSTELLUNGSMETHODEN DER KÜNSTLICHEN INTELLIGENZ*, Informatik-Spektrum 9, 149 - 161, 1986

/Hirzinger 84/ Hirzinger, G.: *SENSOR-PROGRAMMING - A NEW WAY FOR TEACHING A ROBOT PATH AND SENSORY PATTERNS SIMULTANEOUSLY*, in /Brady 84a/, 395-410, 1984

/Hoare 78/ Hoare, C.A.R.: *COMMUNICATING SEQUENTIAL PROCESSES*, CACM 21, 666 - 677, 1978

/Hörmann 86/ Hörmann, K.: *PLANUNGSSYSTEME IN DER ROBOTIK*, Informatik-Fachberichte 118, 357 - 372, Springer-Verlag,1987

/Hörmann 87/ Hörmann, K.: *A CARTESIAN APPROACH TO FINDPATH FOR INDUSTRIAL ROBOTS*, NATO ASI Series, Vol. 29, 425 - 450, Springer-Verlag, 1987

/Hollerbach 82/ Hollerbach, J.M.: *DYNAMICS*, in /Brady 82/, 51-71, 1982

/Holt 77/ Holt, H.R.: *ROBOT DECISION MAKING*, Cincinatti Milacorn, Inc. Rep. MS77-751, 1977

/Horn 86/ Horn, B.K.P.: *ROBOT VISION*, MIT Press, 1986

/Hunt 85/ Hunt, V.D.: *SMART ROBOTS*, Chapman and Hall, New York, London, 1985

/Iberall 84/ Iberall, Th.; Lyons, D.: *TOWARDS PERCEPTUAL ROBOTICS*, Proc. of the International Conference on Systems, man and cybernetics (IEEE), 147-157, 1984

/IRDATA 85/ *VDI - STANDARD 2863, PART I*, 1985

/Isenberg 87/ Isenberg, R.: *COMPARISON OF BB1 AND KEE FOR BUILDING A PRODUCTION PLANNING EXPERT SYSTEM*, Proc., of the 3rd Conf. on Expert Systems, 407 - 421, London, 1987

/Jacobi 86/ Jacobi, H. F.; Schmidt, Th.: *KNOWLEDGE ACQUISITION FOR PRODUCTION PLANNNING*, ESPRIT 932, Interner Bericht, Dezember 1986

/Jacobsen 84/ Jacobsen, S. et al.: *THE UTAH MIT DEXTEROUS HAND: WORK IN PROGRESS*, Journal of Robotics Research, Vol. 3, No. 4, 21-50, 1984

/Johnson Jr.87/ Johnson Jr., M. V.; Hayes-Roth, B.: *INTEGRATING DIVERSE REASONING METHODS IN THE BB1 BLACKBOARD CONTROL ARCHITECTURE*, Proc. of the 6th AAAI Conf., 30 - 35, 1987

/Johnson 87/ Johnson, Ph. M.; Corkill, D. D.; Callagher K. Q.: *INTEGRATING BB1-STYLE CONTROL INTO THE GENERIC BLACKBOARD SYSTEM*, Techn. Rep. 87 - 59, University of Massachusetts, Amherst, 1987

/Johnston 87/ Johnston, M.D.: *A COMPARISON OF THE ART AND KEE EXPERT SYSTEM SHELLS FOR THE ASTRONOMICAL DATA ANALYSIS ASSISTANT APPLICATION*, Intern. Report, Space Telescope Science Institute and Space Telescope, Baltimore, USA, 1982

/Kahn 87/ Kahn G. S.: *FROM APPLICATION SHELL TO KNOWLEDGE ACQUISITION SYSTEM*, Proc. of the 10th IJCAI Conf., 355 - 358, 1987

/Kappen-berger 87/ Kappenberger, M.: *EINE WISSENSERWERBSKOMPONENTE FÜR EIN EXPERTENSYSTEM IN DER BILDVERARBEITUNG*, FZI, Internes Papier, 1987

/Kautz 86/ Kautz, H. A.; Allen, J. F.: *GENERALIZED PLAN RECOGNITION*, Proc. of the 5th AAAI Conf., 32 - 37, 1986

/KEE 86/ *KEE SOFTWARE DEVELOPMENT SYSTEM USER'S MANUAL*, KEE Version 3.0, Intellicorp., Mountain View, California, USA, 1986

/Kempf 83/ Kempf, K.: *ARTIFICIAL INTELLIGENCE: APPLICATIONS IN ROBOTICS*, Tutorial, IJCAI-83, Karlsruhe, 1983

/Khosla 86/ Koshla, P.K.: *REAL TIME CONTROL AND IDENTIFICATION OF DIRECT-DRIVE MANIPULATORS*, The Robotics Institute, CMU, Intern. Bericht, August 1986

/Kimm 79/ Kimm, R. et al.: *EINFÜHRUNG IN SOFTWARE ENGINEERING*, Walter de Gruyter Verlag, 1979

/Kirk 87/ Kirk, D. B.; Cromwell, M. E.; Donell, M. L: *A Real-Time Advisory System for Airborne Early Warning*, SPIE Vol. 786, Applications of Artificial Intelligence V, 371 - 377, 1987

/de Kleer 84/ de Kleer, J.; Bobrow, D.: *Qualitative Reasoning with Higher - Order Derivatives*, Proc. of the National Conference on Artificial Intelligence (AAAI-84), 86-91, 1982

/de Kleer 86/ de Kleer, J.: *An Assumption-Based TMS*, Artificial Intelligence 28, 127-162, 1986

/de Kleer 87/ de Kleer, J.; Forbus, K.; Williams, B.: *Truth Maintenance Systems*, Tutorial TA4, 6th AAAI Conf. Seattle, Washington, 1987

/Knowledge Craft 86/ *Knowledge Craft Overview*, Software Version 3.1, Carnegie Group Inc., Pittsburgh, Pensylvania, U.S.A. 1986

/Kobsa 85/ Kobsa, A.:*Benutzermodellierung in Dialogsystemen*, Informatik-Fachberichte 115, Springer-Verlag, 1985

/Korf 87/ Korf, T. E.: *Planning as Search: A quantitive Approach*, Artificial Intelligence 33, 65 - 88, 1987

/Krieg 83/ Krieg, K.; Heller, W.; Hunecke, G.: *Leitfaden der DIN Normen: Entwicklung, Konstruktion, Fertigung*, Teubner Verlag, Stuttgart, 1983

/Lansky 87/ Lansky, A. ; Fogelsong, D. S.: *Localized Representation and Planning Methods for Parallel Domains*, Proc. of the 6th AAAI Conf., 240 - 245, 1987

/Latombe 81/ Latombe, J.C.: *LM: A High-Level Language for Controlliing Assembly Robots*, 11th Int. Symp. on Ind. Robots, Tokyo, Japan, 1981

/Laugier 83/ Laugier, C.; Pertin, J.: *Automatic Grasping: A Case Study in Accessibility Analysis*, Intern. Meeting on Advanced Software in Robotics, Liège, Belgium, May 1983

/Laugier 85a/ Laugier, C.; Germain, F.: *An Adaptive Collision - Free Trajectory Planner*, Proc. of the 85-ICAR, Tokyo, 33-41, 1985

/Laugier 85b/ Laugier, C.; Pertin-Troccaz, J.: *SHARP: A System for Automatic Programming of Manipulation Robots*, 3rd Int. Symposium on Robotics Research, Paris, October 1985

/Laugier 86a/ Laugier, C.; Theveneau, P.: *Planning Sensor-Based Motions for Part Making Using Geometric Reasoning Techniques*, Proc. of the 7th ECAI Conf., 494 - 506, 1986

/Laugier 86b/ Laugier, C.; Pertin-Troccaz, J.: *SHARP: A system for Automatic Programming of Manipulation Robots*, 3rd Int. Symposium on Robotics Research, 125 - 132, MIT Press, 1986

/Levi 81/ Levi, P.: *Betriebssysteme für Realzeitanwendungen*, Datakontext Verlag, Köln, 1981

/Levi 83/ Levi, P.: *LASER-ABSTANDSMESSUNGEN: INDUSTRIEROBOTER LERNEN RÄUMLICH SEHEN*, Elektronik 12, 83-86, 1983

/Levi 84/ Levi, P.: *ENTWURF EINES EXPERTENSYSTEMS FÜR DIE MERKMALSDEFINITION AUF DER BASIS VON FUNKTIONALEN BESCHREIBUNGEN UND MUSTERN*, Informatik-Fachberichte Nr. 89, 131-142, Springer-Verlag, 1984

/Levi 85a/ Levi, P.: *IKONISCHES KERNSYSTEM (IKS): EIN ANSATZ ZUR VERINHEITLICHUNG VON GRUNDFUNKTIONEN DER BILDVERARBEITUNG UND DER MERKMALSEXTRAKTION*, Robotersysteme, Heft 1, Nr. 3, 172-178, Springer-Verlag, 1985

/Levi 85b/ Levi, P.; Rembold, U.: *KÜNSTLICHE INTELLIGENZ-ANSÄTZE FÜR DIE ROBOTIK*, Technische Rundschau, TR 11, 68-73, 1985

/Levi 85c/ Levi, P.; Foldenauer, J.; Löffler, Th.: *ROBOTIK UND KÜNSTLICHE INTELLIGENZ*, Unterlagen zum Robotik-Kurs anläßlich der KIFS 85, 1985

/Levi 85d/ Levi, P.; Löffler, Th.: *VEREINHEITLICHUNG DER MODELLBILDUNG IN CAD- UND SICHTSYSTEMEN ALS BASIS EINES FLEXIBLEN ROBOTEREINSATZES IN CIM-SYSTEMEN*, Kommtech. 85, Karlsruhe, 5 J-1 - 5 J-19, 1985

/Levi 85e/ Levi, P.; Löffler, Th.: *FLEXIBLER ROBOTEREINSATZ IN CIM-SYSTEMEN*, Technische Rundschau Nr. 30/31, 44-50, 1985

/Levi 86a/ Levi, P.: *QUALITY ASSURANCE AND MACHINE VISION FOR INSPECTION*, in: Computer-Aided Design and Manufacturing, 323-373, Springer-Verlag, 1986

/Levi 86b/ Levi, P.: *AUTONOME MOBILE ROBOTER*, 16. GI-Jahrestagung, Berlin, Fachberichte Informatik Nr. 126, 635-655, Springer-Verlag, 1986

/Levi 86c/ Levi, P.; Majumdar, J.: *DEVELOPMENT OF A TEACH-IN ALGORITHM FOR COMPUTER VISION USING CAD/VISION MATCHING*, 2. GI-Fachgespräch: Autonome Mobile Roboter, 76-82, Karlsruhe, Nov. 1986

/Levi 86d/ Levi, P.; Löffler, Th.; Pfitzer, M.: *VORUNTERSUCHUNG ZUR KOPPLUNG VON CAD- MIT BILDVERARBEITUNGSSYSTEMEN FÜR HANDHABUNGSGERÄTE*, BMFT-FB-DV 86-010, Dezember 1986

/Levi 86e/ Levi, P.; Löffler, Th.: *AN APPROACH TO INTEGRATE EXPERT SYSTEMS INTO ROBOT BASED ASSEMBLY*, Bericht des 18. CIRP Manufacturing Systems Seminars, Stuttgart, 5-6 Juni, Beitrag Nr. 25, 1986

/Levi 87a/ Levi, P.; Vajta, L.: *SENSOREN FÜR ROBOTER*, Roboter Systeme 3, 1-15, Springer-Verlag 1987 und Technische Rundschau 20, 108-122, 1987

/Levi 87b/ Levi, P.: *PRINCIPLES OF PLANNING AND CONTROL CONCEPTS FOR AUTONOMOUS MOBILE ROBOTS*, proc. of the IEEE International Conference on Robotics and Automation, 874-881, Raleigh, North Carolina, 1987

/Levi 87c/ Levi, P.; Majumdar, J.; Wild, B.: *EXPERT SYSTEM FOR AUTONOMOUS HANDLING OF ELEMENTARY ASSEMBLY OPERATIONS*, 9th Intern. Conf. on Production Research (ICPR), Cincinnati, Ohio, 2395 - 2399, 1987

/Levi 87d/ Levi, P.; Löffler, Th.: *THE USE OF ASSEMBLY GRAPHS TO PROGAM ROBOTS*, 233-259, NATO ASI Series, Vol. 29, Springer-Verlag, 1987

/Levi 87e/ Levi, P.; Löffler, Th.: *PROGRAMMIERUNG VON MONTAGEROBOTERN DURCH GRAPHEN: EIN CIM ANSATZ*, Der Konstrukteur, Jahrgang 18, Heft Nr. 6, FdZ, 2-16 und der Betriebsleiter, Jahrgang 28, Heft Nr. 6, 1987

/Levi 87f/ Levi, P.; Majumdar, J.: *VERWENDUNG VON 3-D CAD MODELLEN FÜR DEN HANDKAMERAEINSATZ VON ZWEIARMIGEN MONTAGEROBOTERN*, 9. DAGM-Symposium, Informatik-Fachberichte, Nr. 149, 191-195, Springer-Verlag, 1987

/Lieberman 77/ Lieberman, L. I.; Wesley, M. A. : *AUTOPASS: AN AUTOMATIC PROGRAMMING SYSTEM FOR COMPUTER CONTROLLED MECHANICAL ASSEMBLY*, IBM Journal of Research and Development, Vol. 21, No. 4, 321-333, 1977

/Lockemann 86/ Lockemann, P. C.: *KONSISTENZ, KONKURRENZ, PERSISTENZ - GRUNDBEGRIFFE DER INFORMATIK?*, Informatik-Spektrum 9, 300 - 305, 1986

/Löw 84/ Löw, W.: *ERSTELLUNG UND ANALYSE VON MONTAGEGRAPHEN*, Universität Erlangen, Diplomarbeit, 1984

/Lozano-Perez 77/ Lozano-Perez, T.; Winston, P.H. et al.: *LAMA: A LANGUAGE FOR AUTOMATIC MECHANICAL ASSEMBLY*, Proc. of the 5th IJCAI, 710 - 716, 1977

/Lozano-Perez 81/ Lozano-Perez, T.: *AUTOMATIC PLANNING OF MANIPULATOR TRANSFER MOVEMENTS*, IEEE Trans. Systems, Man Cybernetics, Vol. SMC-11, 1981

/Lozano-Perez 82/ Lozano-Perez, T.: *TASK PLANNING*, in /Brady 82/, 473-535, 1982

/Lozano-Perez 84/ Lozano-Perez, T.; Brooks, R.: *AN APPROACH TO AUTOMATIC ROBOT PROGRAMMING*, in: Boyse, J. et al. (eds), Solid Modeling by Applications, Plenum Press, New York, 1984

/Lozano-Perez 85/ Lozano-Perez, T.; Brooks, R.A.: *TASK-LEVEL MANIPULATOR PROGRAMMING*, in /Nof 85/, 404-418, 1985

/Lozano-Perez 86/ Lozano-Perez, T.: *A SIMPLE MOTION PLANNING ALGORITHM FOR GENERAL ROBOT MANIPULATORS*, Proc. of the 5th AAAI-86, 626-631, 1986

/Majumdar 87/ Majumdar, J.; Levi, P.; Rembold, U.: *3-D MODEL BASED ROBOT VISION BY MATCHING SCENE DESCRIPTION WITH OBJECT MODEL FROM A CAD-MODELLER*, Proc. of the 3rd ICAR, Versailles, 187-197, 1987

/Malcolm 87/ Malcolm, C. A.; Fathergill, A. P.: *SOME ARCHITECTURAL IMPLICATIONS OF THE USE OF SENSORS*, NATO ASI Series, Vol. 29, 102 - 122, Springer-Verlag, 1987

/Mamdani 85/ Mamdani, A.; Efstathion, J.; Pang, D.: *INFERENCE UNDER UNCERTAINTY*, Proc. of the 5th technical conference of the British Computer Society (Expert Systems 85), 181-194, Cambridge University Press, 1985

/Marr 82/ Marr, D.: *VISION*, Freemann, San Francisco, 1982

/Mascus 86/ Mascus, S.: *TAKING BACKTRACKING WITH A GRAIN OF SALT*, Proc. of knowledge acquisition for knowledge-based systems workshop, Banff, Canada, Nov. 1986

/Mason 82/ Mason, M.: *COMPLIANCE AND FORCE CONTROL FOR COMPUTER CONTROLLED MANIPULATORS*, in /Brady 82/, 373-404, 1982

/Mayer 87a/ Mayer, W.; Isenberg, R.: *ASPECTS OF KNOWLEDGE BASED FACTORY SUPERVISION SYSTEMS* - Internal Report of the ESPRIT Project 932 , Knowledge Based Realtime Supervision in CIM, 1987

/Mayer 87b/ Mayer, W.: *KNOWLEDGE-BASED REALTIME SUPERVISION IN CIM* - The Workcell Controller - in: ESPRIT ´86: Results and Achievements, North-Holland, 33 ff., 1987

/Mazer 83/ Mazer, E.: *LM-GEO*, Int. Conf. on Advanced Software in Robotics, Liège, Belgien, May 1983

/Mc Dermott 80/ Mc Dermott, D.; Doyle, J.: *NON-MONOTONIC LOGIC I*, Artificial Intelligence 13, 41-72, 1980

/Mc Dermott 82a/ Mc Dermott, D. V.: *A TEMPORAL LOGIC FOR REASONING ABOUT PROCESSES AND PLANS*, Cognitive Science 6, 101 - 155, 1982

/Mc Dermott 82b/ Mc Dermott, D.: *NON-MONOTONIC LOGIC II* , Journal of ACM, Vol. 29, No. 1, 33-57, 1982

/Mc Keown 85/ Mc Keown, K. R.: *DISCOURSE STRATEGIES FOR GENERATING NATURAL-LANGUAGE TEXT*, Artificial Intelligence 27, 1-41, 1985

/Mc Keown 87/ Mc Keown, D.; Harvey, W.: *AUTOMATING KNOWLEDGE ACQUISITION FOR AERIAL IMAGE INTERPRETATION*, Image Understanding Workshop, 205 - 226, 1987

/de Mello 86/ de Mello, L.; Sanderson, A.: *AND/OR GRAPH REPRESENTATION OF ASSEMBLY PLANS*, Proc. of the 5th AAAI-86, Conference on Artificial Intelligence, 1113-1117, 1986

/Michie 85/ Michie, D.: *EXPERT SYSTEMS AND ROBOTICS*, in /Nof 85/, 419-436, 1985

/Moravec 85/ Moravec, H.P. et al.: *AUTONOMOUS MOBILE ROBOTS*, CMU-Annual Report of the Robotics Institute, CMU, 1985

/Moritzen 87/ Moritzen: *KONZEPTION EINER MONTAGEPLANUNG*, Interne Studie der Fa. Siemens, Erlangen, 1987

/Morris 86/ Morris, P.H.; Nado, R.A.: *REPRESENTING ACTIONS WITH AN ASSUMPTION-BASED TRUTH MAINTENANCE SYSTEM*, Proc. of the 5th AAAI-86, 13-17, 1986

/Mujtaba 81/ Mujtaba, S. et al.: *AL USER'S MANUAL*, Computer Science Department, 3rd ed., Stanford Univ., 1981

/Mylopoulos 83/ Mylopoulos, J.; Levesque, H.: *AN OVERVIEW OF KNOWLEDGE REPRESENTATION*, Informatik-Fachberichte, Nr. 76 (GWAI-83), 143-157, Springer-Verlag, 1983

/Mysliwetz 86/ Mysliwetz, B.; Dickmanns, E. D.: *A VISION SYSTEM WITH ACTIVE GAZE CONTROL FOR REAL-TIME INTERPRETATION OF WELL STRUCTURED DYNAMIC SCENES*, Proc. of the Intelligent Autonomous Systems, 477 - 483, 1986

/Nagel 84/ Nagel, R.N.: *STATE OF THE ART AND PREDICTIONS FOR ARTIFICIAL INTELLIGENCE AND ROBOTICS*, in /Brady 84a/, 3-45, 1984

/Nagel 85/ Nagel, H.-H.: *WISSENSGESTÜTZTE ANSÄTZE BEIM MASCHINELLEN SEHEN: HELFEN SIE IN DER PRAXIS?*, Informatik-Fachberichte 112, Springer-Verlag, 170-198, 1985

/Nagel 87/ Nagel, H.-H.: *RECENT DEVELOPMENTS IN THE ANALYSIS AND INTERPRETATION OF IMAGE SEQUENCES*, Proc. of the 1th IEEE Intern. Conf. on Computer Vision, 1, 1987

/Nees 85/ Nees, G.: *EXPERTENSYSTEME FÜR DIE MUSTERERKENNUNG - STAND UND AUSSICHTEN*, Informatik-Fachberichte 107 (7. DAGM-Symposium), 138-158, Springer-Verlag, 1985

/Neumann 85/ Neumann, B.: *VISION SYSTEMS: STATE OF THE ART AND PROSPECTS*, in /Bernold 85/, 51-61, 1985

/Newman 85/ Newman, P.A.; Kempf, K. G.: *OPPORTUNISTIC SCHEDULING FOR ROBOTIC MACHINE TENDING*, Proc. of the 2nd IEEE Conf. on AI Applications, 168 - 173, 1985

/Newell 59/ Newell, A.; Shaw, J. C.; Simon, H. A.: *REPORT ON A GENERAL PROBLEM-SOLVING PROGRAM*, Proc. of the Int. Conf. on Information Processing, 256 - 264, Paris 1959

/Niemann 85a/ Niemann, H.: *WISSENSBASIERTE BILDANALYSE*, Informatik-Spektrum, Band 8, Heft 4, 201-214, Springer-Verlag, 1985

/Niemann 85b/ Niemann, H.: *A HOMOGENEOUS ARCHITECTURE FOR KNOWLEDGE BASED IMAGE UNDERSTANDING SYSTEMS*, Proc. of the 2nd IEEE Conf. on AI Applications, 88-93, 1985

/Niemann 85c/ Niemann, H.: *WISSENSBASIERTE BILDANALYSE*, Informatik-Spektrum, Band 8, Heft 4, 201-214, Springer-Verlag, 1985

/Niemann 87/ Niemann, H., Bunke, H.: *KÜNSTLICHE INTELLIGENZ IN BILD- UND SPRACHANALYSE*, Teubner Verlag, 1987

/Nii 86/ Nii, H.P.: *PART ONE, BLACKBOARD SYSTEMS: THE BLACKBOARD MODEL OF PROBLEM SOLVING AND THE EVALUATION OF BLACKBOARD ARCHITECTURES*, AI-Magazine, 38-53, Summer 1986
Nii, H.P.: *PART TWO, BLACKBOARD SYSTEMS, BLACKBOARD APPLICATION SYSTEMS, BLACKBOARD SYSTEMS FROM A KNOWLEDGE ENGINEERING PERSPECTIVE*, AI-Magazine, 82-106, Summer 1986

/Nii 87/ Nii, H. P.; Brown, H.: *BLACKBOARD ARCHITECTURES*, Tutorial No: HA2, anläßlich der 6. AAAI-Konferenz, Seattle, USA, Juli 1987

/Nilsson 80/ Nilsson, N.: *PRINCIPLES OF ARTIFICIAL INTELLIGENCE*, Tioga Publ. Co., Palo Alto, 1980 und Springer-Verlag 1982

/Nitzan 85/ Nitzan, D.: *DEVELOPMENT OF INTELLIGENT ROBOTS: ACHIEVEMENTS AND ISSSUES*, IEEE Journal of Robotics and Automation, 3-13, March 1985

/Ow 86/ Ow, P.S.; Smith, S.F.: *VIEWING SCHEDULING AS AN OPPORTUNISTIC PROBLEM-SOLVING PROCESS*, CMU-Internal Report, May 1986

/Pan 86/ Pan, J.; Tenenbaum, J. M.: *P.I.E.S. AN ENGINEER`S DO-IT-YOURSELF KNOWLEDGE SYSTEM FOR INTERPRETATION OF PARAMETRIC TEST DATA*, AAAI-86, 836 - 844, 1986

/Park 84/ Park, W.T.: *STATE SPACE REPRESENTATIONS FOR COORDINATION OF MULTIPLE MANIPULATORS*, Proc. of the 14th ISIR, 397-405, 1984

/Paul 72/ Paul, R.P.: *MODELING, TRAJECTORY CALCULATION AND SERVOING OF A CONTROLLED ARM*, Stanford University, Artificial Intelligence Lab., Rep. AIM 177, 1972

/Paul 83/ Paul, R.P.: *ROBOT MANIPULATORS*, MIT Press, 1983

/Payton 86/ Payton, D.W.:*AN ARCHITECTURE FOR REFLEXIVE AUTONOMOUS VEHICLE CONTROL*, Proc. of the IEEE Intern. Conf. on robotics and automation, Vol. 3, 1838-1848, 1986

/Pearl 85/ Pearl, J.: *HEURISTICS: INTELLIGENT SEARCH STRATEGIES FOR COMPUTER PROBLEM SOLVING*, Addison-Wesley, 1985

/Ponce 87/ Ponce, J.; Brady, M.: *TOWARD A SURFACE PRIMAL SKETCH*, in: Three Dimensional Machine Vision (ed. T. Kanade), 195-240, Kluver Academic Publishers, 1987

/Popp 87/ Popp, Ch.: *KONZEPTION EINER ERKLÄRUNGSKOMPONENTE*, FZI, Internes Papier, 1987

/Popple-stone 80/ Popplestone, R.; Ambler, A.; Bellos, I.: *AN INTERPRETER FOR A LANGUAGE FOR DESCRIBING ASSEMBLIES*, Artificial Intelligence 14, 79-107, 1980

/Radig 85/ Radig, B.; Schlieder, Ch.: *MODELLIERUNG SYMMETRISCHER WERKSTÜCKE*, Robotersysteme, Springer-Verlag, 35-42, 1985

/Rembold 84a/ Rembold, U.; Levi, P.: *ENTWICKLUNGSTENDENZEN BEI DER ROBOTERTECHNOLOGIE*, in: Überblicke Informationsverarbeitung 1984 (ed. H. Maurer), 193-274, BI-Verlag, Mannheim 1984

/Rembold 84b/ Rembold, U.; Levi, P.: *WISSENSBASIERTE BILDANALYSE UND INTELLIGENTE ROBOTER*, Informatik-Fachberichte Nr. 88, 29-55, Springer-Verlag, 1984

/Rembold 85a/ Rembold, U.; Levi, P.: *ENTWICKLUNGSTENDENZEN BEI EXPERTENSYSTEMEN FÜR ROBOTER*, Transmatic 85, Karlsruhe, 125-140, 1985

/Rembold 85b/ Rembold, U.; Dillmann, R.; Levi, P.: *THE ROLE OF THE COMPUTER IN ROBOT INTELLIGENCE*, in: Handbook of Industrial Robotics (ed. Nof, S.Y.), 437-463, John Wiley-Verlag, 1985

/Rembold 85c/ Rembold, U.; Blume, C.; Dillmann, R.; Levi, P.: *AUFGABENORIENTIERTE PROGRAMMIERUNG*, VDI-Z, Bd. 127, Nr. 21, 871-876, 1985

/Rembold 86/ Rembold, U., Levi, P.: *SENSORS AND CONTROL FOR AUTONOMOUS ROBOTS*, Proc. of the Intern. Conf. on Autonomous Systems, Amsterdam, 79-95, 1986

/Rembold 87a/ Rembold, U.; Levi, P.: *THE USE OF EXPERT SYSTEMS IN THE FACTORY OF THE NINETIES PLANNING-SCHEDULING-CONTROL*, ESPRIT-CIM Workshop on Artificial Intelligence methods and tools in CIM, January 28-30, 1987, Athens

/Rembold 87b/ Rembold, U.; Levi, P.: *THE FACTORY OF THE NINETIES: AN INTEGRATED APPROACH OF USING HIERARCHICAL COMPUTER CONTROL*, VLSI and AI for planning-scheduling-control, CIME, 1987, wird veröffentlicht

/Rosen 85/ Rosen, Ch.A.: *ROBOTS AND MACHINE INTELLIGENCE*, in /Nof 85/, 21-28, 1985

/Rosenschein 85/ Rosenschein, J. S.; Genesereth, M. R.: *DEALS AMONG RATIONAL AGENTS*, Proc. of the 9th IJCAI, 91 - 99, 1985

/Sacerdoti 75/ Sacerdoti, E. D.: *A STRUCTURE FOR PLANS AND BEHAVIOR*, SRI AI Techn. Note 109, August 1975 und American Elsevier, New York, 1977

/Salmon 78/ Salmon, M.: *SIGLA: THE OLIVETTI SIGMA ROBOT PROGRAMMING LANGUAGE*, 8th Int. Symp. on Ind. Robots, Stuttgart, W.-Germany, 1978

/Sandewall 86/ Sandewall, E.; Rönnquist, R.: *A REPRESENTATION OF ACTION STRUCTURES*, Proc. of the AAAI - 86, 89 - 97, 1986

/Schütz 80/ Schütz, J.: *PLANUNG VON MONTAGELINIEN IM DIALOG MIT DEM RECHNER*, Universität Erlangen, Diplomarbeit, 1980

/Shoham 87/ Shoham, Y.: *TEMPORAL LOGICS IN AI: SEMANTICAL AND ONTOLOGICAL CONSIDERATIONS*, Artificial Intelligence 33, 89 - 104, 1987

/Soloway 87/ Soloway, E.; Bachant, J.; Jensen, K.: *ASSESSING THE MAINTAINABILITY OF XCON-IN-RIME: COPING WITH THE PROBLEMS OF VERY LARGE RULE-BASE*, Proc. of the 6th AAAI Conf., 824 - 829, 1987

/Spur 84/ Spur, G.: *SENSOREN FÜR INDUSTRIEROBOTER*, VDI-Bericht Nr. 509, Sensoren: Technologie und Anwendung, VDI-Verlag, Düsseldorf, 1984

/Spur 85/ Spur, G.: *INTELLIGENTE MASCHINEN UND DIE ZUKUNFT DER FABRIK*, Technische Rundschau Nr. 37, 13-18, 1985

/Sriram 86/ Sriram, D.; Maker, M.L.: *THE REPRESENTATION AND USE OF CONSTRAINTS IN STRUCTURAL DESIGN*, in: Applications of Artificial Intelligence in Engineering Problems (eds. D., Sriram, R. Adey), 355 - 368, Springer-Verlag, 1986

/Stefik 81/ Stefik, M.J.: *PLANNING WITH CONSTRAINTS* (MOLGEN: Part 1), Artificial Intelligence 16, 111 ff, 1981, *PLANNING AND META-PLANNING* (MOLGEN: Part 2), Artificial Intelligence 16, 141 ff, 1981

/Steinberg 87/ Steinberg, A. N.: *AN EXPERT SYSTEM FOR MULTISPECTRAL THREAT ASSESSMENT AND RESPONSE*, SPIE Vol. 786, Applications of Artificial Intelligence V, 52 - 61, 1987

/Stoyan 83/ Stoyan, H.; Görz, G.: *WAS IST OBJEKTORIENTIERTE PROGRAMMIERUNG?*, in: Objektorientierte Software- und Hardwarearchitekturen (Hrsg., H. Stoyan, H. Wedekind), Teubner Verlag, Stuttgart 1983

/Strat 87/ Strat, Th. M.: *THE GENERATION OF EXPLANATIONS WITHIN EVIDENTIAL REASONING SYSTEMS*, Proc. of the 10th IJCAI Conf., 1097 - 1104, 1987

/Strip 87/ Strip, D.R.: *INSERTIONS USING GEOMETRIC ANALYSIS AND HYBRID FORCE-POSITION CONTROL ON A PUMA 560 WITH VAL II*, Proc. of the 6th AAAI Conf., 695 - 698, 1987

/Stuart 85/ Stuart, Ch.: *AN IMPLEMENTATION OF A MULTI-AGENT PLAN SYNCHRONIZER*, Proc. of the 9th IJCAI Conf., 1031 - 1033, 1985

/Summers 82/ Summers, P.D.; Grossman, D.D.: *XPROBE: AN EXPERIMENTAL SYSTEM FOR PROGRAMMING ROBOTS BY EXAMPLE*, IBM T.J. Watson Res. Center, Rep., 1982

/Sundermeyer 87/ Sundermeyer, K.: *PLANNING AND DECISION MAKING*, PROMETHEUS Symposium, Brüssel, März 1987

/Sussman 73/ Sussman, G. I.: *A COMPUTATIONAL MODEL OF SKILL ACQUISATION*, MIT-AI-Lab., Techn. Report 297, 1973. auch American Elsevier, New York, 1975

/Symbolics 85/ Symbolics 3600 - *SYSTEMHANDBÜCHER 0 - 10*, Symbolics Inc., Cambridge, Massachusetts, U.S.A.,1985

/Tamura 84/ Tamura, H.; Yokaya, N.: *IMAGE DATA BASE SYSTEMS: A SURVEY*, Pattern Recognition, Vol. 17, No. 1, 29-43, 1984

/Tate 74/ Tate, A.: *INTERPLAN: A PLAN GENERATION SYSTEM WHICH CAN DEAL WITH INTERACTION BETWEEN GOALS*, Machine Intelligence Research Unit Memorandum MIP-R-109, University of Edingburgh, 1974

/Tate 85/ Tate, A.: *A REVIEW OF KNOWLEDGE-BASED PLANNING TECHNIQUES*, Proc. of the 5th Technical Conference of the British Computer Society (Expert System 85), 89-111, Cambridge University Press, 1986

/Taylor 82/ Taylor, R.H.; Summers, P.D.; Meyer, J.M.: *AML: A MANUFACTURING LANGUAGE*, Robotics Research, Vol. 1, No. 3, 1982

/Terzopoulos 87/ Terzopoulos, D.; Witkin, A.; Kass, M.: *SYMMETRY-SEEKING MODE FOR 3D OBJECT RECONSTRUCTION*, Proc. of the 1th IEEE Intern. Conf. on Computer Vision, 269-276, 1987

/Tichy 87/ Tichy, W. F.: *A KNOWLEDGE-BASED GRAPHICAL EDITOR*, Universität Karlsruhe, Fakultät für Informatik, Interner Bericht Nr.3/87, 1987

/Tsang 86/ Tsang, E.: *PLAN GENERATION IN A TEMPORAL FRAME*, Proc. of the 7th ECAI, Brighton, 479 - 493, 1986

/Unimation 80/ Unimation Inc., User's guide to VAL: *A ROBOT PROGRAMMING AND CONTROL SYSTEM*, Unimation Inc., Danbury, CT, V. 12, 1980

/Vere 83/ Vere, S.: *PLANNING IN TIME: WINDOWS AND DURATIONS FOR ACTIVITIES AND GOALS*, IEEE Trans. on Pattern Analysis and Machine Intelligence, PAMI-5, No.3, 246 - 267, 1983

/Villain 86/ Villain, M.; Kautz, H.: *CONSTRAINT PROPAGATION ALGORITHMS FOR TEMPORAL REASONING*, Proc. of the AAAI - 86, 377 - 387, 1986

/Volz 87/ Volz, R.A.: *AUTOMATIC DETERMINATION OF GRIPPING POSITIONS*, NATO ASI Series, Vol. 29, 481-505, Springer-Verlag, 1987

/Voss 86/ Voss, H.: *REPRESENTING AND ANALYSING TIME AND CAUSALITY IN HIQUAL MODELS*, Informatik-Fachberichte 118, 259 - 271, Springer-Verlag 1986

/Vukobratovic 85/ Vukobratovic, M.; Kircanski, N.: *SCIENTIFIC FUNDAMENTALS OF ROBOTICS 84*, Real Time Dynamics of Manipulation Robots, Springer-Verlag, 1985

/Wahlster 82/ Wahlster, W.: *NATÜRLICHSPRACHLICHE SYSTEME*, Eine Einführung in die Sprachorientierte KI-Forschung, Informatik-Fachberichte 59, 203-283, Springer-Verlag 1982

/Wahlster 85/ Wahlster, W.: *COOPERATIVE ACCESS SYSTEMS*, in /Bernold 85/, 43-45, 1985

/Wahlster 86/ Wahlster, W.: *THE ROLE OF NATURAL LANGUAGE IN ADVANCED KNOWLEDGE-BASED SYSTEMS*, SFB 314, Bericht Nr. 5, Universität Saarbrücken, 1986

/Wahlster 87/ Wahlster, W.; Kobsa, A.: *XTRA: EIN NATÜRLICHSPRACHLICHES ZUGANGSSYSTEM ZU EXPERTENSYSTEMEN*, SFB 314, Teilprojekt N1, 1987

/Waldinger 75/ Waldinger, R.: *ACHIEVING SEVERAL GOALS SIMULTANEOUSLY*, SRI AI Center, Techn. Note 107, Menlo Park, U.S.A., 1975

/Warren 74/ Warren, D.: *WARPLAN: A SYSTEM FOR GENERATING PLANS*. Department of Computational Logic Memo No. 76, University of Edinburgh, 1974

/Wilkins 84/ Wilkins, D.E.: *DOMAIN-INDEPENDENT PLANNING: REPRESENTATION AND PLAN GENERATION*, Artificial Intelligence 22, 269-301, 1984

/Wilkins 86/ Wilkins, D. E.: *HIERARCHICAL PLANNING: DEFINITION AND IMPLEMENTATION*, ECAI - 86, 466 - 478, 1986

/Winston 83/ Winston, P.H.; Binford, Th. et al.: *LEARNING PHYSICAL DESCRIPTIONS FROM FUNCTIONAL DESCRIPTIONS, EXAMPLES AND PRECEDENTS*, Proc. of the National Conference on Artificial Intelligence (AAAI-83), Washington, 433-439, 1983

/Winston 84/ Winston, P. H.:*ARTIFICIAL INTELLIGENCE*, second edition, Addison-Wesley, 1984

/Withney 82/ Withney, D.E.: *QUASI-STATIVE ASSEMBLY OF COMPLIANTLY SUPPORTED RIGID PARTS*, in /Brady 82/, 409-471, 1982

/Wood 83/ Wood, Sh.: *DYNAMIC WORLD SIMULATION FOR PLANNING WITH MULTIPLE AGENTS*, Proc. of the 8th IJCAI Conf., 69 - 71, 1983

/Wu 86/ Wu, H.; Chun, H. W.; Mimo, A.: *ISCS - A TOOLKIT FOR CONSTRUCTING KNOWLEDGE-BASED SYSTEM CONFIGURATORS*, AAAI - 86, 1015 - 1024, 1986

/Ziebelin 86/ Ziebelin, D.: *SPECIFICATION OF THE BENCHMARKS, EXECUTION OF BENCHMARKS, COMPARISON OF TOOLS*, ESPRIT 932, Interner Bericht, Dezember 1986